传感器技术及应用

主　编　彭贞蓉　鲁世金
副主编　钮长兴　黄　勇
主　审　杨清德

電子工業出版社
Publishing House of Electronics Industry
北京·BEIJING

内 容 简 介

本书依据教育部最新公布的中等职业学校《传感器技术及应用课程标准》，采用项目式设计和基于工作过程的行动导向任务驱动模式编写而成。

本书共 14 个项目，包括认识传感器、电阻式传感器、电容式传感器、变磁阻式传感器、压电式传感器、热电式传感器、光纤传感器、光电式传感器、霍尔式传感器、红外传感器、超声波传感器、传感网技术、其他常用传感器和传感器综合应用实例。

本书可作为中等职业学校信息技术类、加工制造类、能源和新能源类相关专业教材，也可供其他专业学生和从事传感器技术与应用工作的技术人员参考。

图书在版编目（CIP）数据

传感器技术及应用 / 彭贞蓉，鲁世金主编. —北京：电子工业出版社，2021.6

ISBN 978-7-121-40779-6

Ⅰ. ①传… Ⅱ. ①彭… ②鲁… Ⅲ. ①传感器—中等专业学校—教材 Ⅳ. ①TP212

中国版本图书馆 CIP 数据核字（2021）第 046803 号

责任编辑：白　楠
印　　刷：中煤（北京）印务有限公司
装　　订：中煤（北京）印务有限公司
出版发行：电子工业出版社
　　　　　北京市海淀区万寿路 173 信箱　邮编　100036
开　　本：787×1 092　1/16　印张：18　字数：460.8 千字
版　　次：2021 年 6 月第 1 版
印　　次：2023 年 8 月第 3 次印刷
定　　价：53.00 元

凡所购买电子工业出版社图书有缺损问题，请向购买书店调换。若书店售缺，请与本社发行部联系，联系及邮购电话：（010）88254888，88258888。

质量投诉请发邮件至 zlts@phei.com.cn，盗版侵权举报请发邮件至 dbqq@phei.com.cn。

本书咨询联系方式：（010）88254583，zling@phei.com.cn。

前　言

本书依据教育部《职业院校教材管理办法》，按照教育部最新公布的中等职业学校《传感器技术及应用课程标准》，采用项目式设计和基于工作过程的行动导向任务驱动模式编写而成。

本书结合中职学生的学习特点，遵循职业教育人才培养规律，以项目为载体，以工作过程为导向，以任务实施为主线，紧密联系工作实际，合理设计项目、任务，突出应用性和实践性，注重学生职业能力和可持续发展能力的培养。

本书为新型活页式教材，具有内容新、灵活性强、时效性高的特点，具体体现在以下几方面。

（1）紧跟生产实际和行业最新趋势，引入典型生产案例，融入新技术、新工艺、新流程、新规范，满足技能型人才培养需求。

（2）满足不同专业和同一专业不同方向的需求，教师可灵活选择项目内容，实施精准教学、因材施教。

（3）适应信息技术时代下的线上线下教学新形势、新要求，以教材为载体，配套开发PPT等信息化资源，满足混合式教学、在线学习等泛在教学模式的需要，助推职业教育教学改革，提升人才培养质量。

本书由彭贞蓉、鲁世金担任主编，钮长兴、黄勇担任副主编，杨清德担任主审。项目一由陈程编写，项目二和项目七由李命勤、向娟编写，项目三和项目九由黄勇编写，项目四由胡建华编写，项目五、项目六和项目十二由彭贞蓉、钮长兴编写，项目八由李晓宁编写，项目十由王谊编写，项目十一由王康朴编写，项目十三由潘皓源编写，项目十四由罗丽娇、张波涛编写。全书由彭贞蓉、鲁世金统稿，由杨清德制订编写大纲和定稿。

本书是重庆市教育科学“十三五”规划课题——“‘三教’改革背景下中职新型活页式教材开发与应用”的研究成果，在编写过程中得到了重庆市跃途科技有限公司王哲董事长、吕宏斌技术总监等的大力支持，在此谨向他们致以诚挚的敬意和由衷的感谢！

本书涉及面广、内容较多，由于新技术、新产品发展迅速，加之编者水平有限，书中难免有不妥之处，恳请广大读者提出宝贵意见，以便修订完善。

编　者

本书配套资源

目　录

项目一　认识传感器

情景描述

随着物联网、人工智能等技术的发展，传感器已无处不在，被广泛应用于工业、农业、交通、国防、科研等领域。在工业自动化领域，传感器作为机械的触觉，是实现工业自动检测和自动控制的首要环节；在电子制造生产线中，无论是机器人组装，还是电子元件检测，都离不开视觉传感设备的应用；在汽车自动化生产过程中，零部件的位置检测成为传感器应用的重要一环；在食品检测中，对食品温度、位置等进行相关的数据采集，传感器亦发挥着重要作用。

本项目主要通过介绍传感器的分类、功能等知识，使学生能识别常用的传感器，能根据应用需求确定传感器的类型，会调研传感器应用系统中传感器的使用情况。

项目目标

- 掌握传感器的基本概念；
- 了解传感器的作用、种类、命名方法；
- 了解传感器的组成及各组成部分的作用；
- 掌握传感器的基本特性和传感器的选用原则；
- 了解传感器的发展历程与发展趋势；
- 具有基本的信息收集、处理的能力；
- 具有自主学习、总结反思能力，在学习过程中培养团队协作意识。

建议学时

6 学时

任务 1　认识传感器

任务描述

当今社会，传感器早已渗透到诸如工业生产、宇宙探索、海洋探测、环境保护、资源调查、医学诊断、生物工程、文物保护等领域。可以毫不夸张地说，从茫茫太空，到浩瀚的海洋，每一个现代化项目都离不开各种各样的传感器。

任务目标

- 掌握传感器的基本概念；
- 了解传感器的作用；
- 了解传感器的分类；
- 了解传感器的组成及各组成部分的作用；
- 具有基本的信息收集、处理的能力；
- 具有自主学习、总结反思能力，在学习过程中培养团队协作意识。

任务准备

人们可以采用刷卡、指纹识别、人脸识别等方式进入小区大门或家门；家里的电饭煲、冰箱、空调、电视机、洗衣机等少不了温度、红外传感器；商场、学校、医院里的智能化设备也离不开传感器；出门乘坐的汽车、高铁上用到的传感器更多。如图 1-1、图 1-2 所示的指纹识别智能门禁系统和手持式红外测温仪也离不开传感器。

图 1-1　指纹识别智能门禁系统

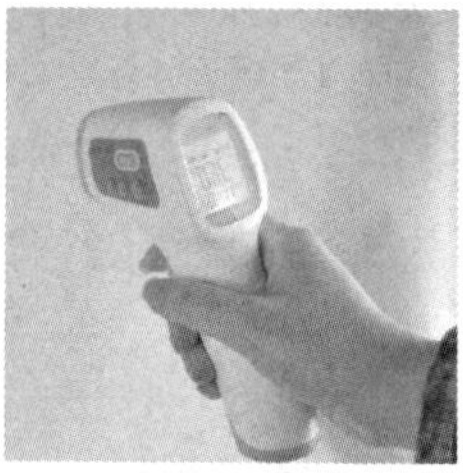

图 1-2　手持式红外测温仪

人们也随身“携带”了不少传感器，因为现在大部分人都随身携带智能手机。智能手机除了接打电话、收发短信等基本功能，还附加了许多智能化功能。要实现打电话、屏幕自动亮度调节、运动计步、摇一摇、打赛车游戏等功能，就必须用到相应的传感器。如图 1-3 所示为 Android 智能手机内置传感器。

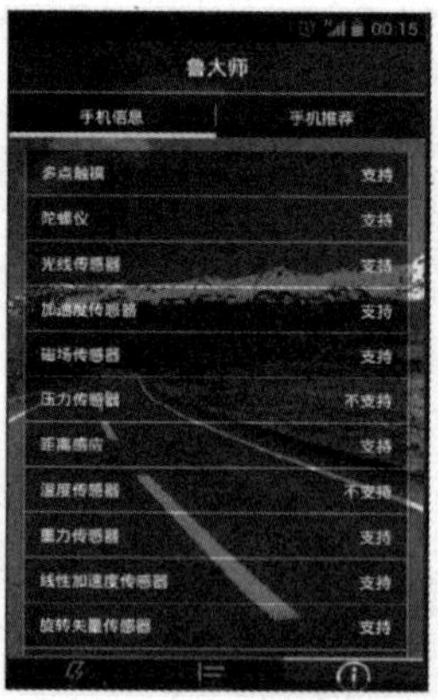

智能手机 10 个常见传感器

1. 方向传感器
2. 距离传感器
3. 陀螺仪
4. 电子罗盘
5. 重力传感器
6. 磁场传感器
7. 光线传感器
8. 线性加速度传感器
9. 旋转矢量传感器
10. 压力传感器

图 1-3　Android 智能手机内置传感器

一、什么是传感器

人通过五官（视、听、嗅、味、触）接收外界的信息，经过神经的传送和大脑的处理后，由肢体做出相应的动作。当用计算机控制的自动化装置来代替人劳动时，计算机就相当于人的大脑，传感器就相当于人的五官——“电五官”，传感器的作用是获取信息。自动化装置与人体的关系如图 1-4 所示。

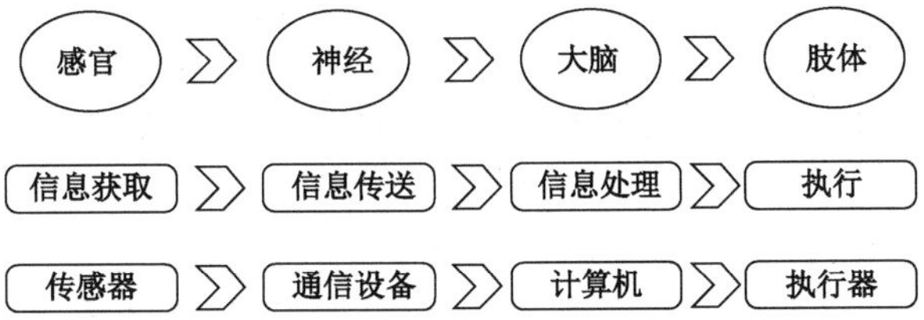

图 1-4　自动化装置与人体的关系

人们必须借助感觉器官从外界获取信息。单靠人们自身的感觉器官去获取信息，不足以满足研究自然现象、规律及生产活动的需要。人们还需要借助传感器，才能有效地获取更多、更准确、更可靠的信息。

传感器是一种物理装置或生物器官，能够探测、感受外界的信息，并将探知的信息传递给其他装置或器官。传感器的作用是将一种能量转换成另一种能量，因此不少学者也将其称为“换能器”。根据国家标准（GB/T 7665—2005）《传感器通用术语》，传感器的定义为“能感受（或响应）规定的被测量并按照一定规律转换成可用输出信号的器件或装置。传感器通常由直接响应于被测量的敏感元件和产生可用的输出信号的转换元件以及相应的电子线路所组成”。这一定义表述了传感器的主要内涵，包括以下内容。

（1）测量器件或装置——完成信息获取任务。

（2）输入量——感受规定的被测量。它可以是物理量、化学量、生物量等，但不能受其他量的影响。例如，温度传感器只能用来测温，不能受其他物理量的影响。

（3）输出量——可用的输出信号，即某种便于传输、转换、处理和显示的信号。它可以是光、气或电量等。

（4）输入、输出间具有“一定规律”——输入与输出之间有对应关系，应具有一定的精确度。

由于电量（电压、电流、电阻等）便于测量、转换、传输和处理，因此传感器一般输出电量，甚至可以简单地说，传感器是一种以一定的精确度把非电量转换为电量的器件或装置。

传感器的种类很多，外观千差万别，如图 1-5 所示为不同类型的传感器。

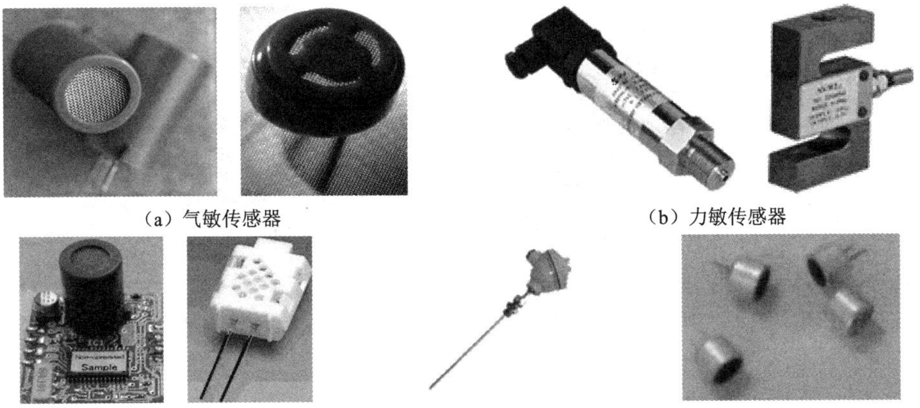

（a）气敏传感器　（b）力敏传感器

（c）温度传感器　（d）热电偶　（e）超声波传感器

图 1-5　不同类型的传感器

二、传感器的组成

传感器由敏感元件和转换元件组成。但由于它的输出信号较弱，因此需要由后续的转换电路进行放大或转换为容易传输、处理、记录和显示的信号。随着半导体和集成电路技术的发展，传感器的转换电路往往直接安装在传感器的壳体内或与敏感元件、转换元件一起集成在同一芯片内。这样，传感器就由敏感元件、转换元件和转换电路组成。其组成框图如图 1-6 所示。

图 1-6　传感器的组成框图

- 敏感元件：直接感受被测量，并输出与被测量有确定关系的某一物理量的元件。
- 转换元件：将敏感元件的输出转换成一定的电路参数。有时，敏感元件和转换元件的功能是由一个元件（敏感元件）实现的。
- 转换电路：将敏感元件或转换元件输出的电路参数转换成一定形式的电量输出。

三、传感器的应用

随着新技术革命的到来，世界开始进入信息时代。在利用信息的过程中，首先要解决的就是获取准确、可靠的信息，而传感器是获取自然界和生产领域中信息的主要途径与手段。

传感器是物联网三大层次结构之一——感知层中的重要组成部分，是物联网实现的基础和前提。随着智慧城市建设、大数据的快速发展，以及物联网应用的日益广泛，传感器这一数据主要来源的最前端设备呈现出快速发展态势。接下来举例说明传感器在生产、生活中的重要作用。

在物流行业，AGV（Automated Guided Vehicle）已成为物流仓储环节中的重要设备，如图 1-7 所示。作为 AGV 的神经系统，智能传感器的应用，是考验 AGV 产品是否灵敏的重要指标。一般的 AGV 产品除了使用位置、速度、加速度传感器等传统传感器，还融合了机器视觉、力反馈等新型智能传感器所提供的数据来辅助决策运动控制，从而适应更为复杂的应用环境。

图 1-7　物流行业中的 AGV 产品

在传统的养殖模式中，对水质的监测并不是实时记录的，这就需要耗费大量的人工来确保水质安全稳定。随着在线监测技术的发展，大部分水产养殖企业都装配了传感器组，从而实现了最优化的监测效果，如图 1-8 所示。

图 1-8　水产养殖监测系统

近年来，我国多个城市开始对城市井盖设备进行统一的智能化管理。在这一背景下，带有加速度传感器、温湿度传感器、破损传感器等多种传感器的物联网智能井盖应运而生，如图 1-9 所示。它借助各类传感器技术，对城市井盖进行有效的实时监控与管理，进一步提升城市管理水平。

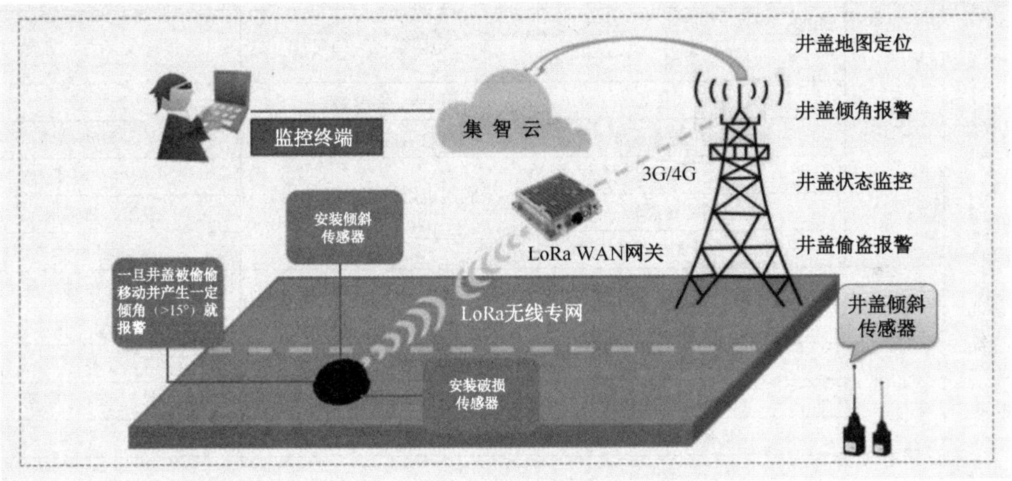

图 1-9　物联网智能井盖

四、传感器的分类

传感器的种类繁多，即使同一种被测量也可以用不同类型的传感器来测量，如位置检测，可以用光电、磁电、电感、电容等多种传感器进行测量；而一种传感器又可测量多种物理量，如电容式传感器可用来测位移、压力、荷重、加速度等。

传感器的主要分类方法有以下几种。

（1）按用途分类，可分为温度、压力、位移、转速、加速度、位置、湿度、气体浓度、流量、流速等传感器。这种分类方法便于选择、应用传感器。

（2）按工作原理分类，可分为电阻式、电感式、电容式、磁电式、光电式、压电式、热电式、霍尔式、超声波、激光、光纤等传感器。这种分类方法有利于对传感器原理的阐述，有利于研究、设计传感器。

（3）按敏感材料分类，可分为半导体、陶瓷、石英、光导纤维、金属、有机材料、高分子材料等传感器。这种分类方法有利于了解传感器使用的材料。

（4）按信号转换特征分类，可分为结构型和物性型两类。结构型是通过传感器的结构参量发生变化实现信号变换。物性型则是利用部分物质的某些性质随被测参数变化来实现信号变换。例如，电容式传感器就属于结构型传感器，它依靠极板间距离变化引起电容量变化；而压电式传感器就属于物性型传感器，它应用了石英晶体的压电效应，也可以制成压电测力计等。

（5）按输出量类型分类，可分为模拟传感器和数字传感器。模拟传感器将被测量的非电学量转换成模拟信号，而数字传感器将被测量的非电学量转换成数字信号。传感器数字化是今后的发展趋势。

为了揭示诸多传感器之间的内在联系，表 1-1 中给出了传感器的分类、转换原理和典型应用，供读者选用传感器时参考。

表 1-1　常用传感器分类表

<table>
<tr><th colspan="2">传感器分类</th><th rowspan="2">传感器名称</th><th rowspan="2">转换原理</th><th rowspan="2">典型应用</th></tr>
<tr><th>转换形式</th><th>中间参量</th></tr>
<tr><td rowspan="17">电参量</td><td rowspan="7">电阻</td><td>电位器传感器</td><td>移动电位器触点来改变电阻</td><td>位移</td></tr>
<tr><td>电阻丝应变传感器、半导体应变传感器</td><td>改变电阻丝或片的尺寸</td><td>微应变、力、负荷</td></tr>
<tr><td>光敏电阻式传感器</td><td>利用电阻的光敏效应</td><td>光照度</td></tr>
<tr><td>湿敏电阻式传感器</td><td>利用电阻的湿度效应</td><td>湿度</td></tr>
<tr><td>热丝传感器</td><td rowspan="3">利用电阻的温度效应
（电阻的温度系数）</td><td>气流速度、液体流量</td></tr>
<tr><td>电阻温度传感器</td><td>温度、热辐射</td></tr>
<tr><td>热敏电阻式传感器</td><td>温度</td></tr>
<tr><td rowspan="2">电容</td><td rowspan="2">电容式传感器</td><td>改变电容的几何尺寸</td><td>力、压力、位移、负荷</td></tr>
<tr><td>改变电容的介电常数</td><td>液位、厚度、含水量</td></tr>
<tr><td rowspan="6">电感</td><td>电感传感器</td><td>改变磁路几何尺寸、导磁体位置</td><td>位移</td></tr>
<tr><td>涡流传感器</td><td>利用涡流去磁效应</td><td>位移、厚度、硬度</td></tr>
<tr><td>压磁传感器</td><td>利用压磁效应</td><td>力、压力</td></tr>
<tr><td>差动传感器</td><td rowspan="3">改变互感</td><td rowspan="3">位移</td></tr>
<tr><td>自整角机</td></tr>
<tr><td>旋转变压器</td></tr>
<tr><td rowspan="6">电能量</td><td rowspan="4">电动势</td><td>热电偶</td><td>温差电动势</td><td>温度</td></tr>
<tr><td>霍尔式传感器</td><td>霍尔效应</td><td>磁通、电流</td></tr>
<tr><td>磁电传感器</td><td>电磁感应</td><td>速度、加速度</td></tr>
<tr><td>光电池</td><td>光电效应</td><td>光照度</td></tr>
<tr><td rowspan="2">电荷</td><td>电离室</td><td>辐射电离</td><td>离子计数、放射性强度</td></tr>
<tr><td>压电式传感器</td><td>压电效应</td><td>动态力、加速度</td></tr>
</table>

任务实施

表 1-2 给出了 DHT11 温湿度传感器、GB5-A1E 光敏传感器、Flame-1000-D 红外火焰传感器、HC-SR501 人体感应红外传感器和 MQ-2 烟雾传感器的示意图。请通过以上知识的学习和上网查询相关资料，写出示意图对应传感器的名称，并写出其典型应用。

表 1-2　常见的传感器

示　意　图	名　　称	典 型 应 用

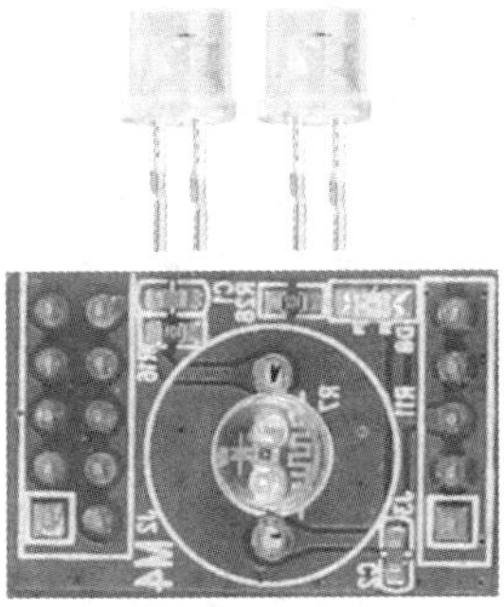		

任务评价

任务评价表见表 1-3。

表 1-3　任务评价表

序号	评 价 要 点	配分	得分	总　　评
1	任务学习工具、资料、知识等准备充分	20		A（80 分及以上）□
2	能正确描述传感器的组成及作用	20		B（70～79 分）□
3	能简要描述传感器的分类方法	20		C（60～69 分）□
4	会识别常用的传感器	40		D（59 分及以下）□

任务小结

请总结本任务完成过程中的优、缺点，并提出改进计划，填写表1-4。

表1-4 任务小结

完成事项	优 点	缺 点	改进计划
任务准备			
任务实施			
其他			

任务2 传感器的选择

任务描述

近几年，我国重型汽车数量增多等因素导致交通压力越来越大，同时恶劣天气带来的腐蚀性也越来越高，对于有一定使用年头的桥梁和基建结构产生了不小的负面影响。所以，桥梁的健康检测、结构安全评估及损耗监测等显得尤为重要。随着物联网及智慧城市的不断深入发展，对桥梁的健康安全监测、重要结构部位的养护，都已离不开传感器。一些可靠、精确和便宜的新型传感器的开发和应用（如位移测量传感器、应变测量传感器、振动测量传感器等），有力地推动了桥梁健康安全监测的发展。在桥梁健康安全监测系统的数据采集过程中会使用多种传感器，并且会根据不同的桥梁环境选择不同的传感器类型。

任务目标

- 了解传感器的命名方法；
- 了解传感器的基本特性；
- 了解智能控制系统中传感器的选择方法；
- 能为典型智能控制系统选择传感器；
- 具有基本的信息收集、处理能力；
- 具有自主学习、总结反思能力，在学习过程中培养团队协作意识。

任务准备

一、传感器的命名方法

（一）传感器名称的构成

传感器的名称应由主题词及四级修饰语构成。

（1）主题词——传感器。

（2）第一级修饰语——被测量，包括修饰被测量的定语。

（3）第二级修饰语——转换原理，一般以“式”字结尾。

（4）第三级修饰语——特征描述，指必须强调的传感器结构、性能、材料特征、敏感元件及其他性能特征，一般以“型”字结尾。

（5）第四级修饰语——主要技术指标（量程、精确度、灵敏度等）。

例 1：1～3500kPa 放大型应变式绝对压力传感器。

例 2：±20g 压电式加速度传感器。

（二）传感器代号的标记方法

一般规定用大写拼音字母和阿拉伯数字构成传感器完整代号。传感器完整代号应包括以下四个部分，格式如下。

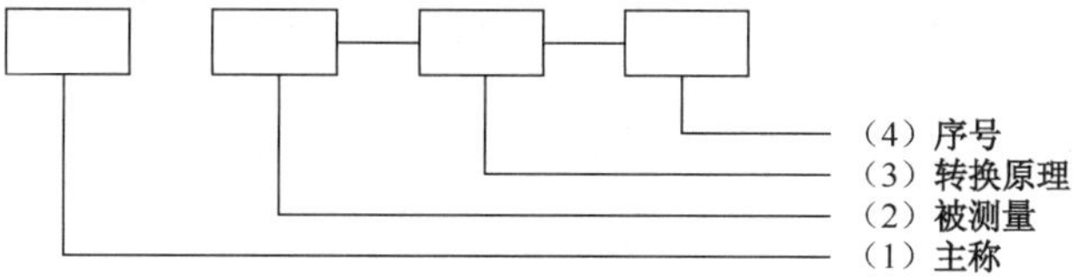

在被测量、转换原理、序号三部分代号之间用连字符“-”连接。

例 1：应变式位移传感器，代号为 CWY-YB-10。

例 2：光纤压力传感器，代号为 CY-GQ-1。

例 3：温度传感器，代号为 CW-01A。

例 4：电容式加速度传感器，代号为 CA-DR-2。

二、传感器的基本特性

（一）静态特性

当被测量不随时间变化或变化缓慢时，可认为传感器与检测系统的输入量和输出量都与时间无关。这样确定的检测装置的性能参数称为静态特性，即被测量的值处于稳定状态时的输入/输出关系。只考虑传感器的静态特性时，输入量与输出量之间的关系式中不含有时间变量。静态特性主要由以下性能指标来描述。

1．线性度

线性度又称非线性度或非线性误差。从传感器的性能出发，希望传感器具有理想的输入/输出关系。但实际使用的传感器大多为非线性传感器。

2．迟滞性

迟滞性又称回差或滞后，是传感器敏感元件材料的物理性质和机械零部件的缺陷所造成的，如弹性敏感元件的弹性滞后、运动部件摩擦、传动机构的间隙、紧固件松动等。

3．重复性

重复性是指输入量按同一方向进行全量程、连续、多次测试时的情况。

4．灵敏度

灵敏度体现了传感器与检测系统对被测量变化的反应能力。当输入量 x 有一个变化量 Δx 时，输出量 y 有相应的变化量 Δy，将输入变化量与输出变化量之比称为灵敏度。灵敏度可用下式表示：

$$S=\frac{\Delta y}{\Delta x}=\frac{\mathrm{d}y}{\mathrm{d}x}$$

若系统是由多个环节组成的串联式系统，每个环节的灵敏度分别为 S_1、S_2、S_3，则系统总灵敏度为各个环节灵敏度的乘积，即 $S=S_1S_2S_3$。

灵敏度越高，测量精度越高，但测量范围越窄，稳定性越差。

5．分辨率

分辨率是指传感器能够检测出的被测量的最小变化量。当被测量的变化小于分辨率时，传感器对输入量的变化无任何反应。对于数字式仪表，该表的最后一位数值就是它的分辨率；模拟式仪表的分辨率一般为最小刻度分格数值的一半。

灵敏度越高，分辨率越好。

6．测量范围与量程

传感器所能测量的最大被测量称为测量上限，最小被测量称为测量下限。用测量上限和测量下限表示的测量区间称为测量范围。例如，某温度计测量范围为-20～200℃。

测量上限和测量下限的代数差称为量程。例如，上述温度计的量程为 220℃。

7．稳定性

稳定性是指传感器在较长时间内保持其原性能的能力，即对于相同的输入量，其输出量发生变化的程度。

8．漂移

漂移是指在有外界干扰的情况下，在一定的时间间隔内，传感器输出量发生与输入量无关的变化的程度，包括时间漂移和温度漂移。时间漂移是指在规定的条件下，零点或灵敏度随时间的缓慢变化；温度漂移是指周围温度变化引起的零点或灵敏度的变化。

（二）动态特性

动态特性是指传感器与检测系统的被测量随时间变化很快时，输出对输入的响应特性，其通常是用实验方法求得的。

三、传感器的选用

（一）传感器的选择要求

由于传感器在原理与结构上千差万别，即使测量同一物理量，也有多种不同原理的传感器可供选用。如何合理选用传感器，是应用时首先要解决的问题。传感器的选择一般应根据测量对象、测量目的、传感器性能指标、传感器使用条件、数据采集和辅助设备配套情况，以及价格、备件和售后服务等多种因素综合考虑。

1．测量目的和测量对象

（1）测量目的是指要直接得到被测量，还是作为过程控制量或有其他用途。

（2）测量对象是指测量固体还是液体，采用接触式还是非接触式传感器，静态测量还是动态测量，有无负荷效应及对被测量的影响，被测位置对传感器有无体积要求等。

2．传感器性能指标

（1）静态特性要求，如测量范围、测量精度、灵敏度、分辨率、迟滞性和重复性等。

（2）动态特性要求，如快速性和稳定性等。

（3）信息传递要求，如形式和距离等。

（4）过载能力要求，如机械、电气和热的过载能力。

3．测量系统的要求

（1）系统要求的信号形式，如实时与否，数字信号还是模拟信号等。

（2）与传感器连接的负荷阻抗特性等。

（3）传输和连接接口等。

4．使用环境

要考虑温度、湿度、大气压力、振动、磁场、电场、附近有无大功率用电设备、加速度、倾斜、防火、防爆、防化学腐蚀，以及是否危害操作人员的身体健康等。

5. 电源的要求

包括电源电压形式、等级、功率、波动范围、频率及高频干扰等。

6. 基本安全要求

包括绝缘电阻、耐压强度及接地保护等。

7. 可靠性要求

包括抗干扰性能、使用寿命、无故障工作时间等。

8. 管理要求

要求结构简单、模块化，有自诊断能力和故障显示功能等。

9. 购买与维修要求

要考虑价格、交货方式与日期、保修期限、售后服务和零配件供应等。

（二）传感器的选用原则

在现代社会，传感器得到了广泛应用。各类传感器性能指标很多，如果要求一个传感器具有全面、良好的性能指标，不仅会给设计、制造带来困难，在实际应用中也没有必要。因此，应根据实际需要，在确保实现主要指标的基础上，放宽对次要指标的要求，以达到高的性价比。

传感器选用总的原则是：在满足检测系统对传感器所有要求的情况下，力求价格低廉、工作可靠、容易维修。在具体选用传感器时，可按下列步骤进行。

（1）借助传感器分类表，按被测量的性质，从典型应用中初步确定几种可供选用的传感器类别。

（2）借助常用传感器比较表，按被测量的范围、精度要求、环境要求等确定传感器类别。

（3）借助传感器的产品目录、选型样本，确定传感器的规格、型号、性能和尺寸。

四、空气质量监测系统中的传感器

目前，国内有不少企业在做智能路灯（图 1-10）。在我国多个城市的智能路灯灯杆上，都集成了 PM2.5 传感器、PM10 传感器等空气质量传感器。例如，最常见的 PM2.5 传感器，也称粉尘传感器，采用的是光学传感方式，将空气中的颗粒物浓度转化为电信号。市场上主流的产品按传感器使用的光的种类，可分为激光和红外两种。

图 1-10　智能路灯

PM2.5 传感器检测原理如图 1-11 所示，光发射管发射光到待探测的腔体中，光被腔体内空气中的粉尘折射后被接收光电管接收，经过光电转换电路转换成电信号。空气中粉尘较少时，光被折射较少，转换的电信号较弱；粉尘较多时，光被折射较多，转换的电信号较强。

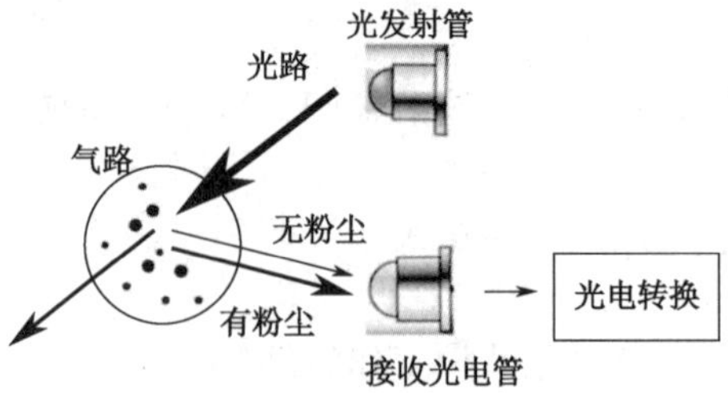

图 1-11　PM2.5 传感器检测原理

除此之外，智能路灯还能监测温度、湿度等。使用监控摄像头，可以实时监控车辆速度和交通状况，以调整交通信号灯或通过数字标牌提醒司机交通状况。此外，未来还将在灯杆上加装 Wi-Fi 热点和相关网络设备，配合发展 5G 服务。

五、智慧社区安防系统中的传感器

智慧社区是指依靠先进的设备和科学的管理，利用计算机及相关技术，为社区住户提供安全、舒适、方便、快捷的家居环境。

智慧社区主要存在如下安防需求。

（1）进出社区人员、车辆安全管理需求。

（2）社区视频监控管理需求。

（3）门禁智能化、多样化、便利性管理需求。

（4）巡更人员巡逻管控需求。

针对以上需求，需要采取适当的解决方案，如在社区内布置智能烟感、气体报警、用电安全、消防水位、智能温感等设备，全方位保障社区住户安全。当发生非法入侵、火灾、煤气泄漏等异常情况时，智能传感器会发出报警信号，并通过家庭中心将信号传输到社区物业管理中心、报警中心和居民手机，通知保安及时赶到现场进行处理。同时，居民可以通过手机等移动设备进行远程监控。

智慧社区安防管理提供一体化的整体解决方案，包含可视对讲、视频监控、门禁控制、智能停车场、电子巡更、入侵报警及智能家居等系统，如图 1-12 所示。多种系统的深度融合实现了各系统之间信息协同共享，智能化的应用使物业的运维管理更加便捷。

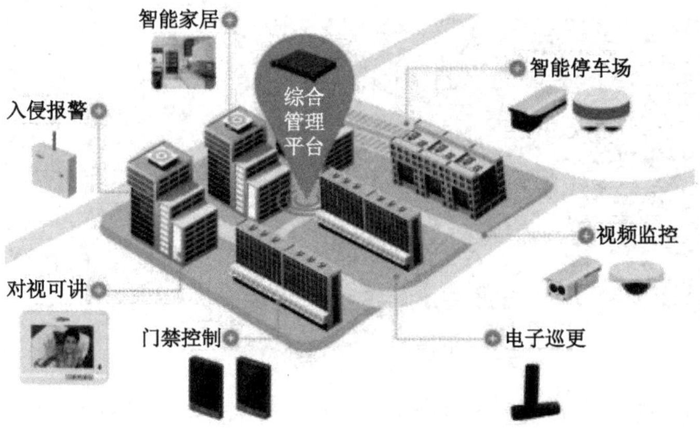

图 1-12　智慧社区安防管理

智慧社区安防系统中的传感器见表 1-5。

表 1-5　智慧社区安防系统中的传感器

智慧社区安防系统	传感器类型	作　　用
门禁控制系统	人脸、指纹识别	防止外来人员随意进出，保障小区内居民安全
视频监控系统	红外一体化摄像机	实现点位巡航，实时获取小区内及周围情况
环境监测系统	温湿度、光照度、风速、大气压力、空气质量	对小区环境进行实时监测，有异常可实时报警
智能停车场系统	地磁传感器、智能地锁	解决停车位难找、等位耗时等问题

任务实施

某集购物、休闲、娱乐等服务于一体的商场有以下特点和需求。

（1）位于人员密集的繁华地段，来往人员复杂且流动频繁，人口密集度相对比较大，存在较大安全隐患，需要构建安防监控网络，一旦发生险情立即启动紧急报警，疏散人群，提升商场整体安全质量。

（2）该商场内有陈列大量高价值商品的店铺，需要安装防盗报警装置。

（3）该商场新装修不久且空间相对封闭，空气不流通，可能存在粉尘、氨气、甲醛等有害物质，容易危害消费者的健康。要求对商场空气质量进行监控，以便进行相应的环境处理，提高空气质量。

针对上述内容，结合图 1-13，根据所学内容和上网查阅相关资料，正确选择智慧商场所需要的传感器类型，填写表 1-6。

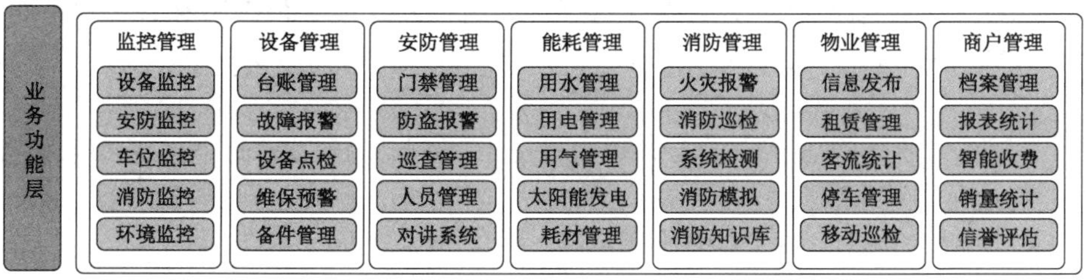

图 1-13　智慧商场业务系统

表 1-6　智慧商场传感器的选用

智慧商场业务系统	传感器类型	功　　能
监控管理		
安防管理		
能耗管理		
商户管理		

任务评价

任务评价表见表 1-7。

表 1-7　任务评价表

序　　号	评 价 要 点	配　　分	得　　分	总　　评
1	任务学习工具、资料、知识等准备充分	20		A（80 分及以上）☐
2	能简述传感器的特性	20		B（70～79 分）☐
3	能简单描述智慧社区安防系统中传感器的选择	20		C（60～69 分）☐
4	能正确选用智慧商场所需要的传感器	40		D（59 分及以下）☐

任务小结

请总结本任务完成过程中的优、缺点，并提出改进计划，填写表 1-8。

表 1-8 任务小结

完成事项	优 点	缺 点	改进计划
任务准备			
任务实施			
其他			

任务 3 传感器应用调研

任务描述

温度传感器是实现温度检测与控制的重要器件。在各类传感器中，温度传感器是应用最广泛、发展最快的传感器之一。在汽车、消费电子、家用电器等产品中都存在温度传感器。与其他种类的传感器相比，温度传感器出现得最早，相继出现了热电偶传感器、RTD 铂电阻和集成半导体温度传感器等多种温度传感器，并且随着技术的发展，新型温度传感器还在不断涌现。

任务目标

- 了解传感器的发展历程与发展趋势；
- 了解典型的产品或系统中的传感器；
- 调研智能家居系统中传感器的使用情况；
- 具有基本的信息收集、处理能力；
- 具有自主学习、总结反思能力，在学习过程中培养团队协作意识。

任务准备

一、传感器的发展历程与发展趋势

（一）传感器的发展历程

在传感器发展过程中先后出现了结构型传感器、物性型传感器和智能型传感器。传感器的发展历程见表 1-9。

表 1-9 传感器的发展历程

时 间	20 世纪 40～50 年代	20 世纪 60 年代	20 世纪 70 年代	20 世纪 80 年代至今
测量变量	温度、流量、压力、物位、电压、电流、功率	重力、位移、尺寸、速度、加速度、湿度等	振动、位移等机械运动状态；设备异常状态，如过热、泄漏、绝缘等；产品在线检测，如表面形状、质量等	人的五官感觉
测量技术	模拟测量	数字测量	模、数混合测量	测量技术与信息处理技术相结合

续表

时　间	20 世纪 40～50 年代	20 世纪 60 年代	20 世纪 70 年代	20 世纪 80 年代至今
测量方法	单参数测量	复参数扫描测量	二维图形测量	多层扫描、数据处理、物体识别（三维）
测量特点	静态或工作参数	动态、非接触式、质量指标		
传感器	结构型传感器		物性型传感器	物性型、智能型传感器（带微处理器）

（二）传感器的发展趋势

1．新材料的开发与应用

材料是传感器的重要基础和前提，是传感器技术升级的重要支撑。目前，除传统的半导体材料、陶瓷材料、光导材料、超导材料以外，新型纳米材料的诞生有利于传感器向微型化方向发展。随着科学技术的不断进步，将有更多的新材料诞生。

2．传感器集成化、多功能化及智能化

目前主要使用硅材料制作电路，还可制作磁敏、力敏、温敏、光敏和离子敏器件。

智能化传感器是 20 世纪 80 年代末出现的一种涉及多种学科的新型传感器系统。此类传感器系统一经问世即受到科研界的普遍重视，尤其在探测器应用领域，如分布式实时探测、网络探测和多信号探测方面一直颇受欢迎，产生的影响较大。

3．传感器微型化

为了能够与信息时代信息量激增、获取和处理信息的能力日益增强的技术发展趋势保持一致，对传感器性能指标的要求越来越严格；同时，传感器系统的操作友好性也被提上了议事日程，因此还要求传感器必须配有标准的输出模式。传统的大体积弱功能传感器往往很难满足上述要求，所以它们已逐步被各种不同类型的高性能微型传感器所取代。后者主要由硅材料制成，具有体积小、质量小、反应快、灵敏度高及成本低等优点。如图 1-14 所示为传感器的重点应用领域。

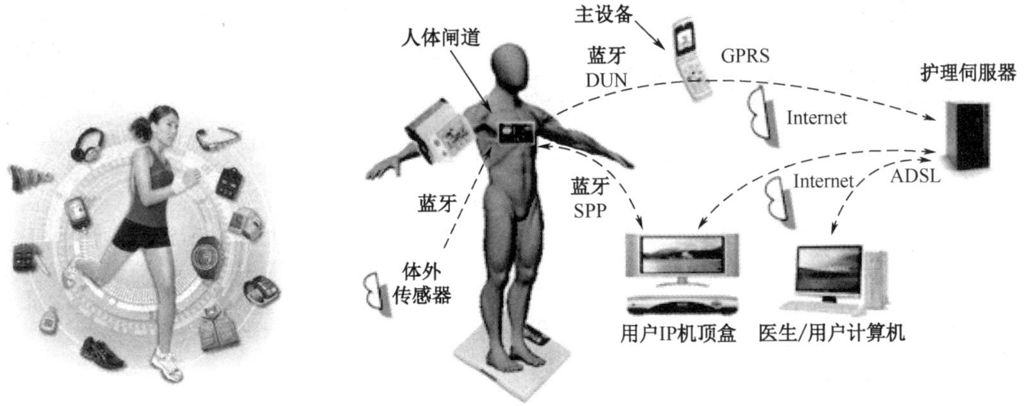

（a）可穿戴式应用　　（b）医疗与健康监测

图 1-14　传感器的重点应用领域

二、智能手机中的传感器

智能手机中的传感器一直朝着更小、更智能且耗电更少的方向发展。

（一）加速度计

加速度计可基于自身包含的微观晶体结构，计算出手机移动的速度和方向。加速度计是手机中最重要的传感器之一（图 1-15）。

图 1-15　加速度计的应用

（二）陀螺仪

陀螺仪可以帮助加速度计了解手机的定位方式，从而提高定位精度。每当人们在手机上玩赛车游戏并倾斜屏幕以进行转向时，陀螺仪（图 1-16）都能感应到用户在做什么。

（三）磁力计

磁力计可确定手机在物理空间中的位置。它通过改变其输出的电压来告诉用户哪个方向是南方（图 1-17）。

磁力计与加速度计和 GPS 单元协同工作，可实现精准导航。

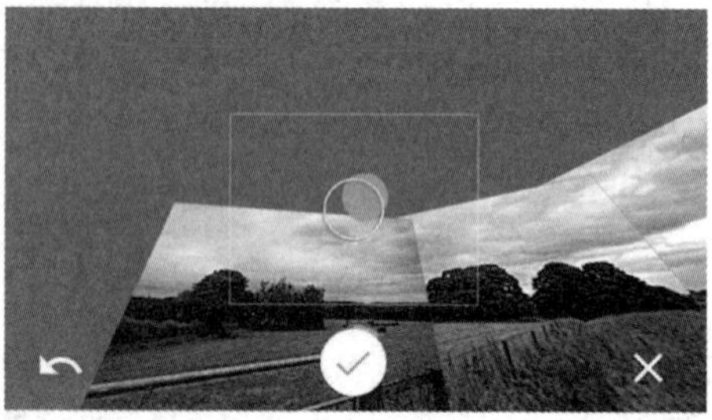

图 1-16　陀螺仪

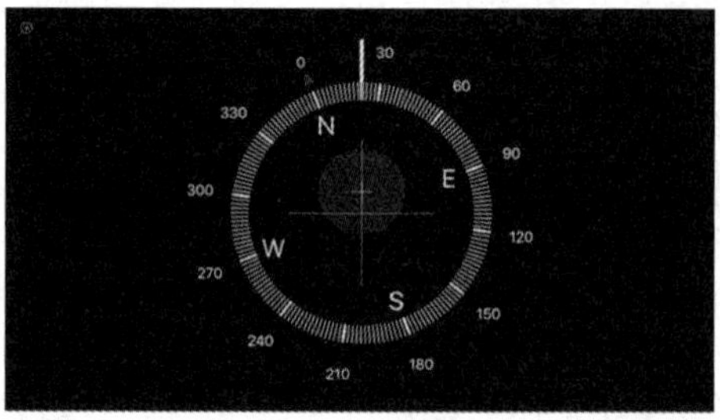

图 1-17　磁力计

（四）北斗系统和 GPS

2020 年 7 月 31 日，北斗三号全球卫星导航系统正式开通，我国成为世界上第三个独立拥有全球卫星导航系统的国家。定位是出行服务的基础，随着北斗组网成功，GPS 的垄断被打破，北斗的加入使出行服务的可靠性和精度都有了一定的提升。

三、汽车上的传感器

随着时代的发展，传感器在汽车上的应用变得非常广泛，如图 1-18 所示。汽车上的传感器可分为车辆感知和环境感知两大类。

动力、底盘、车身及电子电气系统中的传感器属于车辆感知类，ADAS 及无人驾驶系统中引入的车载摄像头、毫米波雷达、激光雷达等属于环境感知类。

按照工作原理，车辆感知类的传感器主要可分为 MEMS、磁、化学、温度四大类。这里以温度传感器为例，汽车上普遍用热敏电阻来测量温度，可分为 NTC 和 PTC 两类。

图 1-18　汽车上的传感器

NTC：电阻值随温度升高而降低，主要用来测量气体、液体、环境温度，包括冷却液、进气管、空调蒸发器出口、车内外等温度检测。如图 1-19、图 1-20 所示为汽车冷却液温度传感器和燃油温度传感器。

图 1-19　汽车冷却液温度传感器

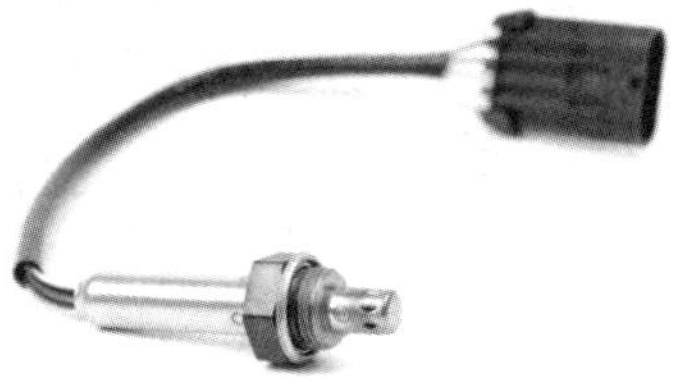

图 1-20　燃油温度传感器

PTC：超过一定温度时，电阻值明显增大，主要用于过流保护、温度限制、加热等场景，如电机保护传感器。

针对高温场合，如发动机排气歧管、三元催化器温度高达 800℃以上，传统的热敏电阻无法满足要求，通常采用铂电阻温度传感器进行测量。

四、智慧停车系统中的传感器

近年来，国家政策明确提出大力推动智慧停车系统（图 1-21）、自动识别车牌等高新技术的应用。简单来说，智慧停车系统的“智慧”体现在两方面：智能找车位和停车电子收费。

如何实现停车电子收费？目前，主要采用地磁和视频桩两种传感技术。其中，地磁感应装置设置在车位中间，有车驶入车位即可进行监测，稳定性高、安装便捷，缺点是离不开停车管理员的拍照取证。常见的地磁传感器如图 1-22 所示。视频桩则是在车位的某个角安装视频装置，监测车辆驶入驶出，拍照记录车辆轨迹和车牌号，全程无须停车管理员介入，司机能自动施行车辆停放、自助缴费，但设备造价高，施工较为复杂。

图 1-21　智慧停车系统

图 1-22　常见的地磁传感器

汽车在停车场内未熄火，会产生大量有毒有害的一氧化碳气体，人体吸入后会导致缺氧，长时间吸入会威胁生命。因此，一些地下车库中安装了一氧化碳传感器（图 1-23），不仅能够实时检测车库内不同区域的一氧化碳浓度值，还可将检测出的一氧化碳浓度值通过网络上传到中心平台。

图 1-23　地下车库中的一氧化碳传感器

各类传感器为智慧停车系统提供了不可或缺的技术支持。

五、智慧蔬菜大棚系统中的传感器

随着现代科技的发展，农业种植正在变得轻松化。以往的农业种植，跑田间地头是家常便饭。如今，借助手机、计算机便能轻松完成农作物生长环境监测、农业灌溉、施肥等。人们运用物联网技术等，建成了许多智慧蔬菜大棚。在智慧蔬菜大棚系统（图 1-24）中，传感器是必不可少的。

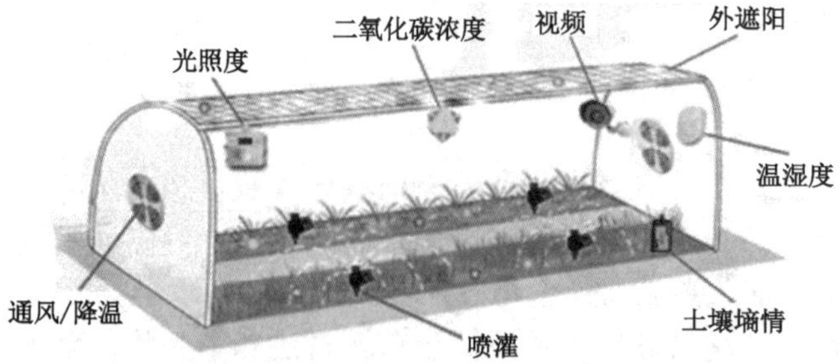

图 1-24　智慧蔬菜大棚系统

影响蔬菜生长的环境因素包括空气温湿度、光照度、土壤水分、土壤温度、二氧化碳浓度等。因此，要实现智慧蔬菜大棚环境监测，就需要用到相应的传感器，常见的主要有以下几种：一是温湿度传感器，用来监测大棚中的温度和湿度；二是光照度传感器，用来监测大棚中的光照度；三是土壤水分传感器，用来监测大棚中土壤水分含量情况，从而指导大棚灌溉作业，补充农作物所需水分；四是二氧化碳传感器，用来监测大棚中的二氧化碳浓度。

有了这些传感器，系统就可以自动控制、调节大棚的空气温湿度、光照度、土壤水分、土壤温度、二氧化碳浓度等，保证蔬菜有一个适宜的生长环境。国内的农业高新技术企业还研发出了果实膨大传感器、农作物茎秆微变化传感器、叶片温度传感器等，在大棚中还配备有监测设备（图 1-25），这些新技术让农作物种植变得更精准、更高效。

图 1-25　大棚中的监测设备

智慧蔬菜大棚系统传感器使用情况调研表见表 1-10。

表 1-10　智慧蔬菜大棚系统传感器使用情况调研表

系统模块	功　能	传感器的类型	传感器的作用
空气温湿度控制	按设定的温度范围实现自动卷放棉帘、开关风口、浇水施肥等操作	温湿度传感器	检测环境温度、相对湿度，保证农作物有适宜的生长环境
土壤水分控制	实时监测当前土壤中的，从而确定是否需要灌溉及灌溉的水量是多少	土壤水分传感器	直接插入土壤中测量水分含量，为灌溉提供依据
光照度控制	使光照度适合农作物的生长，促进农作物的光合作用，提高农作物的产量	光照度传感器	检测农作物生长过程中的光照度，以确定是否需要增加或减少光照度
二氧化碳浓度控制	促进光合作用，实现高质高产	二氧化碳传感器	检测二氧化碳浓度
水质控制	水质决定了农作物的生长环境	pH 值传感器 溶解氧传感器 液位传感器	实时检测水质，及时上报，合理调节

未来，各种基础科学的进步将进一步推动传感器技术的快速发展。传感器将变得更加人性化，人机交互将更加友好；同时，它们将变得更小，更加不易察觉。随着传感器与 AI 等新技术的融合，在未来互联互通和智能化的世界中，传感器将使人们的生活变得更加美好。

任务实施

调研智能家居系统中所用的传感器，并思考是否有可替代的传感器，填写表 1-11。

表 1-11 智能家居系统传感器使用情况调研表

系统模块	传感器的类型	传感器的功能
灯光控制		
安防控制		
家电控制		
影音娱乐控制		
环境控制		

任务评价

任务评价表见表 1-12。

表 1-12 任务评价表

序号	评价要点	配分	得分	总评
1	任务学习工具、资料、知识等准备充分	20		A（80 分及以上）□ B（70～79 分）□ C（60～69 分）□ D（59 分及以下）□
2	能简述传感器的发展历程	30		
3	能完成智能家居系统传感器使用情况调研表	50		

任务小结

请总结本任务完成过程中的优、缺点，并提出改进计划，填写表 1-13。

表 1-13 任务小结

完成事项	优点	缺点	改进计划
任务准备			
任务实施			
其他			

拓展与提高

一、测量的概念及方法

（一）测量的概念

测量是人们认识和改造客观世界的一种必不可少的重要手段。它是把被测量与同性质标准量进行比较，确定被测量与标准量的关系，并用数字表示这个关系的过程。

（二）测量方法

1．按测量结果的不同分类

1）直接测量

直接测量是用精度较高的设备直接对被测量进行测量并得到测量结果，如温度计测温、万用表测电压（图 1-26、图 1-27）、卡尺测工件的长度等。

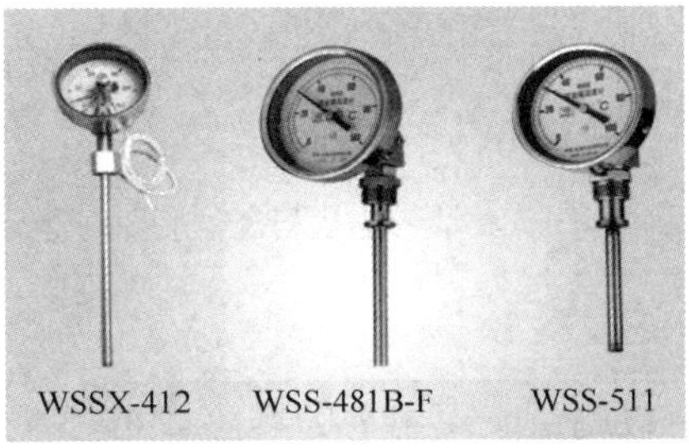

图 1-26　温度计

图 1-27　万用表

2）间接测量

间接测量是在使用仪表进行测量时，首先对与被测量有函数关系的几个量进行测量，然后将测量值代入函数关系式，经过计算得到所需要的结果（图 1-28）。

图 1-28　测旗杆高度

2．其他测量方法

1）接触测量和非接触测量

接触测量是传感器或测量器具的测量头在一定测量力的作用下与被测物体直接接触的测量。非接触测量是传感器或测量器具的测量头与被测对象不发生机械接触的测量。

2）静态测量和动态测量

静态测量是指在测量期间被测量保持恒定的测量，如图 1-29 所示。动态测量是为了确定随时间变化的被测量的瞬时值而进行的测量，如图 1-30 所示。

图 1-29　塔的倾角的测量

图 1-30　汽车速度的测量

3）被动测量和主动测量

产品加工完成后的测量为被动测量，加工过程中的测量为主动测量。被动测量只能发现和挑出不合格品；而主动测量可通过测得值的反馈，控制设备的加工过程，预防和杜绝不合格品的产生。

二、测量误差的认知

（一）测量误差的基本概念

1．测量误差

测量中不可避免地存在测量误差。测量误差是检测结果与被测量的客观真值之间的差值。

2．真值

真值是在确定的时间、地点和状态下，被测量表现出来的实际大小。真值是客观存在的，又是未知的。

3．标称值

标称值是计量或测量器具上标注的量值，如标准砝码上标出的 1kg。

4．示值

示值是由测量仪器给出或提供的量值，也称测量值。

5．精确度（精度）

精确度是测量结果中系统误差与随机误差的综合，表示测量结果与真值的一致程度。

6．重复性

重复性是在相同条件下，对同一被测量进行多次连续测量所得结果之间的一致性。

7．误差公理

误差公理是指一切测量都具有误差，误差自始至终存在于所有科学实验的过程之中。

（二）测量误差的来源

1．测量装置误差

测量装置误差包括传感器和测量仪器仪表的误差、标准件的误差及装卡附件的误差。传感器和测量仪器仪表的误差为设计、制造误差，标准件的误差为标准量块、标准线纹尺、标准电池、标准电阻、标准砝码等所体现量值的误差，装卡附件的误差为装卡定位等造成的误差。

2．测量方法误差

测量方法误差为测量方法不完善或测量所依据的理论公式本身的近似性引起的误差。

3．环境误差

环境误差为各种环境因素与规定的标准状态不一致而引起的测量装置和被测量本身的变化所造成的误差，如温度、湿度、气压、振动、照明、电磁场等引起的误差。

4．人员误差

人员误差为测量人员因技术能力、工作疲劳、固有习惯等因素引起的误差。它的大小取决于测量人员的操作技能和其他主观因素。

（三）测量误差的表示方法

1．绝对误差

绝对误差 Δx 是指被测量的指示值 x 与真值 x_0 之间的差值，即

$$\Delta x = x - x_0$$

式中，Δx ——绝对误差；

x ——测量值；

x_0 ——真值。

由于真值是未知的，实际应用时用标准表的测量值代替真值，称为实际值 x_0。

2．相对误差

$$\delta=\frac{\Delta x}{x_0}\times 100\%$$

式中，δ——相对误差，一般用百分数表示；

Δx——绝对误差；

x_0——真值。

由于被测量的真值x_0无法知道，实际测量时用测量值x代替真值x_0进行计算，这个相对误差称为标称相对误差。但它也存在一个问题，就是不能衡量测量方法或仪表精度。

3．引用误差

引用误差γ_{n}是绝对误差Δx与仪表量程x_{m}比值的百分数形式，即

$$\gamma_{\mathrm{n}}=\frac{\Delta x}{x_{\mathrm{m}}}\times 100\%$$

式中，γ_{n}——引用误差；

Δx——绝对误差；

x_{m}——仪表量程。

仪表精度等级是根据引用误差来确定的。例如，0.5 级仪表的引用误差的最大值不超过±0.5%。在使用仪表和传感器时，经常还要用到基本误差和附加误差这两个概念。

基本误差：指仪表在规定的标准条件下所具有的误差。例如，仪表是在电源电压（220±5）V、电网频率（50±2）Hz、环境温度（20±5）℃、湿度 65%±5%的条件下标定的。如果这台仪表在这个条件下工作，则仪表所具有的误差为基本误差。测量仪表的精度等级就是由基本误差决定的。

附加误差：指仪表的使用条件偏离标准条件时出现的误差。例如，温度附加误差、频率附加误差、电源电压波动附加误差等。

三、传感器的标定

传感器的标定是指通过试验建立传感器输出与输入之间的关系并确定不同使用条件下的误差的过程。

标定主要用于确定传感器的转换特性。例如，压电式压力传感器受到压力后将输出电荷信号，即将压力信号经传感器转换为电荷信号。究竟多大压力可以使它产生多少电荷，靠传感器本身是无法确定的，必须依靠专用设备。利用专用设备确定这种转换关系的过程称为标定。

一般来说，对传感器进行标定时，必须以国家和地方计量部门的有关检定规程为依据，选择正确的标定条件和适当的仪器设备，按照一定的程序进行。

项目二　电阻式传感器

情景描述

有一类传感器被称为“电五官”，相当于人类五官的延伸，这就是电阻式传感器。例如，光敏电阻式传感器（简称光敏电阻）对应于视觉，如光敏电阻式光控开关；声敏电阻式传感器对应于听觉，如汽车倒车雷达；气敏电阻式传感器（简称气敏电阻）对应于嗅觉，如交通巡警用的酒精测试仪；电阻式化学传感器是味觉的延伸；压敏、温敏传感器则对应于触觉。

本项目主要介绍电阻式传感器的选型、安装、调试、维护等知识和技能。

项目目标

- 了解应变电阻效应；
- 了解电阻式传感器的结构、工作原理、分类及特点；
- 能根据应用需求合理选用电阻式传感器；
- 能安装、调试、维护电阻式传感器，排除常见故障；
- 具有自主学习、总结反思能力，在学习过程中培养团队协作意识；
- 养成规范操作的职业习惯，具有良好的安全意识、环保意识、节能意识。

建议学时

4 学时

任务1　电阻式传感器的选型

任务描述

清晨起床，站到人体秤上，给秤一个外力，称重传感器感应到该外力，将其转换为电信号并显示在屏幕上，人们便可得知自己的体重。称重传感器是电阻应变式传感器的典型应用。现在需要制作一个小型电子秤，用于在家做饭时掌握配料的克数。要求称重量程为5kg，工作方式为悬臂梁式，灵敏度为（1.0±0.1）mV/V，请根据上述要求为小型电子秤选择合适的传感器。

任务目标

- 了解电阻式传感器的原理、结构、常见类型及应用；
- 了解电阻应变片的种类及结构特点；
- 能识别常用电阻式传感器的型号；
- 能根据不同环境选择不同的电阻式传感器；
- 养成规范操作的职业习惯，具有良好的安全意识、环保意识、节能意识。

任务准备

一、学习工具

学习工具包括手机、电阻式传感器、相关技术手册等。

二、任务所需相关知识

（一）电阻式传感器简介

1．电阻式传感器的特点、种类

电阻式传感器将被测量的变化转换成传感元件电阻值的变化，再经转换电路变成电信号输出，它可用于各种机械量和热工量的检测，如用来测量力、压力、位移、应变、速度、加速度、温度和湿度等。其特点是结构简单、性能稳定、成本低，在许多行业得到了广泛应用。常见电阻式传感器如图 2-1 所示。

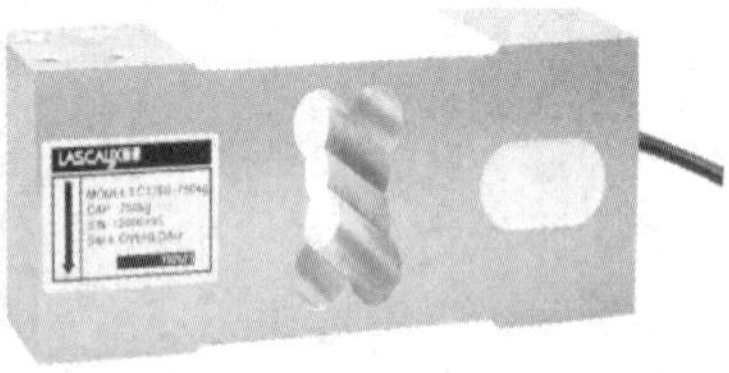

（a）电阻应变式传感器

（b）气敏电阻式传感器

（c）热敏电阻式传感器

（d）湿敏电阻式传感器

（e）压阻式传感器

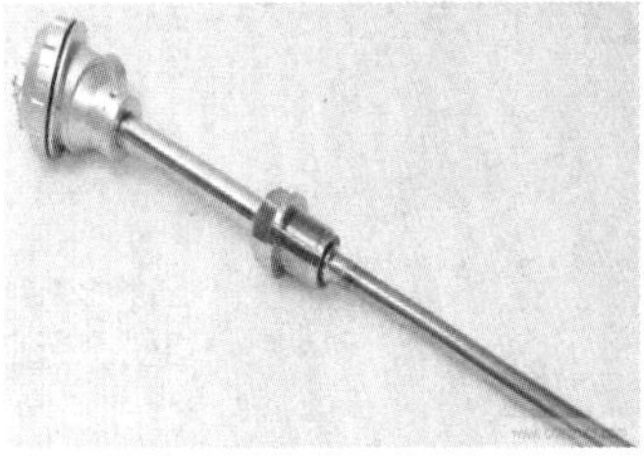

（f）热电阻式传感器

图 2-1　常见电阻式传感器

2．电阻应变片的种类、特性

应变电阻效应是金属导体的电阻在导体受力产生变形（伸长或缩短）时发生变化的物理现象。电阻应变片是基于应变电阻效应制作的。当金属电阻丝受到轴向拉力时，其长度增大而横截面面积变小，引起阻值增大。反之，当它受到轴向压力时，则导致阻值减小。电阻应变片的种类及结构特点见表 2-1。

表 2-1　电阻应变片的种类及结构特点

种　　类	结 构 特 点
金属丝式应变片	金属丝式应变片使用最早，但金属丝式应变片蠕变较大，金属丝易脱胶，有逐渐被箔式应变片取代的趋势。其价格便宜，多用于应变、应力的大批量、一次性试验
箔式应变片	箔式应变片与片基的接触面积大得多，散热条件较好，长时间测量时的蠕变较小，一致性较好，能减小温度影响，适合大批量生产，应用最广
半导体应变片	灵敏度高，比金属丝式应变片高 50～100 倍。尺寸小，横向效应小，动态响应好。但它有温度系数大，应变时非线性比较严重等缺点
金属薄膜应变片	厚度在 0.1μm 以下，应变片的滞后和蠕变均很小，应变灵敏度系数大，允许电流密度大，工作范围广，易实现工业化生产
高温及低温应变片	按工作温度来分类的高、低温应变片，其性能取决于应变片的应变电阻合金、基底、黏合剂的耐热性能及引出线的性能等

3．电阻应变式传感器的结构、测量电路

电阻应变式传感器主要由弹性体、电阻应变片和检测电路组成。电阻应变式传感器种类很多，本任务以金属丝式电阻应变式传感器为例说明其结构。工作原理是：弹性体在外力作用下产生弹性变形，使粘贴在其表面的电阻应变片也产生变形，电阻应变片变形后，它的阻值将发生变化（增大或减小），再经相应的检测电路把这一变化转换为电信号（电压或电流），从而完成将外力变换为电信号的过程。金属丝式电阻应变式传感器的结构如图 2-2（a）所示，内部电路如图 2-2（b）所示，等效检测电路如图 2-2（c）所示。

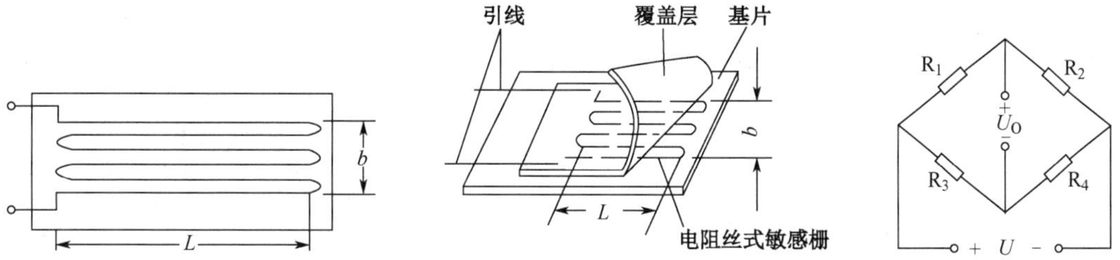

（a）结构　　（b）内部电路　　（c）等效检测电路

图 2-2　金属丝式电阻应变式传感器的结构、内部电路和等效检测电路

（二）电阻式传感器的应用

电阻式传感器的应用案例见表 2-2。

表 2-2　电阻式传感器的应用案例

应 用 案 例	示　意　图
汽车衡称重系统：汽车重力使传感器发生物理形变，改变内部应变片金属丝栅的阻值，从而改变输出的电信号，得出质量数据	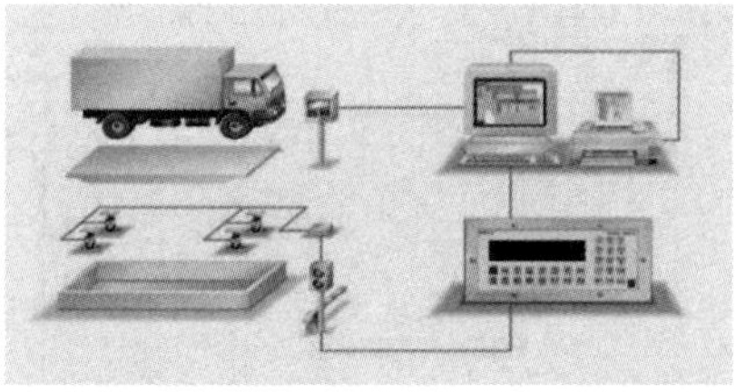

续表

应用案例	示意图
酒精浓度检测仪：利用气体的吸附使半导体本身的电导率发生变化这一机制来进行检测	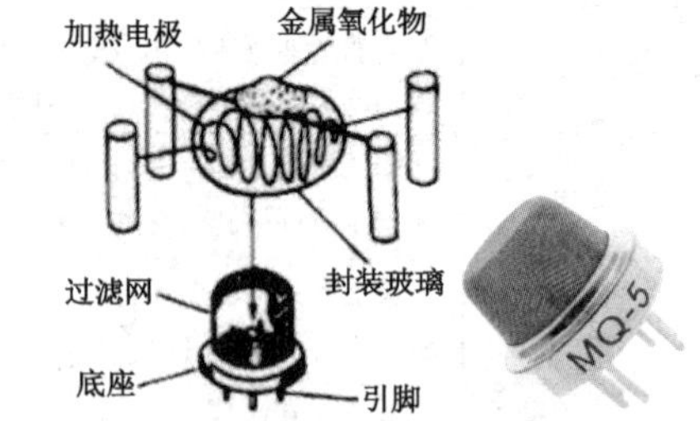
对家用电器本身的温度进行测量与控制。家用电磁炉炉面温度检测电阻为负温度系数的热敏电阻，常温下阻值约为100kΩ，温度升高，阻值减小。热敏电阻紧靠陶瓷板，并在两者接触处涂有导热硅脂，以提高控制灵敏度	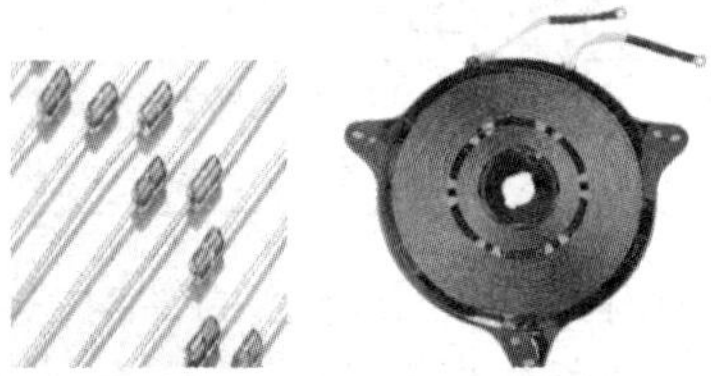
白炽灯泡电路声光控开关内部有光敏电阻、碳晶咪头、晶闸管、三极管、电容器等电子元件。白天光敏电阻的阻值较小，即使有很大的声音，电路也不会接通，所以白天灯泡不亮。夜晚光敏电阻阻值变大，此时如果有较大的声音，声音会通过碳晶咪头转化为电信号，后级的放大电路将此信号放大，使晶闸管导通，灯泡就会点亮	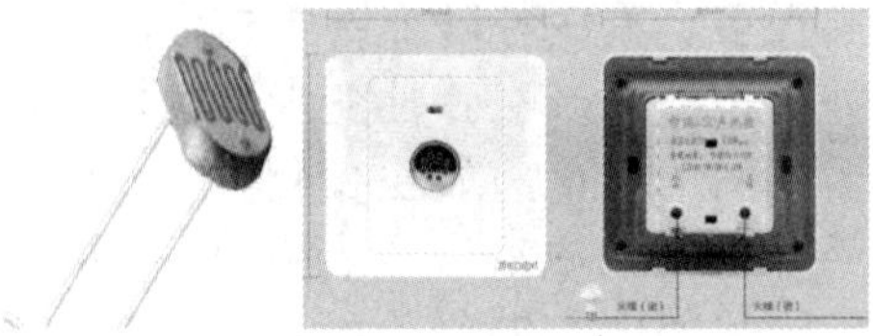
电子血压计中的传感器由压敏电阻组成，在气压作用下会导致阻值发生变化，通过配套电路能捕获到与压力一一对应的电压信号	

（三）电阻式传感器的型号命名方法

1. 防雷用压敏电阻式传感器的命名

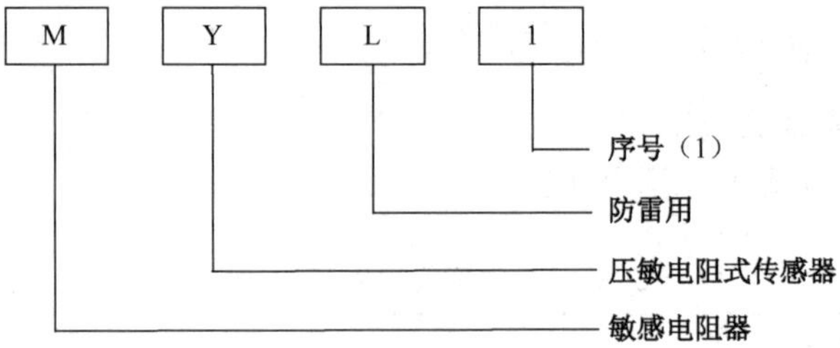

2. 压阻式压力传感器的命名

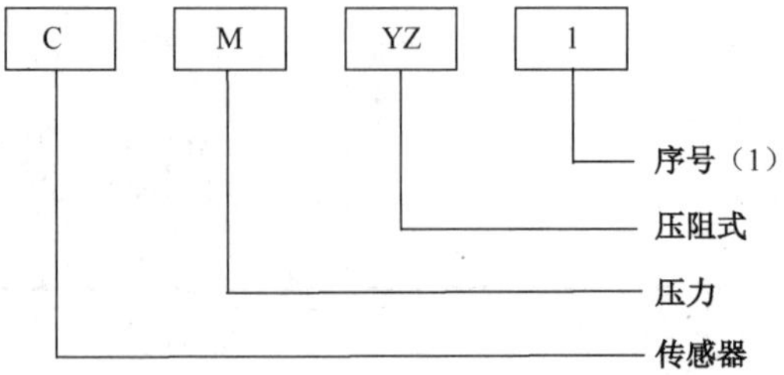

（四）电阻应变式称重传感器的选用方法

1．选用依据

选用电阻应变式称重传感器时，首先要根据应用场景的具体需求确认其性能指标，其次必须符合实际应用的国家标准、行业标准及企业标准的指标和要求。其性能指标见表 2-3。

表 2-3 电阻应变式称重传感器性能指标

序 号	性能指标	选用依据
1	结构	根据被测力大小，弹性元件的结构形式不同，常见的有轮辐式、柱式、悬臂梁式和环式等。轮辐式：负载能力大，精度高，线性度好，体积较小，但工艺比较复杂。柱式：负载能力大，精度较高，线性度较好，工艺比较简单，但是体积较大。悬臂梁式：负载能力较小，精度高，线性度较好，体积小，工艺简单。环式：负载能力较大，精度高，线性度好，体积小，工艺比较复杂
2	环境	包括特殊用途、恶劣环境、高精度要求等情况。一般在室内干净、干燥环境下工作，应选择密封胶密封的传感器；长时间在潮湿、高粉尘的环境下工作，应选择焊接密封的传感器；在潮湿、酸性等腐蚀性较强的场所工作，应选用不锈钢传感器，一般情况下选用合金钢传感器；在有电磁场的环境下，应注意传感器桥路和电缆线的屏蔽性能，否则易受到电磁波干扰，造成数据显示不稳定的现象；在易燃易爆的环境下，应选用防爆传感器；在-20℃以下或 80℃以上等超低、超高温环境下，应分别选用低温传感器和高温传感器
3	量程	传感器量程可依据秤的最大称量值、选用传感器的个数、秤体的自重、可能产生的最大偏载及动载等因素综合确定
4	灵敏度	一般情况下，灵敏度在 1～3mV/V。应根据实际情况确定灵敏度，灵敏度太低或太高都不好
5	精度等级	精度等级与传感器的非线性、滞后、蠕变、重复性、零点温漂、回零、时漂等技术指标有关。在选用传感器时，不要单纯追求高等级的传感器，既要考虑满足准确度要求，又要考虑其成本

2．电阻应变式称重传感器的选型

在实际选型和应用过程中，须结合实际应用场景、性能指标、选用依据、相关技术标准等，选择满足需求且性价比高的电阻应变式称重传感器。

任务实施

本任务分为四步，请根据任务要求逐步完成（表 2-4）。

表 2-4 任务实施

<table>
<tr><th>步 骤</th><th>任务内容</th><th colspan="4">任务要求</th></tr>
<tr><td>1</td><td>明确任务实施要求</td><td colspan="4">小组合作学习，做到人人参与，规范操作，认真完成并及时提交任务笔记</td></tr>
<tr><td>2</td><td>查阅资料回答问题</td><td colspan="4">查阅所提供电阻式传感器的铭牌信息，回答下列问题，并记入任务笔记
（1）简述电阻应变式传感器使用的材料及材料特性
（2）简述电阻应变片的结构、工作原理
（3）简述电阻式传感器型号的标称意义
（4）列举电阻式传感器的应用领域</td></tr>
<tr><td rowspan="6">3</td><td rowspan="6">确定传感器参数</td><td colspan="4">请根据本任务中自制电子秤的需求，查阅相关资料，写出电阻应变式称重传感器的性能指标，并把数据记入下表</td></tr>
<tr><td>性能指标</td><td>标称值</td><td>性能指标</td><td>标称值</td></tr>
<tr><td>量程（kg）</td><td></td><td>蠕变（%F.S/3min）</td><td></td></tr>
<tr><td>综合误差（%F.S）</td><td></td><td>零点漂移（%F.S/1min）</td><td></td></tr>
<tr><td>灵敏度（mV/V）</td><td></td><td>零点温度漂移（%F.S/10℃）</td><td></td></tr>
<tr><td>非线性（%F.S）</td><td></td><td>额定输出温度漂移</td><td></td></tr>
</table>

续表

<table>
<tr><th>步　骤</th><th>任务内容</th><th>任务要求</th></tr>
<tr><td>3</td><td>确定传感器参数</td><td>续表
<table>
<tr><th>性能指标</th><th>标称值</th><th>性能指标</th><th>标称值</th></tr>
<tr><td>重复性（%F.S）</td><td></td><td>零点输出</td><td></td></tr>
<tr><td>滞后（%F.S）</td><td></td><td>输入电阻阻值（Ω）</td><td></td></tr>
<tr><td>绝缘电阻阻值（MΩ）</td><td></td><td>输出电阻阻值（Ω）</td><td></td></tr>
<tr><td>工作温度范围（℃）</td><td></td><td>过载能力（%F.S）</td><td></td></tr>
<tr><td>额定输出温度漂移（%F.S/10℃）</td><td></td><td>推荐激励电压（V）</td><td></td></tr>
</table></td></tr>
<tr><td>4</td><td>传感器选型</td><td>根据以上确定的性能指标，通过电阻应变式称重传感器产品型号手册或二维码查询，选出合适的产品类型、型号</td></tr>
</table>

任务笔记

任务笔记见表 2-5。

表 2-5　任务笔记

<table>
<tr><th colspan="3">电阻应变式传感器的选型笔记</th></tr>
<tr><td colspan="3">班级：　　　　组别：　　　　组长：　　　　组员：</td></tr>
<tr><td>任　务</td><td>笔记内容</td><td>完成人及完成时间</td></tr>
<tr><td rowspan="4">回答辅助问题</td><td>1．电阻应变式传感器使用的材料：________
该材料的主要特性：________
____
________</td><td></td></tr>
<tr><td>2．电阻应变式传感器的结构组成：________
____
电阻应变式传感器的工作原理：________
____
________</td><td></td></tr>
<tr><td>3．电阻应变式传感器的型号：________
电阻应变式传感器型号的标称意义：________
M-Y-G-1 的标称意义：________
M-Y-F-1 的标称意义：________
M-Y-S-1 的标称意义：________</td><td></td></tr>
<tr><td>4．电阻应变式传感器的应用领域：________
____
____
____
________</td><td></td></tr>
</table>

续表

任　务	笔记内容	完成人及完成时间
传感器选型	1. 请根据传感器选型方法，为本任务选择合适的传感器，完成如下信息记录 类型是＿＿＿＿＿＿＿＿ 品牌是＿＿＿＿＿＿＿＿ 型号是＿＿＿＿＿＿＿＿ 2. 简述选型方法：＿＿＿＿＿＿＿＿	

任务评价

任务评价表见表 2-6。

表 2-6　任务评价表

序　号	评价要点	配　分	得　分	总　评
1	任务学习工具、资料、知识等准备充分	10		A（80 分及以上）□ B（70～79 分）□ C（60～69 分）□ D（59 分及以下）□
2	能根据任务要求完成传感器的选型	30		
3	能认真完成任务笔记并及时提交	30		
4	信息化意识强，能熟练查阅所需资料	10		
5	小组学习氛围浓厚，沟通协作好	10		
6	具有文明、规范操作的职业习惯	10		

任务小结

请总结本任务完成过程中的优、缺点，并提出改进计划，填写表 2-7。

表 2-7　任务小结

完成事项	优　点	缺　点	改进计划
任务准备			
任务实施			
任务笔记			
其他			

任务 2　电阻式传感器应用电路的安装与调试

任务描述

据悉，体重秤最早出现在公元前 2400 年至公元前 1800 年的印度河流域（今巴基斯坦境内）。在此之前，没有任何可以测量体重的工具。真正意义上的现代体重秤是由达芬奇发明的。随着电子秤行业的发展，使用电子秤的人越来越多。

电子秤贴近人们的生活，当人们去超市、菜市场、水果店买东西时，都会用它来称重。它具有操作简单、计量精准等特点。

请根据本任务提供的电子秤电路原理图和产品安装说明书组装产品，然后将产品安装在应用场所，实现称重功能。

任务目标

- 能识读电阻应变式称重传感器应用说明书、电阻应变式称重传感器接线图，并能识别和连接传感器数据接口；
- 能检测电阻应变式称重传感器的好坏；
- 能识读电阻应变式称重传感器产品安装说明书、电路图，并能按图进行布局和布线；
- 能调试电阻应变式称重传感器，能对传感器进行校准；
- 能使用常用弱电、网络测试安装工具；
- 养成规范操作的职业习惯，具有良好的安全意识、环保意识、节能意识。

任务准备

一、学习工具

学习工具包括手机、电阻应变式称重传感器及应用电路套件、常用弱电和网络测试安装工具等。

二、任务所需相关知识

电子秤主要用来测量物体的质量。将电阻应变片粘贴到受力的力敏型弹性元件上，当弹性元件承受载荷产生变形时，电阻应变片（转换元件）受到拉伸或压缩也产生变形，它的阻值将发生变化（增大或减小），从而使电桥失去平衡，产生相应的差动信号，供后续电路放大和处理。当垂直正压力 P（图 2-3）作用于梁上时，梁产生形变，电阻应变片 R_1、R_2 拉伸，阻值增大。R_3、R_4 压缩，阻值减小。电桥失去平衡，产生不平衡电压 U，电压 U 与作用在梁上的压力 P 成正比，从而将非电量转化为电量输出。

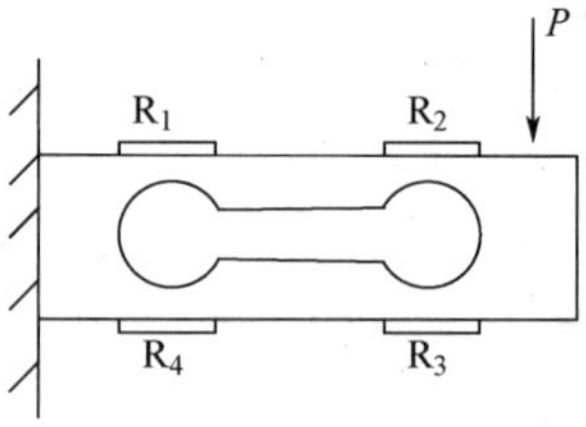

图 2-3　电阻应变式称重传感器工作原理图

（一）电阻应变式称重传感器的检测和接线方法

1．电阻应变式称重传感器的检测

电阻应变式称重传感器的检测方法见表 2-8。

表 2-8 电阻应变式称重传感器的检测方法

类 别	检 测 方 法	图 例
外观检查	检查外观有没有灰尘，有没有腐蚀生锈，周围有没有积水，传感器信号线缆有没有破损	
质量检测	查看参数，HL8 型传感器的输入电阻阻值和输出电阻阻值都为（1000±50）Ω。用万用表检测，电阻阻值最大的两根线是激励线（输入端），另外两根线是信号线。确定好激励线和信号线后，任意一条激励线到信号线的电阻阻值是相等的，则说明该传感器正常；反之，则判断为损坏	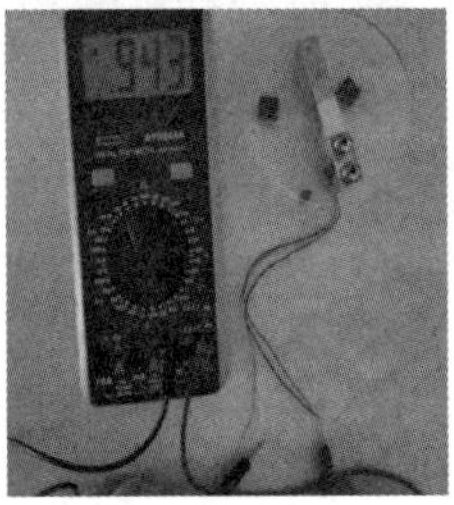

2．电阻应变式称重传感器的接线方法

电阻应变式称重传感器可以采用两种不同的输入、输出接线方法：一种是四线制接法，另一种是六线制接法。这里采用的是四线制接法，每根线的颜色不同，分别为黑、白、绿、红色。黑色线接 E−，白色线接 A−，绿色线接 A+，红色线接 E+，具体如图 2-4 所示。

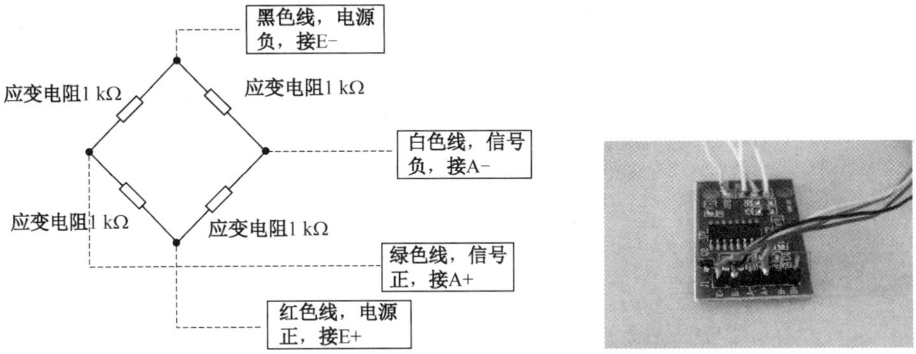

图 2-4 电阻应变式称重传感器的接线方法和实物接线图

（二）电子秤电路的安装

1．电子秤电路框图

本任务中的电子秤以单片机 STC90C52RC 为控制核心，实现电子秤的基本控制功能。整个系统可以分为控制、数据采集、人机交互界面、系统电源、时钟和语音报读六大部分。电子秤电路框图如图 2-5 所示。

2．电子秤电路原理图

电子秤电路原理图如图 2-6 所示。

3．电子秤的安装

根据电子产品装配的知识与技能，完成电子秤的电路装配，电路安装效果图如图 2-7 所示。

4．电阻应变式称重传感器的技术参数说明

表 2-9 是电阻应变式称重传感器参数表，该传感器能满足任务要求。

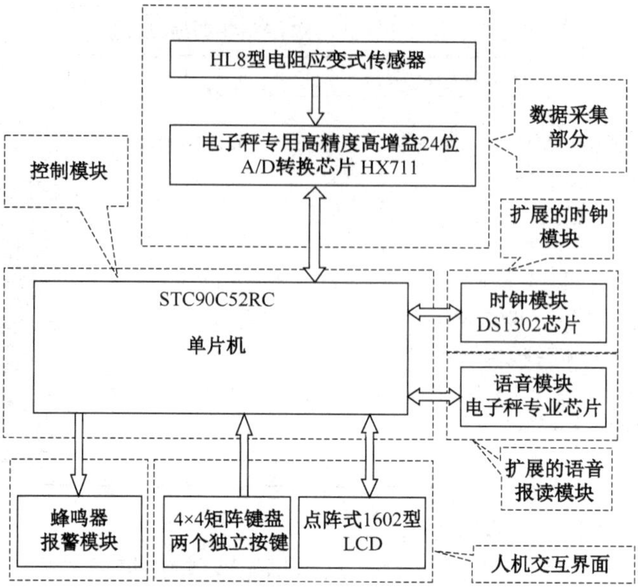

图 2-5 电子秤电路框图

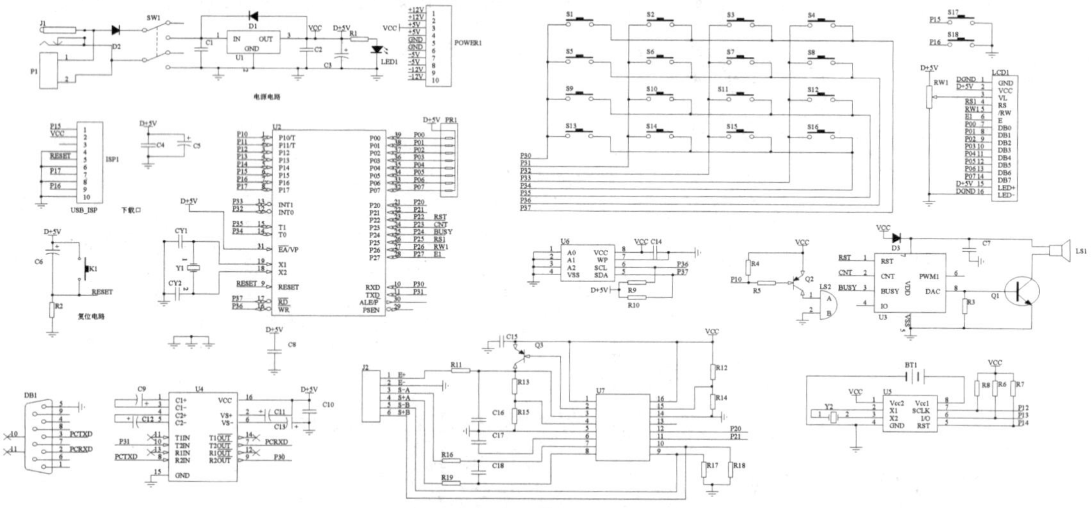

图 2-6 电子秤电路原理图

图 2-7 电路安装效果图

表 2-9　电阻应变式称重传感器参数表

性能指标	标称值	性能指标	标称值
量程（kg）	5	蠕变（%F.S/3min）	0.05
综合误差（%F.S）	0.05	零点漂移（%F.S/1min）	0.05
灵敏度（mv/V）	1.0±0.1	零点温度漂移（%F.S/10℃）	0.05
非线性（%F.S）	0.05	额定输出温度漂移	0.2
重复性（%F.S）	0.05	零点输出	±0.1
滞后（%F.S）	0.05	输入电阻阻值（Ω）	1000±50
绝缘电阻阻值（MΩ）	≥2000	输出电阻阻值（Ω）	1000±50
工作温度范围（℃）	-10～+50	过载能力（%F.S）	150
额定输出温度漂移（%F.S/10℃）	±0.1	推荐激励电压（V）	5～10

（三）电子秤的调试

电子秤的调试步骤见表 2-10。

表 2-10　电子秤的调试步骤

调试步骤	操作过程	效果图
承重 0kg 校准	电子秤平放于某一平面上，电源可使用 USB 电源接口或 3～5.5V 直流电源，接入压力传感器测试板，电子秤承重托盘中未放入物体，使数码管显示 0000	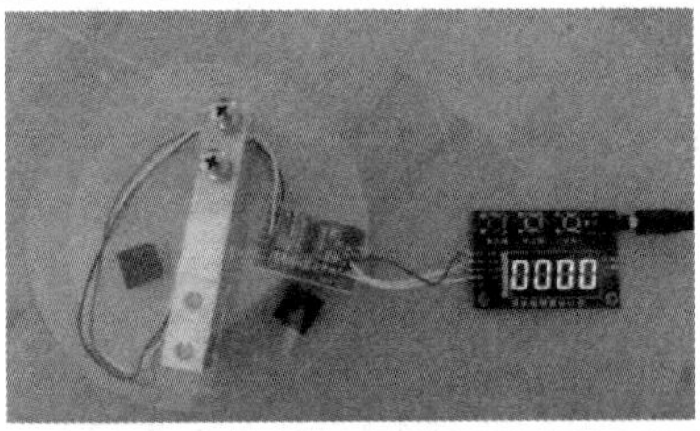
承重 0～5kg 校准	电子秤平放于某一平面上，校准以后，在电子秤承重托盘中放入 300g 的物体。调节加、减按键，直到数码管显示 0300	
承重 5kg 校准	电子秤平放于某一平面上，校准以后，在电子秤承重托盘中放入 5kg 的物体。调节加、减按键，使数码管显示 5000	

（四）电子应变式称重传感器的安装

1. 电阻应变式称重传感器的安装方法

电阻应变式称重传感器的安装方法有悬臂梁式、桥式、平行梁式、轮辐式和对称环式。安装时，要求其基础平整；安装后，要求其作用面水平。本任务采用悬臂梁式安装方法，如图 2-8 所示。

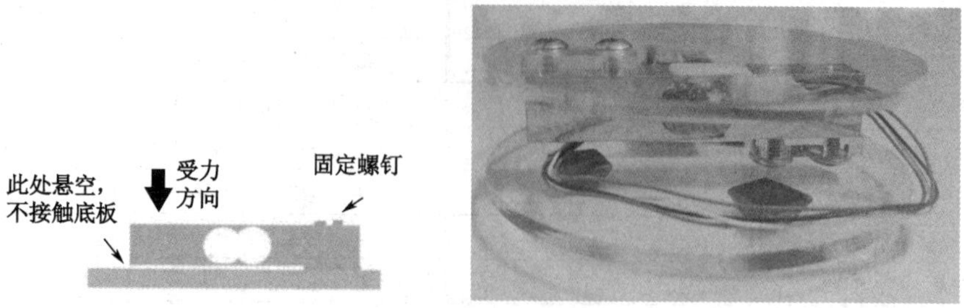

图 2-8　安装方法及效果图

2．电阻应变式称重传感器安装注意事项

（1）严格按照产品说明书确定正确的安装方法、安装高度。

（2）安装前仔细阅读产品说明书，保证接线正确。

（3）电阻应变式称重传感器要防止任何冲击、跌落，应轻拿轻放。

（4）在安装、使用过程中要特别注意，不要超载。

（5）为保证精度，电阻应变式称重传感器的导线不要随意调整长度。

（6）如果在外力撤除后不能恢复原状，发生塑性变形，则说明传感器已经损坏。

（7）若用螺杆固定，要求有一定的紧固力矩，而且螺杆旋入螺纹应有一定的深度。一般而言，固定螺杆应采用高强度螺杆。

任务实施

本任务分为七步，请根据任务要求逐步完成（表 2-11）。

表 2-11　任务实施

<table>
<tr><th>步　骤</th><th>任务内容</th><th>任务要求</th></tr>
<tr><td>1</td><td>明确任务
实施要求</td><td>小组合作学习，做到人人参与，规范操作，认真完成并及时提交任务笔记</td></tr>
<tr><td>2</td><td>收货检验</td><td>请对照材料清单和组件进行电子秤套件的收货检验，在下表中记录结果，如有误应及时报告
<table>
<tr><th>序　号</th><th>名　称</th><th>规　格</th><th>标　称</th><th>数　量</th><th>清点情况</th></tr>
<tr><td></td><td></td><td></td><td></td><td></td><td></td></tr>
<tr><td></td><td></td><td></td><td></td><td></td><td></td></tr>
<tr><td></td><td></td><td></td><td></td><td></td><td></td></tr>
<tr><td></td><td></td><td></td><td></td><td></td><td></td></tr>
<tr><td></td><td></td><td></td><td></td><td></td><td></td></tr>
<tr><td></td><td></td><td></td><td></td><td></td><td></td></tr>
<tr><td></td><td></td><td></td><td></td><td></td><td></td></tr>
</table></td></tr>
<tr><td>3</td><td>查阅资料
回答问题</td><td>查阅 HL8 型电阻应变式称重传感器的安装说明书、电路原理图等资料，回答任务笔记中的问题</td></tr>
<tr><td>4</td><td>传感器检测</td><td>根据 HL8 型电阻应变式称重传感器的电路结构、检测方法检测传感器，并将检测数据记入任务笔记</td></tr>
</table>

续表

步　骤	任务内容	任务要求
5	电路安装	根据HL8型电阻应变式称重传感器应用电路安装图画出电路布局图，记入任务笔记。然后进行电路安装，注意工艺要求和操作规范。安装完成后检测电路各部件安装与布线的准确性、牢固性和稳定性
6	电路调试	调试通电必须征得教师同意，调试电路实现功能，并将调试数据记入任务笔记。调节灵敏度按钮，进行传感器灵敏度校正
7	产品应用安装	查阅资料，写出电阻应变式称重传感器应用安装的注意事项

任务笔记

任务笔记见表2-12。

表2-12　任务笔记

HL8型电阻应变式称重传感器的安装调试笔记		
班级：　组别：　组长：　组员：		
任　务	笔记内容	完成人及完成时间
回答辅助问题	查阅资料，画出电路框图	
	1. 电阻式传感器应用电路安装方式有哪些？HL8型电阻应变式称重传感器的安装方式是什么？ 2. 电阻式传感器安装接线方式有哪些？HL8型电阻应变式称重传感器的安装接线方式是什么？	
检测调试	电阻应变式称重传感器在外力的作用下阻值会发生变化，通过应变电路转换被测部位的受力状态变化，电桥的作用是完成电阻到电压的转换，将一定质量的物体放在电子秤上，记录电桥的输出，反映相应的受力状态 <table><tr><td>质量（g）</td><td></td><td></td><td></td><td></td><td></td><td></td></tr><tr><td>电压（V或mV）</td><td></td><td></td><td></td><td></td><td></td><td></td></tr></table> 根据表中的数据评估该电子秤的灵敏度。$S = \Delta V / \Delta W$（ΔV为输出电压变化量，ΔW为质量变化量）	
产品应用安装	查阅资料，写出电阻应变式称重传感器安装注意事项	

任务评价

任务评价表见表 2-13。

表 2-13　任务评价表

序　号	评价要点	配　分	得　分	总　评
1	任务学习工具、资料、知识等准备充分	10		A（80 分及以上）□ B（70～79 分）□ C（60～69 分）□ D（59 分及以下）□
2	能正确检测	5		
3	能正确安装	15		
4	能正确调试传感器及应用电路	20		
5	能认真完成任务笔记并及时提交	20		
6	信息化意识强，能熟练查阅所需资料	10		
7	小组学习氛围浓厚，沟通协作好	10		
8	具有文明、规范操作的职业习惯	10		

任务小结

请总结本任务完成过程中的优、缺点，并提出改进计划，填写表 2-14。

表 2-14　任务小结

完成事项	优　点	缺　点	改进计划
任务准备			
任务实施			
任务笔记			
其他			

任务 3　电阻式传感器的维护

任务描述

生活中，将物品放到电子秤托盘上，将物品的单价设置好，就可以得到物品的价格。但是电阻式传感器在使用过程中，由于受到外界环境的温湿度、杂物、磨损等众多因素的影响，会使测量数据的精确度下降或无法实现测量，可能造成各种损失或安全事故，所以按行业规定应对其进行定期检测维护。

任务目标

- 能识读电阻应变式称重传感器产品说明书；
- 能使用常用弱电、网络测试工具；
- 能检测电路导线和数据线通断；
- 能判断电阻应变式称重传感器应用电路的常见故障，并能排除简单故障；
- 能对电阻应变式称重传感器进行日常维护；
- 养成规范操作的职业习惯，具有良好的安全意识、环保意识、节能意识。

任务准备

一、学习工具

学习工具包括手机、万用表、电阻应变式称重传感器、HX711 转换器、压力传感器测试板等。

二、任务所需相关知识

（一）电阻式传感器的日常维护方法

1．电阻应变式称重传感器的日常维护方法

电阻应变式称重传感器主要从安装、使用方面进行维护，日常维护方法见表 2-15。

表 2-15 电阻应变式称重传感器的日常维护方法

序 号	项 目	日常维护方法
1	安装	一般应选择在清洁、干燥、通风、温度适宜的环境中放置
2	温度	工作温度应控制在-10～+50℃，过高或过低都不好
3	防爆	电子秤属于有源机电一体化产品，不能在易燃、易爆的危险环境中使用，否则易发生爆炸事故
4	防腐	腐蚀性物质不能渗进电子秤内部，否则会对电路板上的器件和电路板本身产生腐蚀，时间一长，可能会使电子秤报废
5	接地	电子秤作为一种准确称量物料质量的电子计量设备，必须对其采取一定的保护和屏蔽接地措施，以确保其安全运行

2．其他电阻式传感器的日常维护方法

热电偶的日常维护方法见表 2-16。

表 2-16 热电偶的日常维护方法

序 号	项 目	日常维护方法
1	安装孔的尺寸	在安装的过程中，应避免安装孔的尺寸过小，造成螺纹磨损，影响设备的密封性能，甚至产生安全隐患。因此，必须采用安装孔测量仪对安装孔进行检测，选择合适的安装孔，避免螺纹的磨损
2	安装孔的清洁	随时用清洁工具保持安装孔的清洁并防止熔料堵塞
3	安装位置	当压力传感器的安装位置太靠近生产线的上游时，未熔融的物料可能会磨损传感器的顶部；如果传感器被安装在太靠后的位置，在传感器和螺杆行程之间可能会产生熔融物料的停滞区，熔料在那里有可能产生降解，压力信号也可能传递失真；如果传感器过于深入机筒，螺杆有可能在旋转过程中触碰到传感器的顶部而造成其损坏。一般来说，传感器可以位于滤网前面的机筒上、熔体泵的前后或模具中
4	清理	在使用钢丝刷或特殊化合物对挤出机机筒进行清洁前，应该将所有的传感器都拆卸下来。因为这两种清洁方式都可能造成传感器的振动膜受损。当机筒被加热时，也应该将传感器拆卸下来并使用不会产生磨损的软布来擦拭其顶部，同时传感器的孔洞也需要用清洁的钻孔机和导套清理干净
5	防水、防潮	一般应采取防水、防潮措施
6	防低温	工作温度一般在 300～1300℃

续表

序号	项目	日常维护方法
7	防止压力过载	即使压力传感器测压范围的过载设计能够达到50%（超出量程的比例），从设备运行的安全角度考虑也应该尽量避免冒险，选择被测压力处于量程范围之内的传感器。在通常情况下，所选传感器的量程应该是被测压力的2倍，这样即使挤出机在极高的压力下运行，也能避免压力传感器受到损坏

（二）电阻式传感器的常见故障及排除方法

1．电阻应变式称重传感器的常见故障及排除方法（表2-17）

表2-17　电阻应变式称重传感器的常见故障及排除方法

序号	故障现象	故障分析及排除方法
1	超载	故障现象与信号断线相似，这时无法显示，减轻载荷后恢复正常，正确使用即可避免
2	通电后，未加物料，称重仪表上数据不为零，显示屏只显示一串“8”，显示屏不断闪烁	先检查托盘的放置是否正确，然后仔细检查是否有物料卡在了传感器部分，最后检查模拟开关的集成块是否损坏
3	传感器端部与基础板之间的缝隙中有异物	清洁传感器，防止异物进入缝隙。异物进入缝隙时的现象为增加重量时显示值偏小，而此时测量传感器的各路电压值均正常，对传感器进行机械清洁后恢复正常
4	称重时，放料、下料，显示屏没有显示	首先检查电源是否正常，然后查看电路是否完整。如果没有称重信号输入，则查看电源电路；检查传感器电缆是否正常，有无断裂现象；检查是否有异物阻碍传感器弹性形变
5	称重结果不准	可能是传感器内部发生损坏，原因可能是人为、环境等因素，也可能是传感器老化

2．其他电阻式传感器的常见故障及排除方法

热电阻测温系统一般由热电阻、连接导线和显示仪表等组成。热电阻测温系统常见故障及排除方法见表2-18。

表2-18　热电阻测温系统常见故障及排除方法

序号	故障现象	故障分析及排除方法
1	阻值与温度的关系有变化	热电阻丝受腐蚀损坏，需要及时更换
2	显示仪表指示值比实际值小或示值不稳	保护管内有金属屑、灰尘，接线柱间脏污及热电阻短路（水滴等），应该除去金属，清扫灰尘、水滴等，找到短路点，加强绝缘等
3	显示仪表指示无穷大	热电阻或引出线断路，接线端子松开等，这种情况下需要更换热电阻，或者焊接及拧紧螺钉等
4	显示仪表指示负值	显示仪表与热电阻接线有误，或者热电阻有短路现象。应观察线路，发现问题并改正接线；或者找出短路处，加强绝缘

任务笔记

任务笔记见表2-19。

表 2-19　任务笔记

电阻式传感器的维护笔记		
班级：　　组别：　　组长：　　组员：		
任　务	笔 记 内 容	完成人及完成时间
回答辅助问题	1．电阻应变式称重传感器日常维护的主要事项有哪些？ 2．简述电阻应变式称重传感器的常见故障及排除方法。	
线路检测	1．灵敏度按键加到最大，记录检测现象：______ ______ 2．灵敏度按键减到最小，记录检测现象：______ ______	
自设故障观察现象	1．设置的故障：______ 2．观察到的故障现象：______ ______ 3．电路检测数据：	
互设故障排除故障	1．故障现象：______ ______ 2．故障检测过程：______ ______ 3．故障点：______ ______ 4．故障排除：______	

任务评价

任务评价表见表 2-20。

表 2-20　任务评价表

序　号	评 价 要 点	配　分	得　分	总　评
1	任务学习工具、资料、知识等准备充分	10		A（80 分及以上）□ B（70～79 分）□ C（60～69 分）□ D（59 分及以下）□
2	能正确进行导线和数据线通断检测	10		
3	能排除传感器简单故障	20		
4	能认真完成任务笔记并及时提交	30		
5	信息化意识强，能熟练查阅所需资料	10		
6	小组学习氛围浓厚，沟通协作好	10		
7	具有文明、规范操作的职业习惯	10		

任务小结

请总结本任务完成过程中的优、缺点，并提出改进计划，填写表 2-21。

表 2-21　任务小结

完成事项	优　点	缺　点	改进计划
任务准备			
任务实施			
任务笔记			
其他			

任务 4　总结与交流

任务描述

根据电阻式传感器的选型、安装、调试、日常维护等任务的完成情况，确定小组成果展示方案，并对其他小组的成果进行公平、客观的评价。结合其他小组人员和教师的评价和建议，对本小组任务完成过程中存在的优、缺点进行总结归纳，制订改进计划。

任务目标

- 善于总结、反思、改进；
- 采用多种形式进行成果展示；
- 客观、公正地评价、提出建议；
- 展现、沟通能力得以提升；
- 虚心接受他人的建议；
- 具有团队和竞争意识。

任务准备

准备工作页、书面总结、工件、白板、纸张、PPT 等。

任务实施

本任务实施分为六步，请根据任务要求逐步完成（表 2-22）。

表 2-22　任务实施

步　骤	任务内容	任务要求
1	明确任务实施要求	总结全面，充分准备展示素材，展示语言流畅、思路清晰，评价客观、公正，提出合理建议
2	任务总结	全面总结所有任务完成情况、存在的问题、改进计划等，并记入任务笔记，素材准备充分
3	汇报方案	包括汇报人、汇报方式、汇报内容等，并记入任务笔记
4	汇报成果	语言流畅、思路清晰，形式多样化，可以为图片、PPT、学习视频片段等
5	三方评价	进行自评、小组评价和教师评价，评价客观、公正
6	提出建议	对其他组提出建议，认真听取其他组对本组的建议，并记入任务笔记

任务评价

评价由三部分组成，即学生自评、小组评价（组评）和教师评价（师评）。按照自评占20%，组评占30%，师评占50%计算总分，见表2-23。

表2-23　任务评价表

评价内容	配　分	得　分			总评等级
		自　评	组　评	师　评	
纪律观念	10分				A（80分及以上）☐ B（70～79分）☐ C（60～69分）☐ D（59分及以下）☐
学习态度	10分				
协作精神	10分				
文明规范	10分				
笔记质量	10分				
实践动手能力	20分				
解决问题能力	20分				
语言表达能力	10分				
评分小计	100分				

任务笔记

任务笔记见表2-24。

表2-24　任务笔记

成果汇报展示笔记		
班级：　　组别：　　组长：　　组员：		
任　务	笔记内容	完成人及完成时间
任务总结	1．任务完成情况 2．存在的问题 3．改进计划	
成果展示方案	1．汇报人 2．汇报方式 3．汇报内容	

续表

任　务	笔 记 内 容	完成人及完成时间
记录建议	1．同学说 ______ ______ 2．老师说 ______ ______ ______ ______	

项目三　电容式传感器

情景描述

人体指纹识别技术是基于指纹的唯一性特点的生物特征识别技术，通过指纹采集系统，对指纹信息进行采集、提取、比对，广泛应用于门禁系统、银行支付系统、考勤系统、出入境管理系统，以及公安机关的案件侦查。将电容式传感器阵列置于绝缘材料下表面，绝缘材料上表面为指纹触摸面，在手指触摸时，手指皮肤形成了电容式传感器阵列的另一个导电面，电容器的电容量与两极板间的距离成反比，通过读取该电容量的变化，完成指纹图像采集。

最新研究表明，采用新型接近电容式传感器，不仅可以清晰地扫描出指尖的旋涡状纹路，而且能采集到指纹纹路间的汗孔。

本项目主要介绍电容式传感器的选型、安装、调试、维护等知识和技能。

项目目标

- 了解电容式传感器的结构、工作原理、特性及典型应用；
- 能规范使用电子仪器仪表识别、检测电容式传感器；
- 能使用常用弱电、网络测试安装工具；
- 能根据应用需求合理选用电容式传感器；
- 能安装、调试、维护电容式传感器，排除常见故障；
- 具有自主学习、总结反思能力，在学习过程中培养团队协作意识；
- 养成规范操作的职业习惯，具有良好的安全意识、环保意识、节能意识；
- 具有信息化和创新意识，能进行简单的电容式传感器应用设计。

建议学时

6 学时

任务 1　电容式传感器的选型

任务描述

电容式传感器能对液体的液面位置进行测量，并通过显示电路显示数值。在水库、大坝等储水场所安装电容式传感器，当水位达到预警位置时，电容式传感器输出信号，通过报警电路实现报警，达到自动监测水位高低的目的。在医疗领域，将电容式传感器安装于输液管外，当输液管中液面位置降至限定位置时，电容式传感器输出信号，通过控制电路触发报警器报警，提醒医护人员输液即将结束，需要及时处理。

某食品生产企业采购了一批净水设备，为其铺设进出水管道，通往不同的生产车间和办公室。需要使用电容式传感器构建报警器，自动监测水管中的水位情况。具体要求：工作电压为6V，测量量程为26mm，反应频率为50Hz，工作温度为-10～55℃，采用扎带安装。请根据上述要求为该报警器选择合适的传感器。

任务目标

- 了解电容式传感器的原理、结构、常见类型及应用；
- 了解电容介质材料的分类及特性；
- 能分析电容式传感器测量电路；
- 能识别常用电容式传感器型号；
- 能根据所需测量的物理量选用合适的电容式传感器；
- 能识读电容式传感器使用说明书；
- 养成规范操作的职业习惯，具有良好的安全意识、环保意识、节能意识。

任务准备

一、学习工具

学习工具包括手机、常用电容式传感器、相关技术手册等。

二、任务所需相关知识

（一）电容式传感器简介

1．电容式传感器的特点、种类

电容式传感器是一种电容敏感元件，可将压力、位移、振动等被测量的变化转换为电容量的变化，广泛应用于农业生产、航空航天、精密测量等领域。

电容式传感器以电容效应为工作基础，按工作原理分为变面积型电容式传感器、变间隙型电容式传感器、变介电常数型电容式传感器、差动电容式传感器，其主要特点是结构简单、体积小、动态响应高、环境适应性强、温度稳定性好。常用电容式传感器如图3-1所示。

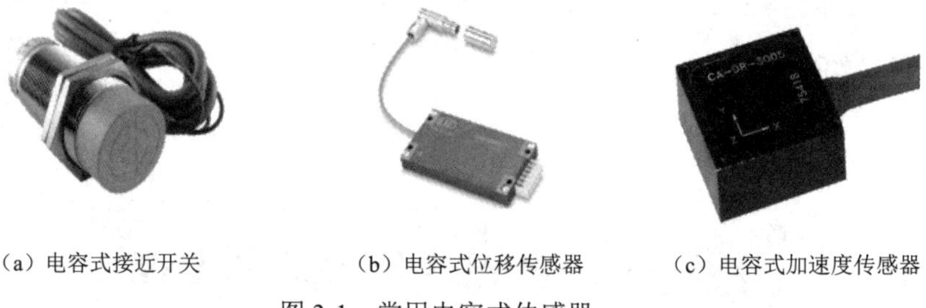

（a）电容式接近开关　（b）电容式位移传感器　（c）电容式加速度传感器

图3-1　常用电容式传感器

2．介质材料的分类、特性

平行板电容器的电容量取决于电容器极板正对面积、极板间距、极板间介质的介电常数。极板正对面积、极板间距一定时，电容量取决于介质的介电常数。不同介质的介电常数不同，部分介质材料的介电常数见表 3-1。

表 3-1　部分介质材料的介电常数

名　称	介电常数	名　称	介电常数
真空	1	云母	5～8
空气	略大于 1	干纸	2～4
其他气体	1～1.2	压电陶瓷	100～10000
硅油	2～3.5	纯净水	80
油漆	3.5	洗衣粉	1.2～1.5
橡胶	2～3	变压器油	2～4

电容式传感器首先将被测物理量的变化转换为电容量的变化，然后通过测量电路将电容量的变化转换为电参数输出，从而实现液位、厚度、压力、角度、振动的自动检测。

平行板电容器的电容量为

$$c = \frac{\varepsilon s}{d} \tag{3-1}$$

式中，s——极板正对面积；

d——极板间距；

ε——极板间介质的介电常数。

由上式可见，电容量 c 的大小由 s、d、ε 三个参数共同决定，三个参数中任意两个参数一定时，另一个参数改变，电容量随之发生变化，即将被测量的变化转换为电容量的变化。电容效应如图 3-2 所示。

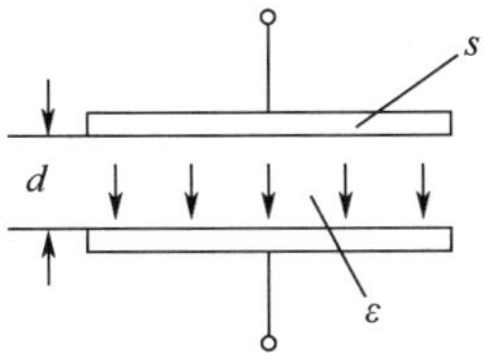

图 3-2　电容效应

3．电容式传感器的结构、测量电路

电容式传感器分为平板直线位移式结构、同心圆筒形变面积式结构、角位移式结构，见表 3-2。

表 3-2　电容式传感器的结构

名　称	特　点
平板直线位移式结构	通过动极板的移动改变定极板和动极板的正对面积，使电容量改变
同心圆筒形变面积式结构	通过内圆筒在外圆筒内做轴向直线运动，改变极板正对面积，使电容量改变
角位移式结构	通过极板绕轴旋转遮盖方式，改变极板正对面积，使电容量改变

电容式传感器测量电路分为交流电桥测量电路、运算放大器测量电路、差动脉宽调制电路及调频电路，部分测量电路图如图 3-3 所示。

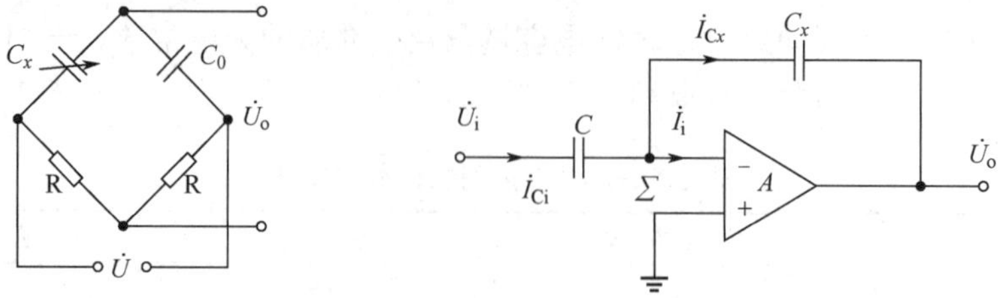

（a）交流电桥测量电路　　（b）运算放大器测量电路

图 3-3　电容式传感器部分测量电路图

（二）电容式传感器的应用

电容式传感器可用于检测振动、位置、厚度及镜面目标物，电容式传感器的应用案例见表 3-3。

表 3-3　电容式传感器的应用案例

应用案例	示意图
检测片状物体厚度，将被测物置于电容式传感器两极板中间，被测物厚度变化时，电容量改变	
检测高铁转向架的振动，对异常振动实现实时在线监测	
检测直升机机翼的气流压力分布，控制机翼状态，保持飞行姿态	
检测汽车速度，在汽车发生碰撞时，通过控制系统使安全气囊迅速充气	

（三）电容式传感器的型号命名方法

电容式传感器的型号命名方法如下。

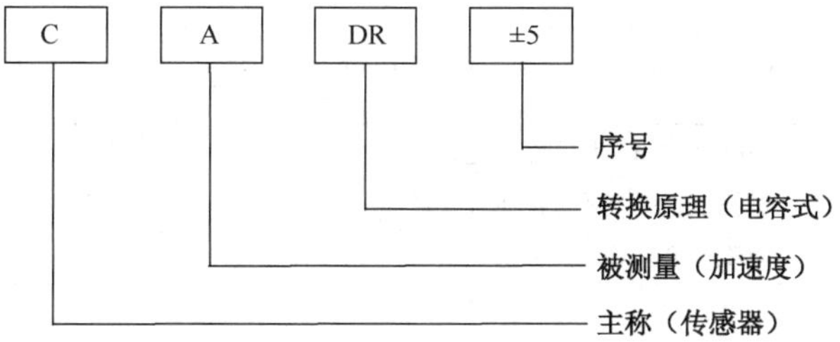

（四）电容式传感器的选用方法及选型

1．选用方法

选用电容式传感器时，首先要结合工程应用需求，根据不同类型电容式传感器的特性，综合考虑性能、后期升级、成本等因素，结合传感器生产企业给出的选用指南（手册）进行选择。其次，必须符合实际应用的国家标准、行业标准及企业标准的要求。电容式传感器现行相关技术标准见表 3-4。

表 3-4 电容式传感器现行相关技术标准

标 准 名 称	标 准 号
《全国主要产品分类 产品类别核心元数据 第 10 部分：传感器》	GB/T 37600.10—2018
《压力传感器性能试验方法》	GB/T 15478—2015

2．选型

应综合考虑产品使用环境、产品灵敏度、功耗等，选择满足需求且性价比高的电容式传感器型号。例如，电容式接近传感器的性能参数主要有检测物体类型、工作距离、工作温度、负载形式、开关型号、量程范围、供电电源等。

任务实施

本任务实施分为四步，请根据任务要求逐步完成（表 3-5）。

表 3-5 任务实施

<table>
<tr><th>步 骤</th><th>任务内容</th><th>任务要求</th></tr>
<tr><td>1</td><td>明确任务实施要求</td><td>小组合作学习，做到人人参与，文明、规范操作，认真完成并及时提交任务笔记</td></tr>
<tr><td>2</td><td>查阅资料回答问题</td><td>查阅所提供电容式传感器的相关信息，回答下列问题，并记入任务笔记
（1）说出电容式传感器的种类、特点
（2）说出电容式传感器的结构、工作原理
（3）说出电容式传感器型号的意义
（4）列举电容式传感器的应用领域</td></tr>
<tr><td>3</td><td>确定参数</td><td>查阅相关资料，写出电容式传感器的下列性能指标
<table>
<tr><th>性能指标</th><th>标 称 值</th><th>性能指标</th><th>标称值</th></tr>
<tr><td>输出类型</td><td></td><td>残余电压</td><td></td></tr>
<tr><td>输出状态</td><td></td><td>绝缘耐压</td><td></td></tr>
<tr><td>工作电压</td><td></td><td>导线数量</td><td></td></tr>
<tr><td>负载电流</td><td></td><td>检测距离</td><td></td></tr>
<tr><td>反应频率</td><td></td><td>工作温度</td><td></td></tr>
</table></td></tr>
</table>

续表

步骤	任务内容	任务要求
4	选型	根据确定的参数，查询电容式传感器产品型号手册，选出合适的产品填入任务笔记 根据以上确定的性能指标，通过电容式传感器产品型号手册或二维码查询，选出合适的产品类型、型号等填入任务笔记

任务笔记

任务笔记见表 3-6。

表 3-6 任务笔记

电容式传感器的选型笔记		
班级： 组别： 组长： 组员：		
任务	笔记内容	完成人及完成时间
回答辅助问题	1．电容式传感器的种类： 电容式传感器的特点：	
	2．电容式传感器的结构组成： 电容式传感器的工作原理：	
	3．电容式传感器的型号： 型号的意义： C-DL-HE-1200 的意义： H-S-1 的意义：	
回答辅助问题	4．电容式接近开关的应用领域： 其他电容式传感器的应用领域：	

续表

任　务	笔记内容	完成人及完成时间
选型	1. 请根据选型方法，为本任务中的液位检测报警器选择合适的传感器，完成如下信息记录 类型是________ 品牌是________ 型号是________ 2. 简述选型方法：________	

任务评价

任务评价表见表 3-7。

表 3-7　任务评价表

序　号	评价要点	配　分	得　分	总　评
1	任务学习工具、资料、知识等准备充分	10		A（80 分及以上）☐ B（70～79 分）☐ C（60～69 分）☐ D（59 分及以下）☐
2	能根据任务要求完成选型	30		
3	能认真完成任务笔记并及时提交	30		
4	信息化意识强，能熟练查阅所需资料	10		
5	小组学习氛围浓厚，沟通协作好	10		
6	具有文明、规范操作的职业习惯	10		

任务小结

请总结本任务完成过程中的优、缺点，并提出改进计划，填写表 3-8。

表 3-8　任务小结

完成事项	优　点	缺　点	改进计划
任务准备			
任务实施			
任务笔记			
其他			

任务 2　电容式传感器应用电路的安装与调试

任务描述

电容式传感器使用弹性金属膜片作为电极。容器中液体或气体压力发生变化时，弹性膜片产生位移，使电容极板间距发生改变，电容量随之成比例变化。该变化经过振荡电路、计数电路、编译码电路的处理，送入显示电路显示出压力值。电容式传感器应根据工程具体要求，结合其性能参数，综合考虑后期升级、养护及可靠性，进行安装、调试。

请根据本任务中提供的液位检测报警器的接线图和产品安装说明书组装产品，并调试检测距离使其满足灵敏度等参数要求，然后将产品安装在应用场所，实现液位检测报警功能。

任务目标

- 能识读电容式传感器应用说明书、接线图，并能识别和连接电容式传感器数据接口；
- 能检测电容式传感器的好坏；
- 能识读电容式传感器产品安装说明书和电路图，并能按图进行布局和布线；
- 能调试电容式传感器设备端软件，能对电容式传感器进行校准；
- 能使用常用弱电、网络测试安装工具；
- 养成规范操作的职业习惯，具有良好的安全意识、环保意识、节能意识。

任务准备

一、学习工具

学习工具包括手机、电容式传感器及应用电路套件、常用弱电和网络测试安装工具等。

二、任务所需相关知识

液位检测报警器采用电容式液位传感器检测液位状态。将电容式液位传感器安装在非金属管壁上，液位发生变化时，传感器电容量发生线性变化，由转换电路将电容量变化转换为电信号输出，触发控制电路，自动实现液位报警。

（一）电容式液位传感器的检测和接线方法

1．电容式液位传感器的检测

电容式液位传感器的检测方法见表 3-9。

表 3-9　电容式液位传感器的检测方法

类　别	检 测 方 法	图　例
外观检查	外观应无明显的瑕疵、裂痕，导线绝缘层应无破损，感应面应干净无杂质	
输出信号检测	为电容式液位传感器提供工作电压，用示波器测量，感应时应输出高电平，未感应时应输出低电平	

2．电容式液位传感器的接线方法

电容式液位传感器的接线方法主要有两线制、三线制、四线制及五线制。本任务采用三线制，如图 3-4 所示。

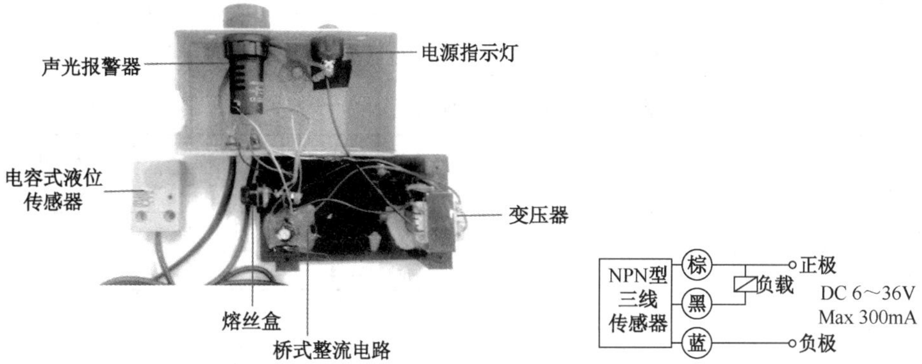

（a）实物接线图　　（b）接线原理图

图 3-4　电容式液位传感器接线图

（二）液位检测报警器电路

1．液位检测报警器电路框图

液位检测报警器主要由电容式液位传感器、控制电路、报警系统等组成，其电路框图如图 3-5 所示。

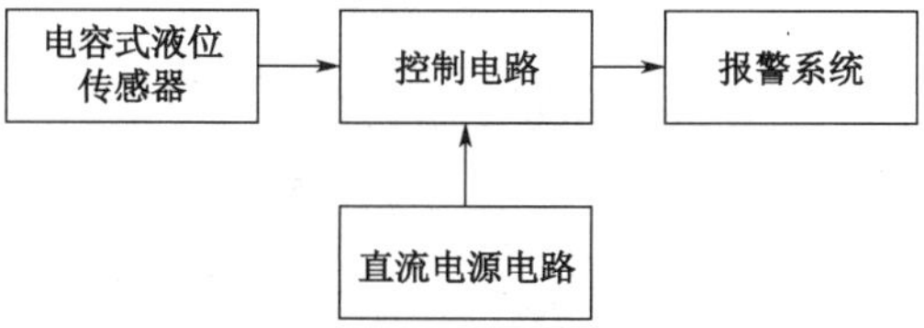

图 3-5　液位检测报警器电路框图

液位变化时，电容式液位传感器的电容量将发生变化，可在非直接接触的情况下，感知液面位置。其灵敏度高，动作可靠，广泛应用于冶金、机械制造、电力输送等行业。

2．液位检测报警器的装配

根据电子产品装配的知识与技能，结合产品装配说明书，完成液位检测报警器的装配，电路装配效果图如图 3-6 所示。

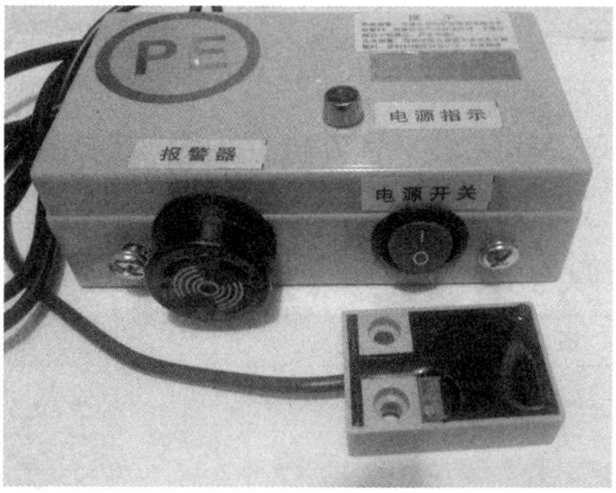

图 3-6　电路装配效果图

3．液位检测报警器的技术参数

表 3-10 给出了液位检测报警器的技术参数，其能满足保护范围、工作温度、灵敏度、安装方式、抗干扰等方面的要求。

表 3-10　液位检测报警器的技术参数

内　容	参　数	内　容	参　数
产品名称	液位检测报警器	工作温度	−10～55℃
电源输入	6～24V DC	工作湿度	35%～85%RH
报警输出	常开输出	开关频率	50Hz
灵敏度调节	多圈可调	残余电压	≤1.5V DC
检测量程	13mm	最大输出电流	100mA
输出类型	NPN	适用材质	非金属管道

（三）液位检测报警器的安装

1．液位检测报警器的安装方式

液位检测报警器的安装方式主要有 PCB 安装、扎带安装、粘贴安装。本任务采用扎带安装方式，如图 3-7 所示。

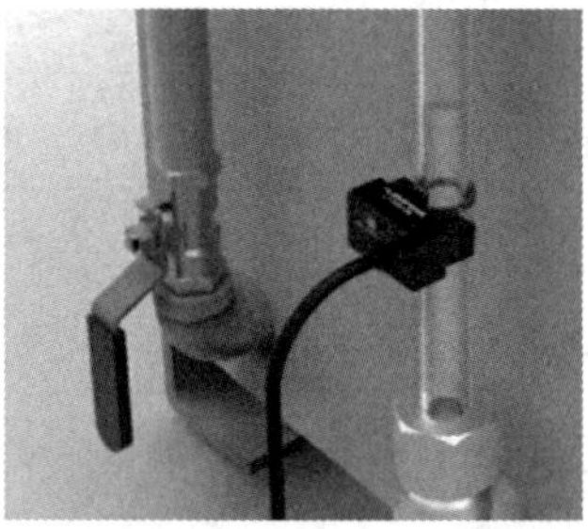

图 3-7　扎带安装方式

2．液位检测报警器的安装注意事项

（1）安装前应仔细阅读产品说明书，以保证接线正确。

（2）安装时应将传感器紧密贴合管道，以提高检测的灵敏度。

（3）安装时应确认管道材质，务必使用非金属材质管道。

（4）传感器的工作环境温度不能超过其允许的工作温度。

（四）液位检测报警器的调试

产品安装完成后，为产品输入 12V 直流电压，通电试机，调试产品以实现液位检测报警功能，调试项目及方法见表 3-11。

表 3-11　液位检测报警器调试项目及方法

调 试 项 目	调 试 方 法	图　例
空管调试	提供工作电源，管道中无液体时，电路应不发出报警声，报警灯应不亮	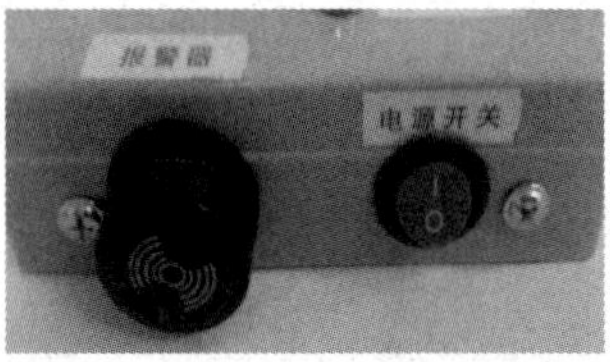

续表

调 试 项 目	调 试 方 法	图　例
液位调试	提供工作电源，液位上升至限定位置时，应发出报警声，报警灯闪烁	
距离调试	根据报警状态及液体性质，调整传感器与管壁的距离，调节灵敏度旋钮，使产品工作性能达到最佳	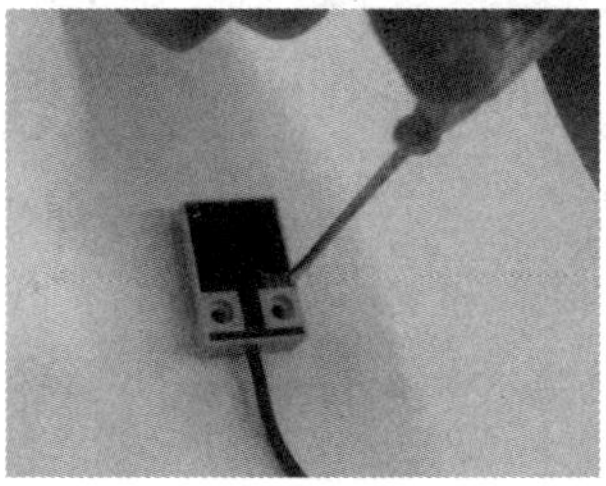

任务实施

本任务实施分为七步，请根据任务要求逐步完成（表 3-12）。

表 3-12　任务实施

<table>
<tr><th>步　骤</th><th>任 务 内 容</th><th>任 务 要 求</th></tr>
<tr><td>1</td><td>明确任务实施要求</td><td>小组合作学习，做到人人参与，规范操作，认真完成并及时提交任务笔记</td></tr>
<tr><td>2</td><td>收货检验</td><td>请对照材料清单和组件进行液位检测报警器套件的收货检验，在下表中记录结果，如有误应及时报告
<table>
<tr><th>序　号</th><th>名　称</th><th>规　格</th><th>标　称</th><th>数　量</th><th>清 点 情 况</th></tr>
<tr><td></td><td></td><td></td><td></td><td></td><td></td></tr>
<tr><td></td><td></td><td></td><td></td><td></td><td></td></tr>
<tr><td></td><td></td><td></td><td></td><td></td><td></td></tr>
<tr><td></td><td></td><td></td><td></td><td></td><td></td></tr>
<tr><td></td><td></td><td></td><td></td><td></td><td></td></tr>
<tr><td></td><td></td><td></td><td></td><td></td><td></td></tr>
<tr><td></td><td></td><td></td><td></td><td></td><td></td></tr>
</table></td></tr>
<tr><td>3</td><td>查阅资料回答问题</td><td>查阅液位检测报警器安装说明书、电路原理图等资料，按要求完成任务笔记中辅助问题的回答</td></tr>
<tr><td>4</td><td>传感器检测</td><td>根据液位检测报警器电路结构、检测方法进行检测，并将检测数据记入任务笔记</td></tr>
<tr><td>5</td><td>电路安装</td><td>画出电路布局图，记入任务笔记。进行电路安装，要求接线正确，工艺合格，操作规范。安装完成后检测电路各部件安装与布线的准确性、牢固性和稳定性</td></tr>
<tr><td>6</td><td>电路调试</td><td>调试通电必须征得教师同意。调试电路实现功能，并将调试数据记入任务笔记。调节灵敏度旋钮，进行灵敏度校正</td></tr>
<tr><td>7</td><td>产品应用安装</td><td>根据应用场景，完成液位检测报警器的产品安装，实现液位检测报警功能</td></tr>
</table>

任务笔记

任务笔记见表 3-13。

表 3-13 任务笔记

<table>
<tr><td colspan="3">电容式传感器的安装调试笔记</td></tr>
<tr><td colspan="3">班级： 组别： 组长： 组员：</td></tr>
<tr><td>任 务</td><td>笔 记 内 容</td><td>完成人及完成时间</td></tr>
<tr><td rowspan="2">回答辅助问题</td><td>查阅资料，画出液位检测报警器的电路框图</td><td></td></tr>
<tr><td>1. 电容式传感器应用电路安装方式有哪些？液位检测报警器的安装方式是什么？
2. 电容式传感器的接线方式有哪些？液位检测报警器的接线方式是什么？</td><td></td></tr>
<tr><td>检测调试</td><td><table><tr><td>零点检测记录波形</td><td>示波器</td><td>频率器</td><td>毫伏表</td></tr><tr><td></td><td>时间挡：
幅度挡：
峰峰值：</td><td>频率：
周期：</td><td>输出电压值：</td></tr></table></td><td></td></tr>
<tr><td>产品应用安装</td><td>查阅资料，写出液位检测报警器产品应用安装的注意事项</td><td></td></tr>
</table>

任务评价

任务评价表见表 3-14。

表 3-14 任务评价表

序 号	评 价 要 点	配 分	得 分	总 评
1	任务学习工具、资料、知识等准备充分	10		A（80 分及以上）□ B（70～79 分）□ C（60～69 分）□ D（59 分及以下）□
2	能正确检测电容式传感器	5		
3	能正确安装电容式传感器及应用电路	15		
4	能正确调试电容式传感器及应用电路	20		
5	能认真完成任务笔记并及时提交	20		
6	信息化意识强，能熟练查阅所需资料	10		
7	小组学习氛围浓厚，沟通协作好	10		
8	具有规范操作的职业习惯	10		

任务小结

请总结本任务完成过程中的优、缺点，并提出改进计划，填写表 3-15。

表 3-15　任务小结

完成事项	优　点	缺　点	改进计划
任务准备			
任务实施			
任务笔记			
其他			

任务 3　电容式传感器的维护

任务描述

安装于产品中的电容式传感器，受产品工作周期、元件老化及工作环境温度过高等因素的影响，会出现性能不稳定或损坏的现象。例如，汽车燃油、机油、冷却液的测量系统中安装有电容式传感器，若该传感器损坏，当机油、冷却液缺漏或燃油不足时，就不能及时报警，会造成车辆无法启动或发动机超温损坏。因此，必须按行业规定对电容式传感器进行定期检测、保养，确保其性能稳定。

请对本任务中的液位检测报警器进行检修、维护。

任务目标

- 能识读电容式传感器及应用产品说明书；
- 能使用常用弱电、网络测试安装工具；
- 能检测电路导线和数据线通断；
- 能判断电容式传感器应用电路的常见故障，并能排除简单故障；
- 能对电容式传感器进行日常维护；
- 养成规范操作的职业习惯，具有良好的安全意识、环保意识、节能意识。

任务准备

一、学习工具

学习工具包括手机、万用表、频率计、示波器、电容式传感器应用电路等。

二、任务所需相关知识

（一）电容式传感器的日常维护

液位检测报警器的日常维护方法

液位检测报警器的日常维护主要考虑防水、灵敏度校正等方面，日常维护方法见表 3-16。

表 3-16　液位检测报警器的日常维护方法

序　号	项　目	日常维护方法
1	动作指示灯	液位检测报警器在液位达到限定位置时，能有效实现报警。电容式传感器上有动作指示灯，需要检查该指示灯是否能正常指示
2	温度	温度是保证灵敏度的关键，工作温度为-10～55℃
3	量程检测	要保证液位检测报警器与管道外壁的距离在检测范围内。根据液体性质，适当调整距离范围
4	性能检测	人为设置液位，应能按要求正常工作

（二）电容式传感器的检修

液位检测报警器的检修

液位检测报警器的常见故障有：液位达到限定位置时，不报警；液位低于限定位置时，误报警；灵敏度不高。故障排除方法见表 3-17。

表 3-17　液位检测报警器的常见故障及排除方法

序号	故障现象	故障分析及排除方法
1	液位达到限定位置时，不报警	先检查电容式传感器与管壁的距离是否在规定范围内，电容式传感器与控制电路接线是否正确，观察线材有无破损；然后检测报警器输入端电压，电压正常则可能是声光报警器损坏，电压不正常则进一步检查控制电路是否损坏
2	液位低于限定位置时，误报警	检查产品接线方式（产品信号常闭输出端和公共端）是否正确，检查所使用的电容式传感器输出类型是否正确，检查所使用管道的材质是否符合要求
3	灵敏度不高	检查电容式传感器与管壁的距离是否过大，灵敏度旋钮是否在合适位置

任务实施

本任务实施分为五步，请根据任务要求逐步完成（表 3-18）。

表 3-18　任务实施

步　骤	任务内容	任务要求
1	明确任务实施要求	小组合作学习，做到人人参与，规范操作，认真完成并及时提交任务笔记
2	查阅资料回答问题	查阅传感器及应用电路说明书、传感器维护方法、常见故障等资料，按要求完成辅助问题的回答，并填入任务笔记
3	距离检测	进行传感器感应距离的检测，并将检测情况记入任务笔记
4	自设故障观察现象	小组自设故障，观察故障现象，并将观察结果记入任务笔记
5	互设故障排除故障	小组互设故障，自行查阅资料进行故障检修，并填写任务笔记中的检修报告

任务笔记

任务笔记见表 3-19。

表 3-19　任务笔记

<table>
<tr><td colspan="3">电容式传感器的维护笔记</td></tr>
<tr><td colspan="3">班级：　　组别：　　组长：　　组员：</td></tr>
<tr><td>任　　务</td><td>笔 记 内 容</td><td>完成人及完成时间</td></tr>
<tr><td>回答辅助问题</td><td>1．液位检测报警器日常维护的主要事项有哪些？

2．简述液位检测报警器常见故障及排除方法：</td><td></td></tr>
<tr><td>线路检测</td><td>1．电容式传感器距离磁钢 20mm，记录检测现象：

2．电容式传感器距离磁钢 10mm，记录检测现象：</td><td></td></tr>
<tr><td>自设故障观察现象</td><td>1．设置的故障：

2．观察到的故障现象：

3．电路检测数据
<table>
<tr><td>电容式传感器输出端波形</td><td>示波器</td><td>频率器</td><td>毫伏表</td></tr>
<tr><td></td><td>时间挡：

幅度挡：

峰峰值：</td><td>频率：

周期：</td><td>输出电压值：</td></tr>
</table></td><td></td></tr>
<tr><td>互设故障排除故障</td><td>1．故障现象：

2．故障检测过程：

3．故障点：

4．故障排除方法：</td><td></td></tr>
</table>

任务评价

任务评价表见表 3-20。

表 3-20 任务评价表

序 号	评价要点	配 分	得 分	总 评
1	任务学习工具、资料、知识等准备充分	10		A（80 分及以上）□ B（70～79 分）□ C（60～69 分）□ D（59 分及以下）□
2	能正确进行导线和数据线通断检测	10		
3	能排除传感器简单故障	20		
4	能认真完成任务笔记并及时提交	30		
5	信息化意识强，能熟练查阅所需资料	10		
6	小组学习氛围浓厚，沟通协作好	10		
7	具有规范操作的职业习惯	10		

任务小结

请总结本任务完成过程中的优、缺点，并提出改进计划，填写表 3-21。

表 3-21 任务小结

完成事项	优 点	缺 点	改进计划
任务准备			
任务实施			
任务笔记			
其他			

任务 4 总结与交流

任务描述

根据电容式传感器的选型、安装调试、日常维护等任务的完成情况，确定小组成果展示方案，并对其他小组的成果进行公平、客观的评价。结合其他小组人员和教师的评价和建议，对本小组任务完成过程中的优缺点进行总结归纳，制订改进计划。

任务目标

- 善于总结、反思、改进；
- 能采用多种形式进行成果展示；
- 能客观、公正地评价、提出建议；
- 展现、沟通能力得以提升；
- 能虚心接受他人的建议；
- 具有团队和竞争意识。

任务准备

准备工作页、书面总结、工件、白板、纸张、PPT 等。

任务实施

本任务实施分为六步，请根据任务要求逐步完成（表 3-22）。

表 3-22 任务实施

步骤	任务内容	任务要求
1	明确任务实施要求	总结全面，充分准备展示素材，展示语言流畅、思路清晰，评价客观、公正，提出合理建议
2	任务总结	全面总结所有任务完成情况、存在的问题、改进计划等，并记入任务笔记，素材准备充分
3	确定汇报方案	包括汇报人、汇报方式、汇报内容等，并记入任务笔记
4	成果汇报	语言流畅、思路清晰，形式多样化，可以为图片、PPT、学习视频片段等
5	三方评价	进行自评、组评和师评，评价客观、公正
6	提出建议	对其他组提出建议，认真听取其他组对本组的建议，并记入任务笔记

任务评价

评价由三部分组成，即学生自评、小组评价（组评）和教师评价（师评）。按照自评占20%，组评占30%，师评占50%计算总分，见表 3-23。

表 3-23 任务评价表

评价内容	配分	得分			总评等级
		自评	组评	师评	
纪律观念	10分				A（80分及以上） □ B（70～79分） □ C（60～69分） □ D（59分及以下） □
学习态度	10分				
协作精神	10分				
文明规范	10分				
笔记质量	10分				
实践动手能力	20分				
解决问题能力	20分				
语言表达能力	10分				
评分小计	100分				

任务笔记

任务笔记见表 3-24。

表 3-24 任务笔记

成果汇报展示笔记		
班级： 组别： 组长： 组员：		
任务	笔记内容	完成人及完成时间
任务总结	1．任务完成情况 ______ 2．存在的问题 ______ 3．改进计划 ______	

续表

任　　务	笔 记 内 容	完成人及完成时间
成果展示方案	1．汇报人 __________ __________ 2．汇报方式 __________ __________ 3．汇报内容 __________ __________	
记录建议	1．同学说 __________ __________ 2．老师说 __________ __________ __________ __________	

项目四　变磁阻式传感器

情景描述

近年来，我国汽车行业发展迅猛，汽车制造企业遍布全国。变磁阻式传感器被大量应用于汽车生产线，特别是焊装、涂装和总装车间，许多变磁阻式传感器分布在积放链输送线上，起到滑翘检测或分轨到位检测的作用（图 4–1）。

图 4-1　汽车生产中的滑翘检测和分轨到位检测

本项目主要介绍变磁阻式传感器的选型、安装、调试、维护等知识和技能。

项目目标

- 了解变磁阻式传感器的结构、工作原理、特性及典型应用；
- 能规范使用电子仪器仪表检测变磁阻式传感器；
- 能根据应用需求合理选用变磁阻式传感器，能安装、调试、维护变磁阻式传感器，排除常见故障；
- 具有自主学习、总结反思能力，在学习过程中培养团队协作意识；
- 养成规范操作的职业习惯，具有良好的安全意识、环保意识、节能意识；
- 具有信息化和创新意识，能进行简单的变磁阻式传感器应用设计。

建议学时

6 学时

任务1 变磁阻式传感器的选型

任务描述

变磁阻式传感器也称电感式传感器，被大量应用在各行各业，特别是机电行业和汽车制造行业等。

某物料分拣系统如图 4-2 所示，主要用于分拣金属物料，将传感器检测到的信号输入 PLC，实现对此物料分拣系统的控制。具体要求：检测物体为金属（铁、钢、铜、铝等），检测距离为 3～5mm，工作温度为 0～40℃，防护等级为 IP67，输出形式为 NPN 型直流三线常开，负载电流为 200mA，供电电压为 DC 6～36V。请根据上述要求为此物料分拣系统选择合适的传感器。

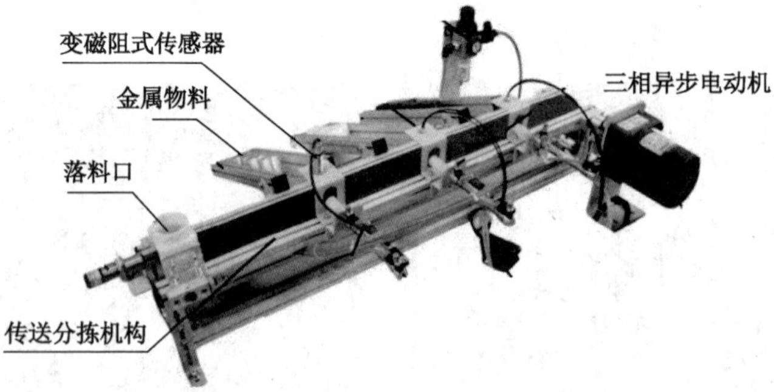

图 4-2 某物料分拣系统

任务目标

- 了解变磁阻式传感器的原理、结构、常见类型及应用；
- 能分析变磁阻式传感器测量电路；
- 能识别常用变磁阻式传感器型号；
- 能根据所需测量的物理量选用合适的变磁阻式传感器；
- 能识读变磁阻式传感器使用说明书；
- 养成规范操作的职业习惯，具有良好的安全意识、环保意识、节能意识。

任务准备

一、学习工具

学习工具包括手机、常用变磁阻式传感器、相关技术手册等。

二、任务所需相关知识

（一）变磁阻式传感器简介

1．变磁阻式传感器的特点、分类

变磁阻式传感器是利用电磁感应原理将被测非电量（如位移、压力、振动等）的变化转换成线圈电感量（自感量或互感量）的变化，再由测量电路转换为电压或电流的变化量输出的装置。它有以下特点。

（1）结构简单。工作中没有活动接触点，因而比电位器工作可靠，寿命长。

（2）灵敏度高、分辨率高。能测出 0.01μm 甚至更小的机械位移变化，能感受 0.1° 的微小角度变化，传感器的输出信号强，电压灵敏度一般每毫米可达数百毫伏，因此有利于信号的传输与放大。

（3）重复性好、线性度好。在一定位移范围内，输出特性的线性度好，并且比较稳定。高精度的变磁阻式传感器的非线性误差仅为 0.1%。

（4）灵敏度、线性度和测量范围相互制约，自身频率响应低，不利于高频动态测量。

变磁阻式传感器的分类见表 4-1。

表 4-1　变磁阻式传感器的分类

分 类 依 据	具 体 类 别
按原理分类	分为自感式、差动式和电涡流式
按组成方式分类	分为单一式、差动式
按磁路几何参数变化形式分类	分为变气隙式、变面积式与螺管式
按磁路的结构形式分类	分为Π型、E 型、罐型等
按测杆运动方式分类	分为弹簧式、气动推进式
按结构分类	分为滚动导轨式、滑动导轨式和杠杆式

常用的变磁阻式传感器如图 4-3 所示。

（a）圆形电感式接近开关

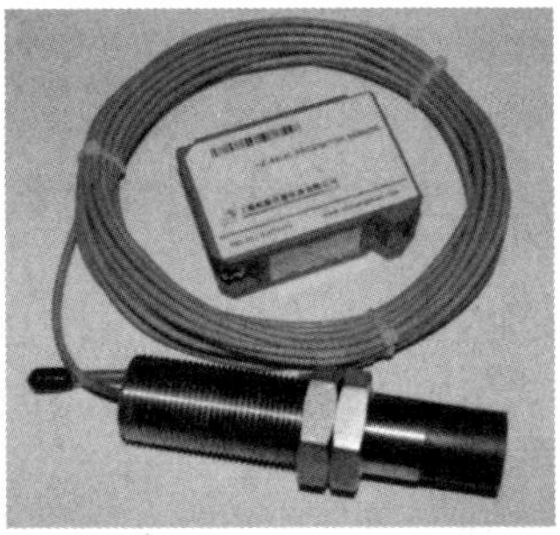

（b）电感式位移传感器

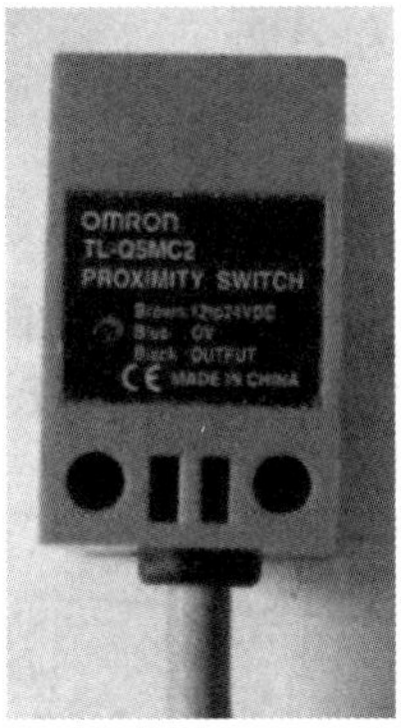

（c）方形电感式接近开关

（d）差动变压器式位移传感器

图 4-3　常用的变磁阻式传感器

2．变磁阻式传感器的材料

变磁阻式传感器一般包含线圈组件、铁芯和衔铁。线圈通常用高强度漆包线密绕而成，导体材料一般为铜、铝或合金；铁芯的作用是提供闭合回路、磁屏蔽和机械保护，衔铁和铁芯用同种材料制造，通常选用电阻率大、导磁率高、饱和磁感应强度大的材料，如硅钢片、坡莫合金、电工纯铁等。

3．变磁阻式传感器的结构、工作原理

1）自感式变磁阻式传感器

自感式变磁阻式传感器由线圈、铁芯和衔铁三部分组成。自感式变磁阻式传感器的结构如图 4-4 所示。

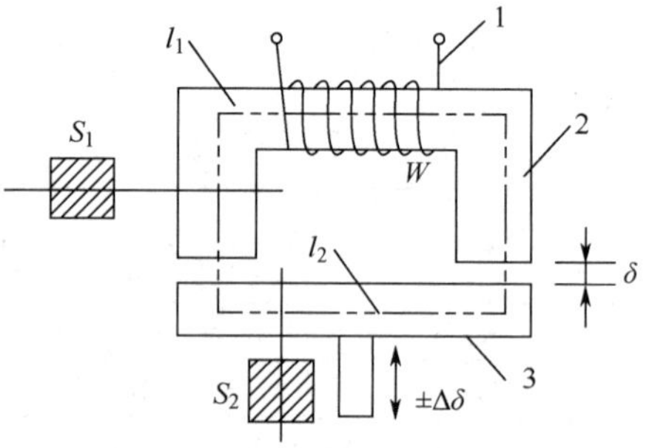

1—线圈；2—铁芯（定铁芯）；3—衔铁（动铁芯）

图 4-4　自感式变磁阻式传感器的结构

铁芯和衔铁由导磁材料（如硅钢片或坡莫合金）制成，在铁芯和衔铁之间有气隙，传感器的运动部分与衔铁相连。当被测量变化时，使衔铁产生位移，引起气隙变化，磁路中的磁阻随气隙变化，从而导致线圈的电感量变化，因此只要测出这种电感量的变化，就能确定衔铁位移的大小和方向。

2）差动式变磁阻式传感器

差动式变磁阻式传感器由线圈、铁芯和衔铁三部分组成，其结构如图 4-5 所示。差动式变磁阻式传感器的上下两个铁芯均有一个初级线圈和一个次级线圈。上下两个初级线圈串联，两个次级线圈则按电动势反向串联。衔铁处在中间位置时，输出电压为零。当被测量变化时，使衔铁产生位移，引起气隙变化，从而导致两线圈的互感量变化，输出电压不为零。输出电压的大小和方向取决于衔铁位移的大小和方向。

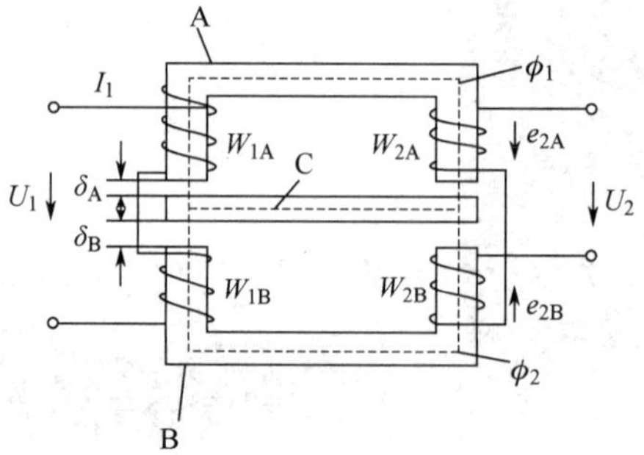

图 4-5　差动式变磁阻式传感器的结构

3）电涡流式变磁阻式传感器

电涡流式变磁阻式传感器的结构如图 4-6 所示。

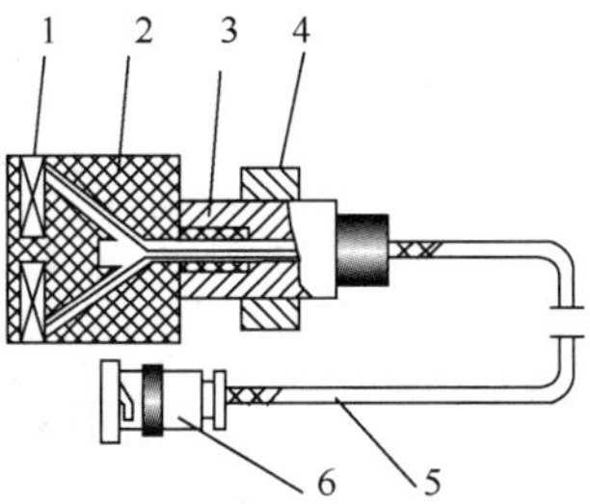

1—线圈；2—框架；3—衬套；4—支架；5—电缆；6—插头

图 4-6　电涡流式变磁阻式传感器的结构

（二）变磁阻式传感器的应用

变磁阻式传感器可用于测量位移、厚度、振幅、力、力矩、压差、应变、转速、速度、加速度和涡流探伤等。变磁阻式传感器的典型应用见表 4-2。

表 4-2　变磁阻式传感器的典型应用

应用案例	示意图
电感测微仪： 电感测微仪是一种能够测量微小尺寸变化的精密仪器，它由主体和测头两部分组成，配上相应的测量装置，能够完成各种精密测量	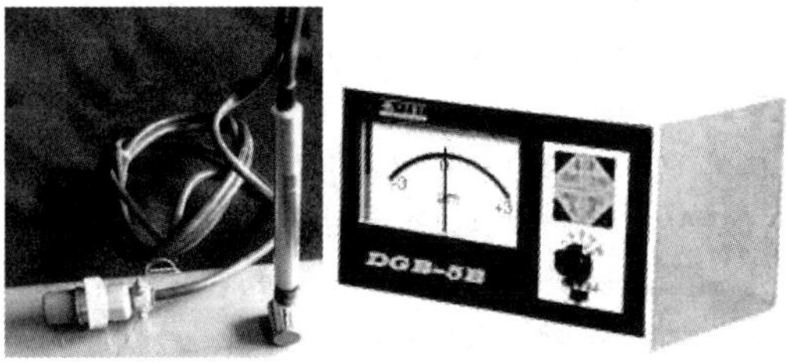
测液位： 液位升高时，液体对浮子的浮力使浮子上升，铁芯上移，电感量变化，输出信号改变	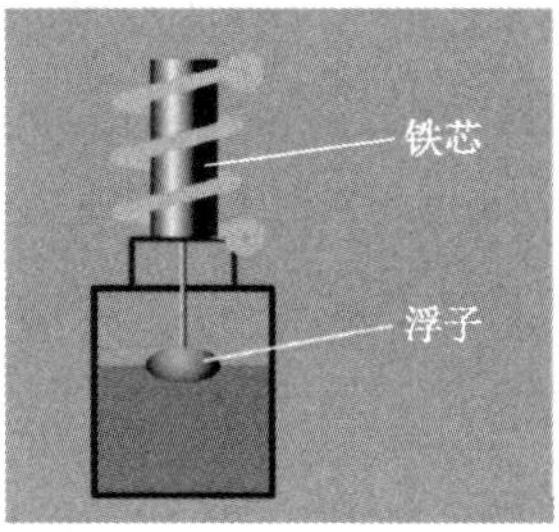
电感压力变送器： 将被测介质的压力导入弹簧管内，即产生弹性变形——位移，经传动机构放大，由指示装置在度盘上指示压力值，同时通过位移杆，带动电感线圈内的铁芯移动，电感线圈的电感量发生变化，经电子线路转换成直流电压信号和直流电流信号，通过电子放大器放大后输出	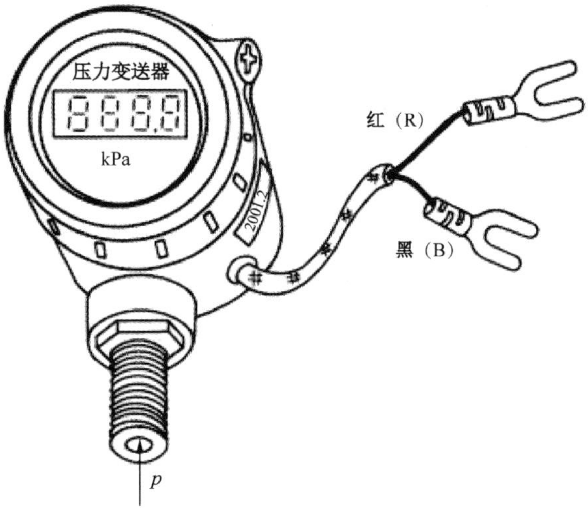

续表

应用案例	示意图
电感式接近开关： 能在一定距离（几毫米至几十毫米）内检测有无物体靠近。当物体接近到设定距离时，可发出“动作”信号。接近开关的核心部分是“感辨头”，它对正在接近的物体有很强的感辨能力。这种接近开关只能检测金属	
自动封口机： 自动封口机利用电涡流原理制成，待封口位置含铝，检测到待封口位置时，电涡流效应产生热量，实现封口	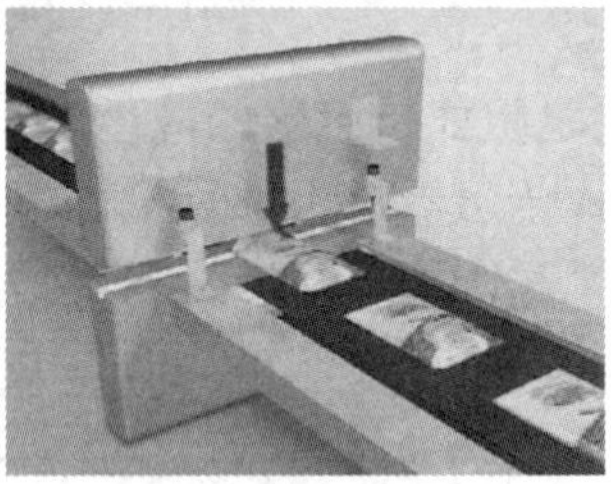
大直径电涡流探雷器： 便携式探雷器通常用于单兵地雷排查，通过耳机发出报警信号。车载式探雷器装在吉普车和装甲输送车等运载车辆上，可以在平坦的地面上进行探雷，以声响、灯光及屏幕显示等方式报警。它的本质是“金属探测器”。探雷器内部电子线路和探头环内线圈在振荡之后会产生交变磁场，这个交变磁场的频率比较固定。当探雷器靠近金属导体时，线圈的感抗发生变化，经过电路处理后发出报警信号	

（三）变磁阻式传感器的型号命名方法

变磁阻式传感器种类、型号繁多，每个厂家命名方式不一样，但通常从命名中可以知道生产厂家、NPN 型或 PNP 型、检测距离等参数。电感式接近开关的型号组成符号及其含义见表 4-3。

表 4-3　电感式接近开关的型号组成符号及其含义

感应方式		感应头大小	结构形式		动作距离	工作电压		输出形式		输出电流	
符号	意义	意义	符号	意义	意义	符号	意义	符号	意义	符号	意义
LJ LJC LJG	电感式 电容式 干簧管式	外形直径（mm）	A B 3 4 无 1	圆柱形 方形 金属外壳 塑料外壳 螺管 光柱型	标准检测距离（mm）	Z Z1 J J1 X	DC 6～36V DC 30～65V AC 90～250V AC 345～450V 特殊电压	A B C D E	三线制常闭 三线制常开 四线制一开一闭 二线制常闭 二线制常开	X Y Z M R	NPN（DC 200mA） PNP（DC 200mA） 300～400mA 500mA 1500mA

（四）变磁阻式传感器的选用方法

1. 选用依据

选用变磁阻式传感器时，首先要根据应用场景的具体需求确定其性能指标，其次必须符合实际应用的国家标准、行业标准及企业标准的要求。电感式接近开关的主要性能指标见表 4-4，变磁阻式传感器现行相关技术标准可参考表 4-5。

表 4-4　电感式接近开关的主要性能指标

序　号	性能指标	指标说明
1	额定工作距离	指电感式接近开关检测的距离范围，一般为 0.8～120mm，可根据现场实测距离进行选购
2	安装方式	分为齐平安装和非齐平安装。可以齐平安装的一般也可以非齐平安装，但非齐平安装的不能齐平安装。这是因为可以齐平安装的电感式接近开关头部带有屏蔽，齐平安装时，其检测不到金属安装支架。而非齐平安装的电感式接近开关不带屏蔽，当齐平安装时，其可以检测到金属安装支架。因此，非齐平安装的电感式接近开关的灵敏度比齐平安装的要高，在实际应用中可以根据实际需要选用
3	输出类别	分为 NPN 和 PNP 两种类型，通常 PNP 型共负极使用，NPN 型共正极使用。在和一体型 PLC 配合使用时尤其要注意，因为不同厂家的 PLC 公共端要求的电源极性不同
4	动作模式	常开（动合）NO、常闭（动断）NC
5	工作电压	指电感式接近开关的供电电压范围，在此范围内可以保证传感器的电气性能及安全性。有直流电压、交流电压、交直流通用，采用直流电压时一般为 10～36V，采用交流电压时一般为 20～250V
6	外形	外形最常见的是方形。除此之外，还有螺纹圆柱形、圆柱形、角柱形、扁平形、矮圆柱形、槽形等

表 4-5　变磁阻式传感器现行相关技术标准

标准名称	标准号
《电感位移传感器》	JB/T 9256—1999
《交流差动变压器式位移传感器》	JB/T 9257—1999

2. 选型

在实际选型过程中，应选择满足应用场景、性能指标、技术标准要求且性价比高的产品。具体的型号和参数可以在网上搜索。

任务实施

本任务实施分为四步，请根据任务要求逐步完成（表 4-6）。

表 4-6　任务实施

步　骤	任务内容	任务要求
1	明确任务实施要求	小组合作学习，做到人人参与，规范操作，认真完成并及时提交任务笔记
2	查阅资料回答问题	查阅变磁阻式传感器型号命名、特性等资料，回答下列问题，并记入任务笔记 （1）说出变磁阻式传感器的特点 （2）说出变磁阻式传感器的结构、工作原理 （3）说出变磁阻式传感器型号的意义 （4）列举变磁阻式传感器的应用领域

续表

步　骤	任务内容	任务要求
3	确定变磁阻式传感器参数	请根据本任务中的需求，查阅相关资料，写出变磁阻式传感器的性能指标 <table><tr><td>性能指标</td><td>标称值</td><td>性能指标</td><td>标称值</td></tr><tr><td>额定工作距离</td><td></td><td>动作模式</td><td></td></tr><tr><td>安装方式</td><td></td><td>工作电压</td><td></td></tr><tr><td>输出类别</td><td></td><td>外形</td><td></td></tr></table>
4	变磁阻式传感器选型	根据以上确定的性能指标，通过变磁阻式传感器产品型号手册或二维码查询，选出合适的产品类型、型号等填入任务笔记

任务笔记

任务笔记见表 4-7。

表 4-7　任务笔记

变磁阻式传感器的选型笔记		
班级：　组别：　组长：　组员：		
任　务	笔记内容	完成人及完成时间
回答辅助问题	1．变磁阻式传感器的特点：	
回答辅助问题	2．变磁阻式传感器的结构： 变磁阻式传感器的工作原理：	
	3．变磁阻式传感器的型号 LJ30A3-10-Z/BY 的意义：	

续表

任　　务	笔 记 内 容	完成人及完成时间
	4．变磁阻式传感器的应用领域：	
选型	1．根据变磁阻式传感器的选型方法，为本任务选择合适的变磁阻式传感器 类型是________ 品牌是________ 型号是________ 2．简述选型方法：	

任务评价

任务评价表见表 4-8。

表 4-8　任务评价表

序　　号	评 价 要 点	配　　分	得　　分	总　　评
1	任务学习工具、资料、知识等准备充分	10		A（80 分及以上）□ B（70～79 分）□ C（60～69 分）□ D（59 分及以下）□
2	能根据任务要求完成变磁阻式传感器的选型	30		
3	能认真完成任务笔记并及时提交	30		
4	信息化意识强，能熟练查阅所需资料	10		
5	小组学习氛围浓厚，沟通协作好	10		
6	具有规范操作的职业习惯	10		

任务小结

请总结本任务完成过程中的优、缺点，并提出改进计划，填写表 4-9。

表 4-9　任务小结

完 成 事 项	优　　点	缺　　点	改 进 计 划
任务准备			
任务实施			
任务笔记			
其他			

任务2 变磁阻式传感器应用电路的安装与调试

任务描述

在某生产流水线上，当变磁阻式传感器检测到金属工件时，系统会发出信号，并将信号输送到 PLC 输入端，PLC 根据输入端信号的变化，控制继电器线圈，使传送带电动机停止运转，然后对工件进行加工。

根据本任务提供的电路原理图、电路连线图和安装说明书进行安装，实现当金属靠近变磁阻式传感器时继电器线圈动作的功能。

任务目标

- 能识读变磁阻式传感器应用说明书和接线图，并能识别和连接变磁阻式传感器；
- 能检测变磁阻式传感器的好坏；
- 能识读变磁阻式传感器产品安装说明书和电路图，并能按图进行布局和布线；
- 养成规范操作的职业习惯，具有良好的安全意识、环保意识、节能意识。

任务准备

一、学习工具

学习工具包括手机、24V 开关电源、交流电源（220V）、电感式接近开关（NPN 型三线制）、三菱 PLC、灯、24V 直流继电器、数字式万用表、螺丝刀、电工板、行线槽、导线、螺钉、导轨等。

二、任务所需相关知识

（一）变磁阻式传感器的检测和接线方式

变磁阻式传感器种类较多，以本任务使用的电感式接近开关为例，介绍其检测与接线方式。

变磁阻式传感器的检测见表 4-10。

表 4-10 变磁阻式传感器的检测

步 骤	检 测 内 容	图 片
第一步	准备数字式万用表，选择直流电压 200V 挡	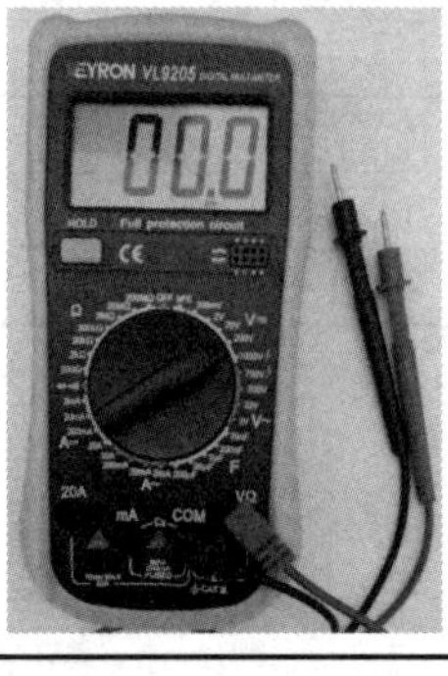

续表

步　骤	检 测 内 容	图　片
第二步	将变磁阻式传感器的蓝色线接 0V，棕色线接 24V，接通电源，其指示灯点亮	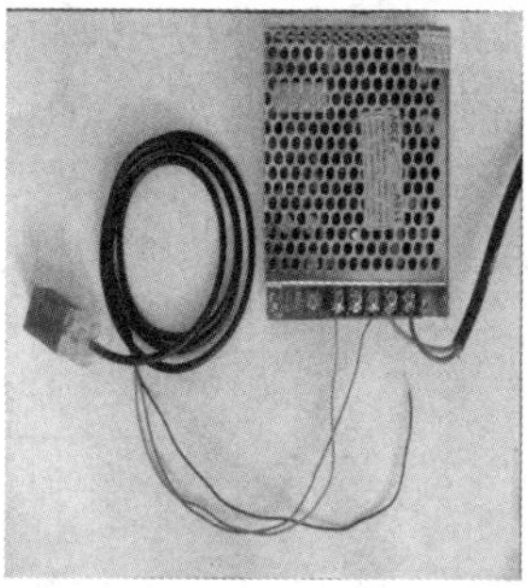
第三步	观察变磁阻式传感器铭牌，若为 NPN 直流型，则用万用表红表笔接变磁阻式传感器黑线，黑表笔接 0V；若没有金属靠近时显示 24V，有金属靠近时显示 0V，则表明该传感器功能正常 若为 PNP 直流型，则用万用表红表笔接变磁阻式传感器黑线，黑表笔接 0V；若没有金属靠近时显示 0V，有金属靠近时显示 24V，则表明该传感器功能正常	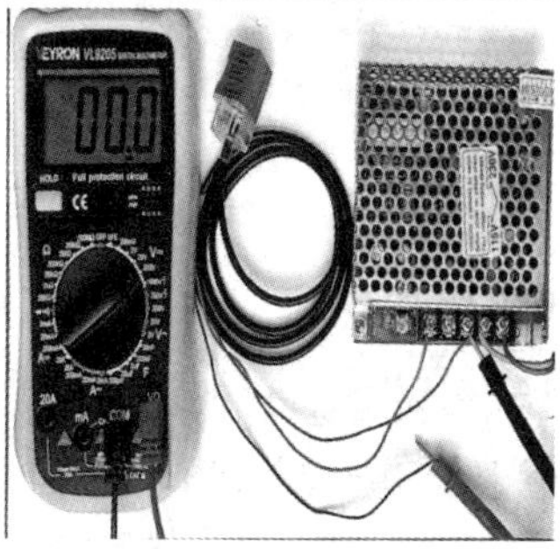

变磁阻式传感器的接线方式如图 4-7 所示，本任务采用的是 NPN 常开方式。

（a）NPN 常开或常闭　　（b）PNP 常开或常闭

图 4-7　变磁阻式传感器的接线方式

（二）电感式接近开关工作流程图和电路安装图

1．电感式接近开关工作流程图

本任务中的电感式接近开关主要由高频振荡电路、开关电路及信号处理电路等组成，其工作流程图如图 4-8 所示。

电感式接近开关是一种输出开关量的位置传感器，当金属物体接近能产生电磁场的感应磁罐时，金属物体内部会产生涡流。这个涡流反作用于电感式接近开关，使电感式接近开关振荡能力衰减，内部电路的参数发生变化，由此识别出有无金属物体接近，进而控制开关。

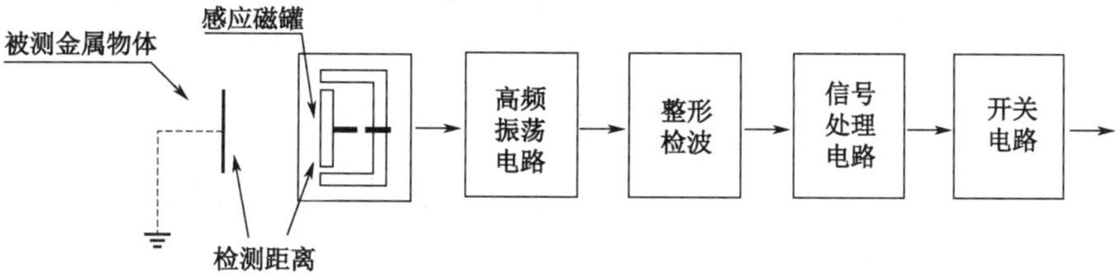

图 4-8　电感式接近开关工作流程图

2．电感式接近开关电路安装图

如图 4-9 所示，电感式接近开关的棕色线接开关电源正极，蓝色线接开关电源负极。这里选用的是 NPN 型电感式接近开关，电感式接近开关没有检测到金属时，黑色线信号输出端输出电压为 24V，检测到金属时，输出电压为 0V，所以电感式接近开关的黑色线接中间继电器的 13 脚，中间继电器的 14 脚接开关电源正极。中间继电器的常开或常闭触点可以连接其他电路（如电动机的控制电路），对其他电路进行控制。

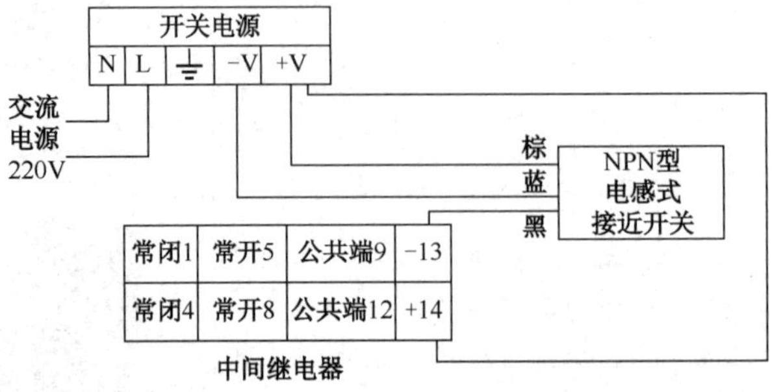

图 4-9 电感式接近开关电路安装图

在实际工业生产中，有时会把电感式接近开关的黑色线连接到 PLC 输入端，由 PLC 输出端的信号控制动作机构，如继电器线圈、电灯等，从而实现计数、位置检测等功能，如图 4-10 所示，图中 SQ 为电感式接近开关，KA 为中间继电器线圈。

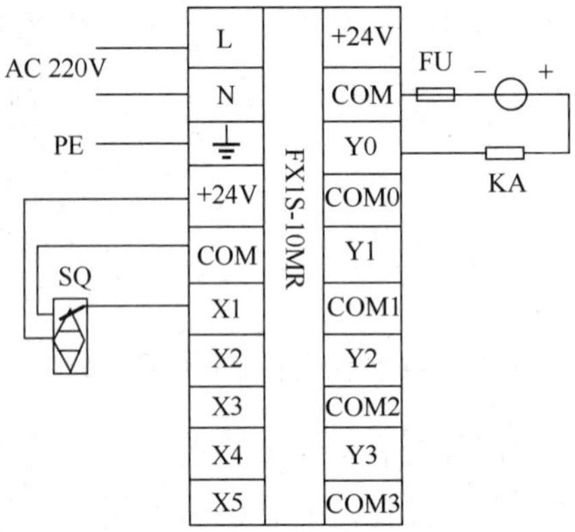

图 4-10 电感式接近开关与三菱 PLC 连线图

3．电感式接近开关的技术参数

本任务选用 PL-05N 电感式接近开关，其技术参数见表 4-11。它能满足本任务中的检测距离、安装方式、抗干扰等要求。

表 4-11 PL-05N 电感式接近开关的技术参数

内 容	参 数 值	内 容	参 数 值
外形	方形	检测距离	5mm
检测方式	电感式	工作电压	DC 6～36V
输出形式	NPN 型直流三线常开	检测物体	金属（铜、铁、铝、金等）

（三）电感式接近开关电路的安装

参照图 4-10，用常用的电工工具进行电路的安装，安装步骤见表 4-12。

表 4-12 电感式接近开关电路的安装步骤

步 骤	操 作 过 程	效 果 图
第一步	把 PLC、电源开关、中间继电器、电灯、线槽等安装在电工板上	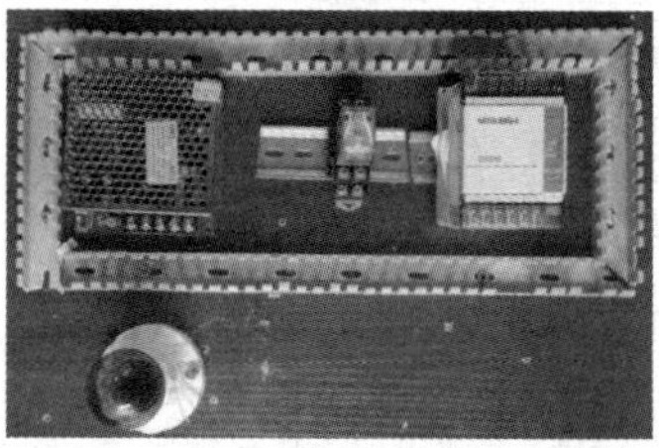
第二步：PLC 与电源的连接	把 PLC 的 L、N 端口连接到开关电源的 L、N 端口	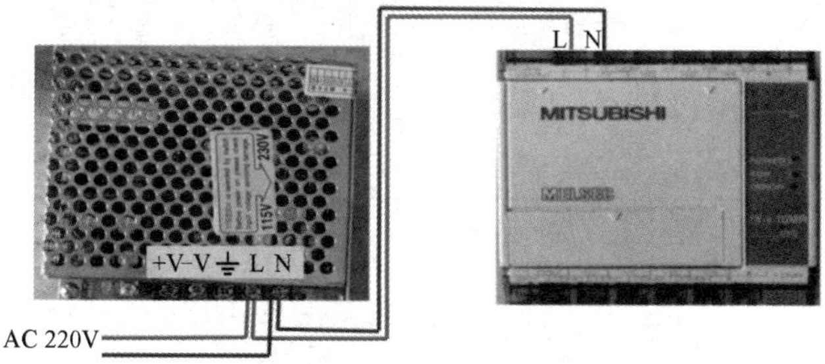
第三步：电感式接近开关的连线	将电感式接近开关的棕色线接 PLC 的+24V 端口，蓝色线接 PLC 的 COM 端口，黑色线接 PLC 的 X1 端口	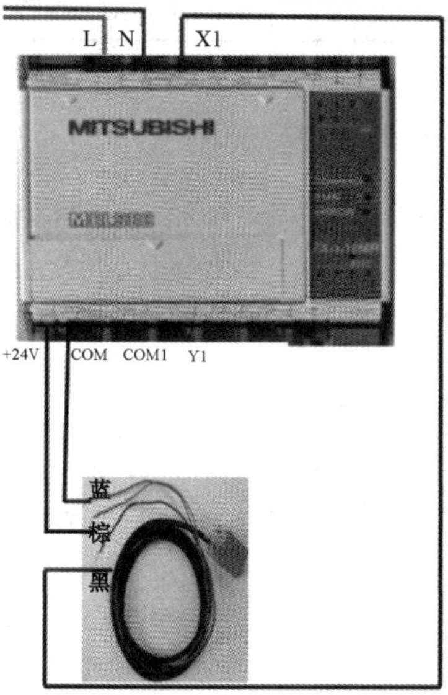
第四步：中间继电器线圈的连线	将中间继电器线圈两端分别连接到开关电源的+V 端口和 PLC 的 Y1 端口。Y0 对应的 COM1 端口接到 COM 端口	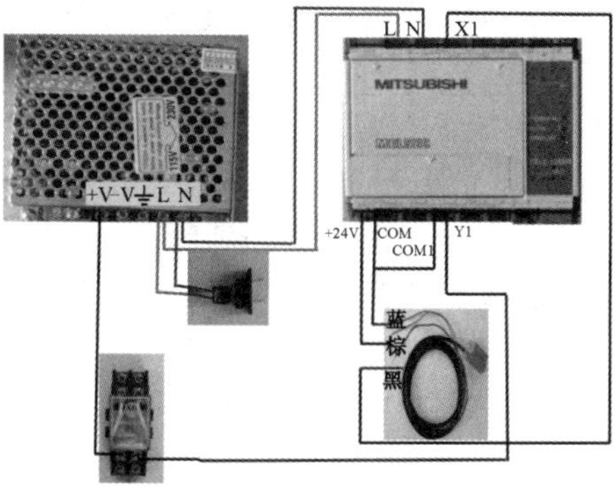

续表

步　骤	操作过程	效果图
第五步：电灯电路的连线	为了更明显地观察到电感式接近开关信号对电路的控制，用中间继电器的一组常开触点作为开关，接入电灯电路	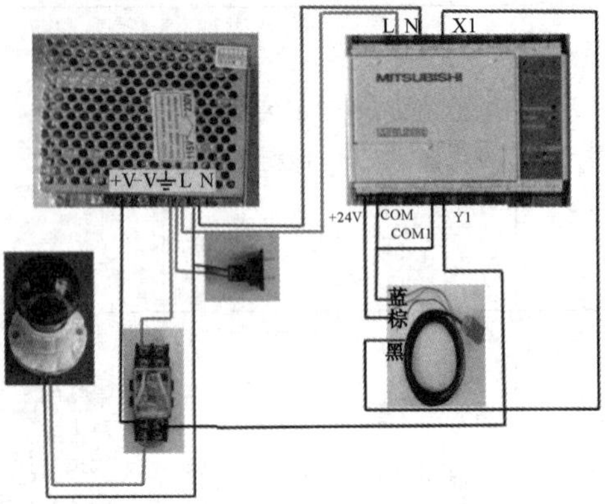

（四）电感式接近开关电路的调试

电感式接近开关电路的调试见表 4-13。

表 4-13　电感式接近开关电路的调试

序　号	调试内容	调试方法	效果图
1	给 PLC 通电	将插头接入 220V 电源插座，开关电源给 PLC 供电，PLC 电源指示灯“POWER”和运行指示灯“RUN”点亮	
2	电感式接近开关测试	此时 PLC 自带的 24V 电源给电感式接近开关供电，在没有金属物体靠近时，电感式接近开关指示灯和 PLC 输入端 X1 指示灯不亮。用螺丝刀的金属部分靠近电感式接近开关，此时电感式接近开关的指示灯和 PLC 输入端 X1 指示灯点亮。移开螺丝刀，电感式接近开关的指示灯和 PLC 输入端 X1 指示灯熄灭	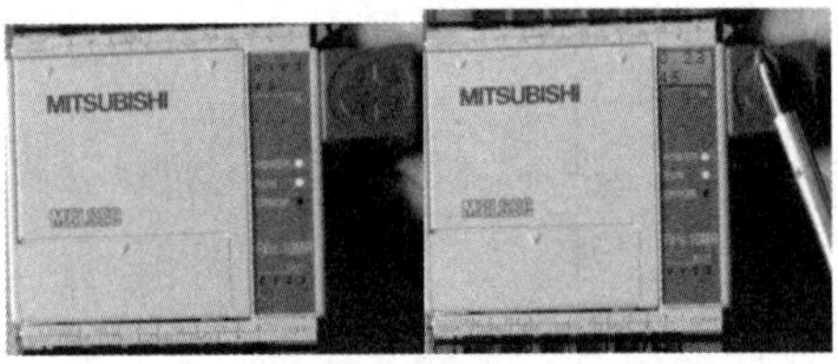
3	程序输入	将 PLC 连接到计算机，可根据具体需求编写、下载程序，实现对 PLC 输出的控制。例如：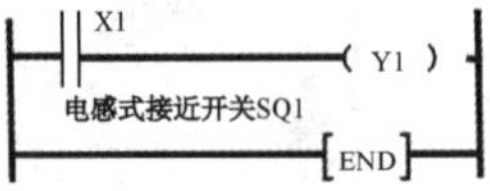	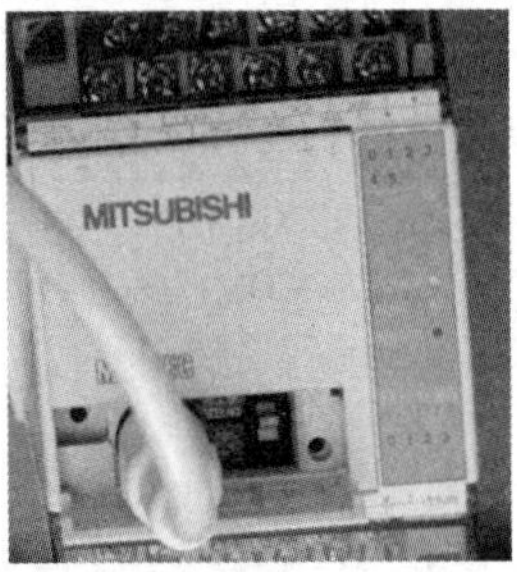

续表

序　号	调试内容	调试方法	效果图
4	调试输出	将程序调成监视模式，用螺丝刀金属部分靠近电感式接近开关，观察程序、PLC 输入/输出指示灯、电感式接近开关指示灯、中间继电器、电灯的变化。螺丝刀金属部分与电感式接近开关测头的距离大于 5mm 时，无动作；距离小于或等于 5mm 时，中间继电器动作，电灯电路导通，电灯点亮	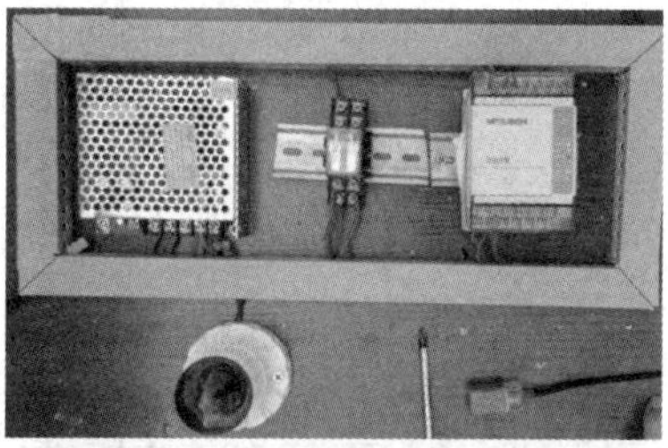 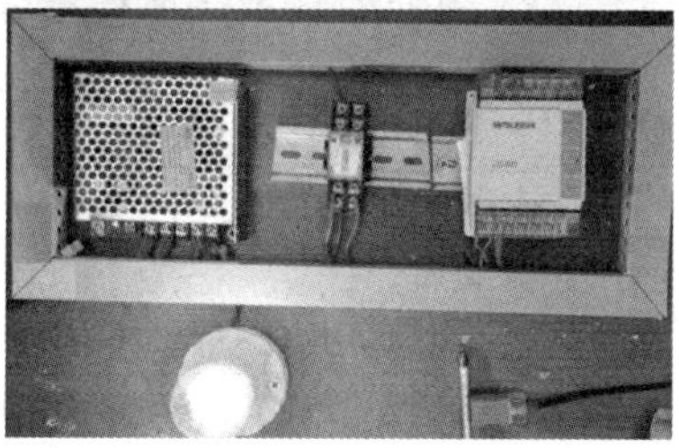

（五）电感式接近开关电路在工程中的应用

电感式接近开关电路可以应用于生产线计数、机械手限位、生产工件加工定位等，如图 4-11、图 4-12、图 4-13 所示。

（六）电感式接近开关的安装

1．电感式接近开关的安装方式

电感式接近开关的安装方式如图 4-14 所示。

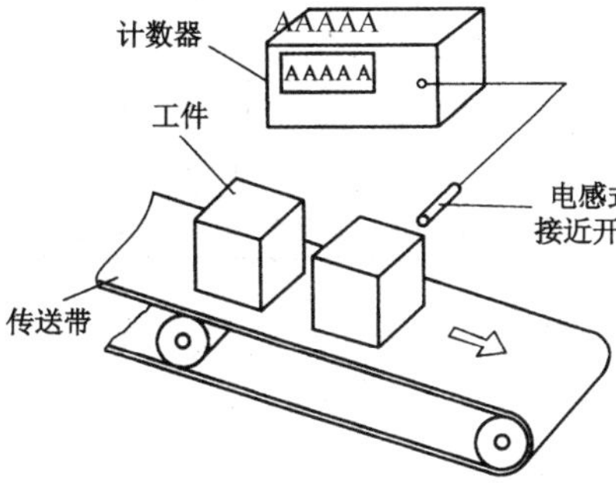

图 4-11　生产线计数

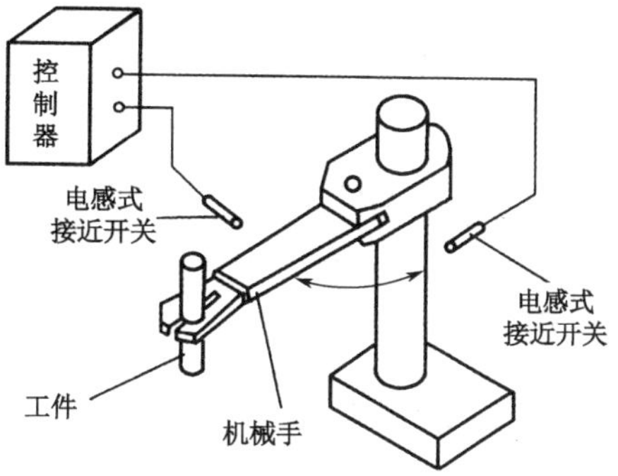

图 4-12　机械手限位

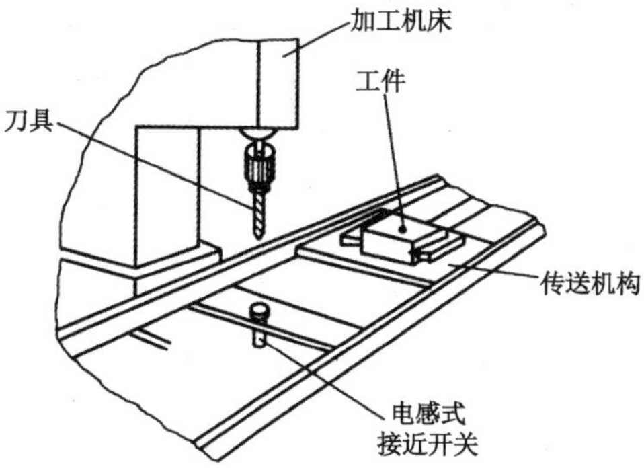

图 4-13　生产工件加工定位

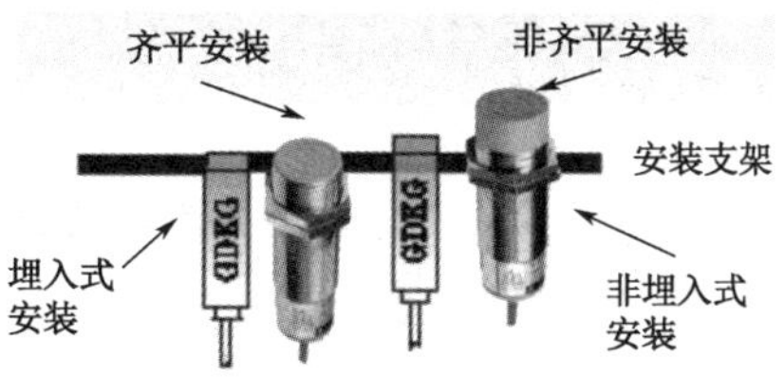

图 4-14　电感式接近开关的安装方式

2．电感式接近开关的安装注意事项

（1）应严格按照说明书确定正确的安装角度、高度等，周围预留足够空间，以防止受被测物以外的其他金属物体干扰。

（2）安装前应仔细阅读产品说明书，以保证接线正确。

（3）安装时应紧固接头，以防因松动而改变检测位置。

（4）接头部位应做好防水，以提高开关使用寿命。

任务实施

本任务实施分为六步，请根据任务要求逐步完成（表4-14）。

表4-14　任务实施

<table>
<tr><th>步　骤</th><th>任务内容</th><th>任务要求</th></tr>
<tr><td>1</td><td>明确任务实施要求</td><td>小组合作学习，做到人人参与，规范操作，认真完成并及时提交任务笔记</td></tr>
<tr><td>2</td><td>收货检验</td><td>请对照材料清单和组件进行收货检验，在下表中记录结果，如有误应及时报告
<table>
<tr><th>序号</th><th>标称</th><th>名称</th><th>规格</th><th>数量</th><th>清点情况</th></tr>
<tr><td></td><td></td><td></td><td></td><td></td><td></td></tr>
<tr><td></td><td></td><td></td><td></td><td></td><td></td></tr>
<tr><td></td><td></td><td></td><td></td><td></td><td></td></tr>
</table></td></tr>
<tr><td>3</td><td>查阅资料回答问题</td><td>查阅电感式接近开关说明书等资料，按要求完成任务笔记中辅助问题的回答</td></tr>
<tr><td>4</td><td>传感器检测</td><td>根据变磁阻式传感器的结构、检测方法及任务要求检测传感器，并将检测数据记入任务笔记</td></tr>
<tr><td>5</td><td>电路安装</td><td>根据电感式接近开关电路安装接线图进行电路安装，注意元器件接线的正确性、工艺要求、操作规范。安装完成后检测电路各部件安装与布线的准确性、牢固性和稳定性</td></tr>
<tr><td>6</td><td>电路调试</td><td>调试通电必须征得教师同意。调试电路实现功能，并将调试数据记入任务笔记</td></tr>
</table>

任务笔记

任务笔记见表4-15。

表4-15　任务笔记

<table>
<tr><th colspan="3">电感式接近开关电路安装笔记</th></tr>
<tr><td colspan="3">班级：　　　　组别：　　　　组长：　　　　组员：</td></tr>
<tr><th>任　务</th><th>笔记内容</th><th>完成人及完成时间</th></tr>
<tr><td>回答辅助问题</td><td>识读图4-10，并独立画出线路连接图</td><td></td></tr>
</table>

续表

任　务	笔 记 内 容	完成人及完成时间
检测调试	1. 电感式接近开关检测情况 2. 小组合作，轮流说出电感式接近开关电路安装、调试的步骤	
产品应用安装	小组合作，轮流说出电感式接近开关的安装方式和注意事项	

任务评价

任务评价表见表 4-16。

表 4-16　任务评价表

序　号	评 价 要 点	配　分	得　分	总　评
1	任务学习工具、资料、知识等准备充分	10		A（80 分及以上）□ B（70～79 分）□ C（60～69 分）□ D（59 分及以下）□
2	能正确检测传感器	5		
3	能正确安装传感器及应用电路	15		
4	能正确调试传感器及应用电路	20		
5	能认真完成任务笔记并及时提交	20		
6	信息化意识强，能熟练查阅所需资料	10		
7	小组学习氛围浓厚，沟通协作好	10		
8	具有规范操作的职业习惯	10		

任务小结

请总结本任务完成过程中的优、缺点，并提出改进计划，填写表 4-17。

表 4-17　任务小结

完 成 事 项	优　点	缺　点	改 进 计 划
任务准备			
任务实施			
任务笔记			
其他			

任务3 变磁阻式传感器的维护

任务描述

变磁阻式传感器应用广泛，但在使用过程中，由于受到外界环境的温度、磁场、电场、振动、金属等众多因素的影响，会使检测结果的准确度下降，可能造成各种损失或安全事故，所以按行业规定须对其进行定期维护。

任务目标

- 能识读变磁阻式传感器产品应用说明书；
- 能使用常用安装和检测工具；
- 能检测电路导线和数据线通断；
- 能判断变磁阻式传感器应用电路的常见故障，并能排除简单故障；
- 能对变磁阻式传感器进行日常维护；
- 养成规范操作的职业习惯，具有良好的安全意识、环保意识、节能意识。

任务准备

一、学习工具

学习工具包括手机、万用表、变磁阻式传感器、变磁阻式传感器应用电路等。

二、任务所需相关知识

（一）变磁阻式传感器的日常维护

1．变磁阻式位移传感器的日常维护方法（表4-18）。

表4-18 变磁阻式位移传感器的日常维护方法

序号	项目	日常维护方法
1	防潮防锈	使用后应将传感器包好放到干燥的环境中保存，以免生锈使测杆运动不灵活。使用中应注意检查防潮防锈措施
2	防腐	存放和使用时应远离腐蚀性强的物品，要杜绝油污、尘污的侵蚀
3	防干扰	检查周围是否有强磁场、强电场和热源等，如有，应采取措施消除干扰或影响
4	防高温及低温	环境温度过高时，需要采取降温措施；环境温度过低时，需要采取保温措施。温度过高或过低，不但会影响测量结果，而且会缩短使用寿命
5	防振动	一是检查变磁阻式位移传感器是否有松动，如有，则需要采取措施固定 二是观察变磁阻式位移传感器是否工作在振动状态，如果是，则需要消除振动。特定振动环境下需要选择抗振动性好的变磁阻式位移传感器 三是测量时，靠近变磁阻式位移传感器一端的导线不能和变磁阻式位移传感器有相对运动

2．其他变磁阻式传感器的日常维护方法

大多数变磁阻式传感器的日常维护方法基本相同，不过根据应用场景不同，维护方法也有细微差别，表4-19给出了液位检测中的变磁阻式传感器的维护方法。

表 4-19　液位检测中的变磁阻式传感器的维护方法

序　号	项　目	日常维护方法
1	排污	必须安装排污管道、排污阀。应该经常进行排污，并且定期检查变磁阻式传感器内的不锈钢浮球，半年清洗一次浮球表面的污垢
2	异常处理	1．当液位信号出现异常时，按照下述方法进行检查 （1）拆下变磁阻式传感器罩壳接线座的任一端线，使其与二次仪表不构成回路 （2）用万用表检查电感线圈两端，正常情况下，其阻值大约在 200Ω （3）拆开变磁阻式传感器，检查浮球是否漏水 2．当电感线圈开路（内部线路不通）或者浮球渗水时，应及时进行更换

（二）变磁阻式传感器常见故障检修

这里以电感式接近开关为例，其常见故障及排除方法见表 4-20。

表 4-20　电感式接近开关常见故障及排除方法

序　号	故 障 现 象	故障分析及排除方法
1	传感器信号指示灯故障	当信号指示灯与反馈信号不一致时，表示存在异常现象，其原因有以下几个 （1）传感器与设备接线错误、工作电压错误、设备短路等，导致传感器内部电路烧毁、损坏、击穿等 （2）设备电路存在接触不良或不稳定现象，使传感器内部出现非破坏性损害 需要检查接线、电路连接处、工作电压、传感器等，如有异常，需要重新接线，或对电路连接处采取措施使之接触良好，或提供正确的电源电压，或更换传感器
2	传感器输出信号不稳定，时有时无	被检测物体在检测距离范围内，传感器输出信号不稳定，时有时无，故障原因有以下几个 （1）受被检测物体的材质影响，开关的感知正好在检测范围的临界点上，有时能感知到被检测物体，有时无法感知到 （2）部分设备或被检测物体在运动过程中有一定的距离偏差或摆动现象，如果以最大检测距离对应的位置安装传感器，也会出现误动作或信号时有时无的现象 根据具体情况调整传感器安装位置，使被检测物体靠近时，传感器信号能稳定输出
3	传感器实际检测距离与所标示的标准检测距离不同	实际检测距离与传感器所标示的标准检测距离不同，故障原因有以下几个 （1）受潮、油污、尘污等 （2）对不同金属物的检测距离不太一样 须找出具体原因，若是受潮、油污、尘污等导致的，则需要更换传感器。若是被测金属物材料的原因，须根据实际检测距离调整传感器安装位置

任务实施

本任务实施分为五步，请根据任务要求逐步完成（表 4-21）。

表 4-21　任务实施

步　骤	任 务 内 容	任 务 要 求
1	明确任务实施要求	小组合作学习，做到人人参与，规范操作，认真完成并及时提交任务笔记
2	查阅资料回答问题	查阅电路说明书、维护方法、常见故障等资料，按要求完成辅助问题的回答，并填入任务笔记
3	线路检测	进行电路导线和数据线通断检测，并将检测情况记入任务笔记

续表

步　骤	任务内容	任务要求
4	自设故障 观察现象	小组自设故障，观察故障现象，并将观察结果记入任务笔记
5	互设故障 排除故障	小组互设故障，自行查阅资料进行故障检修，并填写任务笔记中的检修报告

任务笔记

任务笔记见表4-22。

表4-22　任务笔记

变磁阻式传感器维护笔记		
班级：　　组别：　　组长：　　组员：		
任　务	笔记内容	完成人及完成时间
回答辅助问题	1．日常维护的主要事项有哪些？ 2．简述常见故障及排除方法：	
线路检测	1．选择的型号是： 2．没有检测到金属时，棕色、蓝色、黑色线对地电压分别是： 3．当检测到金属时，棕色、蓝色、黑色线对地电压分别是：	
自设故障 观察现象	1．设置的故障是： 2．观察到的故障现象是：	

续表

任　务	笔 记 内 容	完成人及完成时间
互设故障 排除故障	1. 故障现象： 2. 故障检测过程： 3. 故障点： 4. 故障排除方法：	

任务评价

任务评价表见表 4-23。

表 4-23　任务评价表

序　号	评 价 要 点	配　分	得　分	总　评
1	任务学习工具、资料、知识等准备充分	10		A（80 分及以上）□ B（70～79 分）□ C（60～69 分）□ D（59 分及以下）□
2	能正确进行导线和数据线通断检测	10		
3	能排除简单故障	20		
4	能认真完成任务笔记并及时提交	30		
5	信息化意识强，能熟练查阅所需资料	10		
6	小组学习氛围浓厚，沟通协作好	10		
7	具有规范操作的职业习惯	10		

任务小结

请总结本任务完成过程中的优、缺点，并提出改进计划，填写表 4-24。

表 4-24　任务小结

完 成 事 项	优　点	缺　点	改 进 计 划
任务准备			
任务实施			
任务笔记			
其他			

任务4 总结与交流

任务描述

根据变磁阻式传感器的选型、安装调试、日常维护等任务的完成情况，确定小组成果展示方案，并对其他小组的成果进行公平、客观的评价。结合其他小组人员和教师的评价、建议，对本小组任务完成过程中的优、缺点进行总结归纳，制订改进计划。

任务目标

- 善于总结、反思、改进；
- 能采用多种形式进行成果展示；
- 能客观、公正地评价、提出建议；
- 能虚心接受他人的建议；
- 具有团队和竞争意识。

任务准备

准备连接好的电路实物或图片、工作页、书面总结、工件、PPT 等。

任务实施

本任务实施分为六步，请根据任务要求逐步完成（表 4-25）。

表 4-25 任务设施

步骤	任务内容	任务要求
1	明确任务实施要求	总结全面，充分准备展示素材，展示语言流畅、思路清晰，评价客观、公正，提出合理建议
2	任务总结	全面总结所有任务完成情况、存在的问题、改进计划等，并记入任务笔记，素材准备充分
3	确定汇报方案	包括汇报人、汇报方式、汇报内容等，并记入任务笔记
4	成果汇报	语言流畅、思路清晰，形式多样化，可以为图片、PPT、学习视频片段等
5	三方评价	进行自评、组评和师评，评价客观、公正
6	提出建议	对其他组提出建议，认真听取其他组对本组的建议，并记入任务笔记

任务评价

评价由三部分组成，即学生自评、小组评价（组评）和教师评价（师评）。按照自评占 20%，组评占 30%，师评占 50%计算总分（表 4-26）。

表 4-26　任务评价表

评价内容	配分	得分			总评等级
		自评	组评	师评	
纪律观念	10 分				A（80 分及以上）□ B（70～79 分）□ C（60～69 分）□ D（59 分及以下）□
学习态度	10 分				
协作精神	10 分				
文明规范	10 分				
任务笔记质量	10 分				
实践动手能力	20 分				
解决问题能力	20 分				
语言表达能力	10 分				
评分小计	100 分				

任务笔记

任务笔记见表 4-27。

表 4-27　任务笔记

成果汇报展示笔记		
班级：　组别：　组长：　组员：		
任务	笔记内容	完成人及完成时间
任务总结	1. 任务完成情况 ______ ______ 2. 存在的问题 ______ ______ 3. 改进计划 ______ ______	
成果展示方案	1. 汇报人 ______ ______ ______ 2. 汇报方式 ______ ______ ______ 3. 汇报内容 ______ ______ ______	

续表

任　务	笔 记 内 容	完成人及完成时间
记录建议	1．同学说 ________________ ________________ ________________ 2．老师说 ________________ ________________ ________________	

项目五　压电式传感器

情景描述

2019 年 4 月，法国巴黎圣母院失火一事让全世界为之流泪。观彼思己，2018 年，浙江省杭州市共计 900 多处文保单位（点）就在建筑消防水系统的管网和水箱水池中安装了压电式传感器和液位传感器，实时监测相关数据变化，通过信息传输平台对信息进行处理和分析。当压力或液位异常时，远程监控中心可及时通知单位人员现场查看和处理，及时排除隐患。

本项目将介绍压电式传感器的选型、安装、调试、维护等知识和技能。

项目目标

- 了解压电式传感器的结构、工作原理、特性及典型应用；
- 能规范使用电子仪器仪表识别、检测压电式传感器；
- 能使用常用弱电、网络测试安装工具；
- 能根据应用需求合理选用压电式传感器；
- 能安装、调试、维护压电式传感器，排除常见故障；
- 具有自主学习、总结反思能力，在学习过程中培养团队协作意识；
- 养成规范操作的职业习惯，具有良好的安全意识、环保意识、节能意识；
- 具有信息化和创新意识，能进行简单的压电式传感器应用设计。

建议学时

6 学时

任务 1　压电式传感器的选型

任务描述

玻璃破碎探测器是压电式传感器的典型应用，适用于一般的门窗玻璃，以及大面积的玻璃橱窗、展柜、商亭等，能探测的玻璃种类包括钢化玻璃、强化玻璃和层化玻璃。该探测器可以在玻璃破碎时产生报警，防止非法入侵。某公司财务室需要安装玻璃破碎报警系统，要求有 8m 的探测范围，采用壁挂/吸顶旋转支架安装。请根据上述要求为玻璃破碎报警系统选择合适的传感器。

任务目标

- 了解压电式传感器的原理、结构、常见类型及应用；
- 了解压电材料的分类及特性；
- 能分析压电式传感器测量电路；
- 能识别常用压电式传感器型号；
- 能根据所需测量的物理量选用合适的压电式传感器；
- 能识读压电式传感器使用说明书；
- 养成规范操作的职业习惯，具有良好的安全意识、环保意识、节能意识。

任务准备

一、学习工具

学习工具包括手机、常用压电式传感器、相关技术手册等。

二、任务所需相关知识

（一）压电式传感器简介

1．压电式传感器的特点、种类

压电式传感器是利用材料的压电效应，感受压力信号，并能按照一定的规律将压力信号转换成电信号的器件或装置。其主要特点是响应频带宽、灵敏度高、信噪比大、结构简单、工作可靠、质量小。常用的压电式传感器如图 5-1 所示。

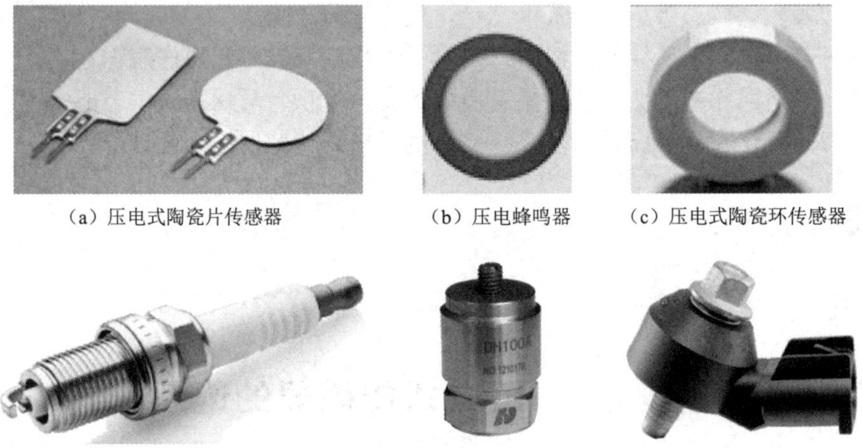

（a）压电式陶瓷片传感器　（b）压电蜂鸣器　（c）压电式陶瓷环传感器

（d）压电式压力传感器　（e）压电式加速度传感器　（f）压电式爆震传感器

图 5-1　常用的压电式传感器

2．压电材料的分类、特性

当沿着一定方向对石英晶体施力而使它变形时，其内部就产生极化现象，出现电荷；当外力失去后，其又恢复到不带电的状态。随着作用力方向的改变，极化产生的电荷极性也相应发生变化，这种力-电转换现象称为正压电效应，也就是通常所说的压电效应。相反，施加电压，石英晶体也会产生形变，这种现象称为逆压电效应（也称电致伸缩效应）。利用逆压电效应可以制作驱动器件，如压电蜂鸣器、压电开关元件等。具有压电效应的材料称为压电材料。晶振就是同时利用压电材料的正、逆压电效应制成的元器件，实物如图 5-2（a）所示，压电效应的可逆性如图 5-2（b）所示。压电材料的种类、特点及性能见表 5-1。

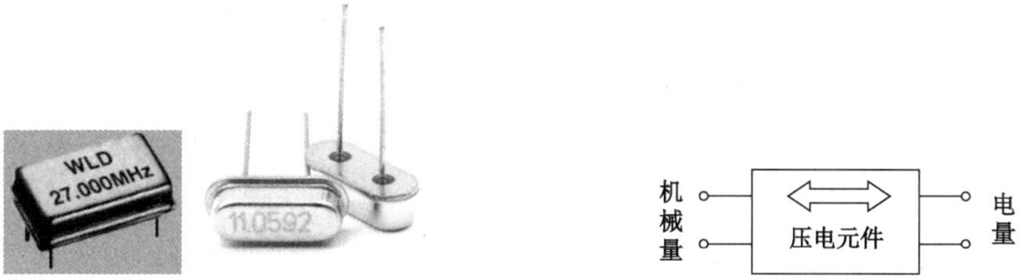

（a）晶振实物　　（b）压电效应的可逆性

图 5-2　晶振实物和压电效应的可逆性

表 5-1　压电材料的种类、特点及性能

<table>
<tr><th>种　类</th><th>特　点</th><th>性　能</th></tr>
<tr><td>压电晶体（石英晶体）</td><td>天然单晶体材料</td><td rowspan="3">（1）压电常数：衡量材料压电效应强弱的参数，它直接关系到压电输出的灵敏度
（2）弹性常数：压电材料的弹性常数、刚度决定其固有频率和动态特性
（3）介电常数：对于一定形状、尺寸的压电元件，其固有电容与介电常数有关，而固有电容又影响压电式传感器的频率下限
（4）机械耦合系数：在压电效应中，其值等于输出能量（如电能）与输入能量（如机械能）之比的平方根，它是衡量压电材料机电能量转换效率的一个重要参数
（5）压电材料的绝缘电阻：可减少电荷泄漏，从而改善压电式传感器的低频特性
（6）居里点：压电材料开始丧失压电特性的温度称为居里点</td></tr>
<tr><td>压电陶瓷（锆钛酸钡）</td><td>人工制造的多晶体压电材料，压电常数比石英晶体大，灵敏度较高</td></tr>
<tr><td>新型压电材料，包括聚偏二氟乙烯（PVF2 或 PVDF）、聚氟乙烯（PVF）、改性聚氯乙烯（PVC）</td><td>高分子合成新型压电半导体材料，不易破碎，灵敏度高，响应时间短</td></tr>
</table>

3．压电式传感器的结构、测量电路

压电式传感器种类很多，这里以压电式加速度传感器和压电式压力传感器为例说明其内部结构。压电式加速度传感器根据结构不同有纵向效应型、横向效应型、剪切效应型三种，纵向效应型是最常见的结构，如图 5-3（a）所示。压电材料和质量块为环形，通过螺母对质量块预先加载，使之压紧在压电材料上。测量时将传感器基座与被测对象牢牢地紧固在一起。当传感器感受振动时，因为质量块相对被测对象而言质量较小，所以质量块与传感器基座的振动相同，并受到与加速度方向相反的惯性力 F，$F=ma$（牛顿第二定律，m 是物体质量，a 是物体加速度）。压电材料在惯性力作用下产生电荷，由电极输出电信号。

压电式压力传感器的结构如图 5-3（b）所示，受力膜片受到压力 F 作用时产生电荷。此电荷经过电荷放大器、测量电路放大、变换阻抗后，成为正比于所受外力大小的电量输出。两种测量电路如图 5-3（c）、（d）所示。

（二）压电式传感器的应用

压电式传感器的应用案例见表 5-2。

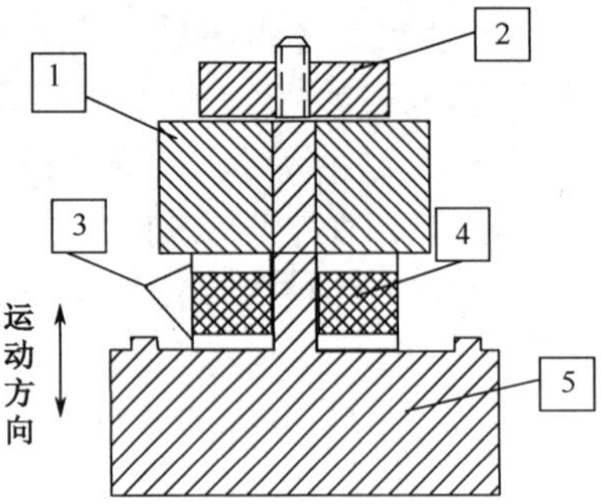

1—质量块；2—螺母；3—输出信号电极；
4—压电材料；5—基座
（a）压电式加速度传感器的结构

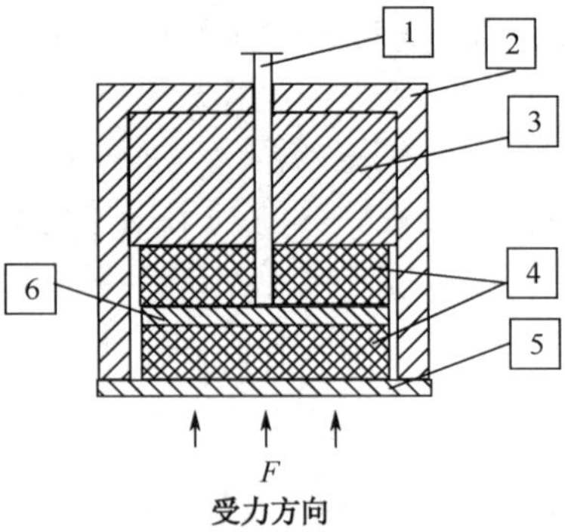

1—输出信号电极；2—外壳；3—基座；
4—压电材料；5—受力膜片；6—导电片
（b）压电式压力传感器的结构

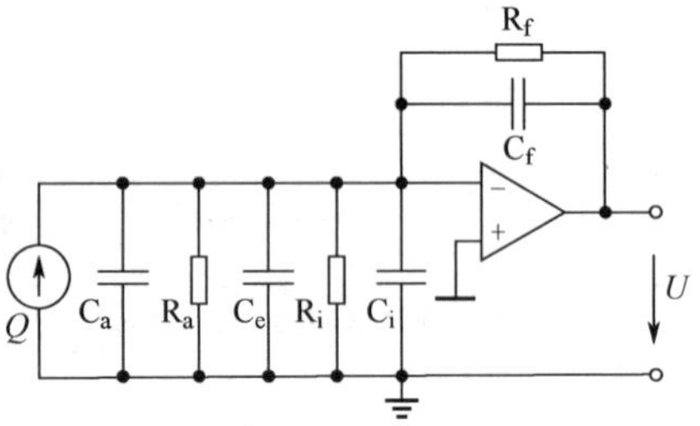

（c）电荷放大测量电路

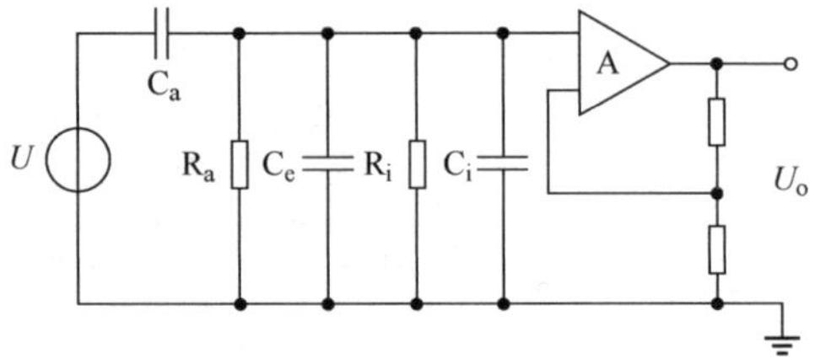

（d）电压放大测量电路

图 5-3　压电式传感器的结构及测量电路

表 5-2　压电式传感器的应用案例

应用案例	示意图
玻璃破碎报警系统：将高分子压电测振薄膜粘贴在玻璃上，可以感受到玻璃破碎时产生的振动，并将电压信号传送给报警系统	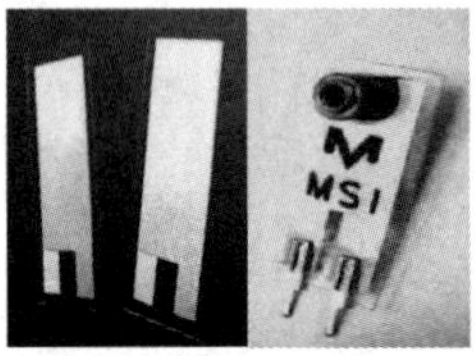
压电式周界报警系统：将高分子压电测振薄膜粘贴在警戒区域，可以在警戒区域有压力时产生电荷，通过阈值判别电路将电信号传送给报警系统	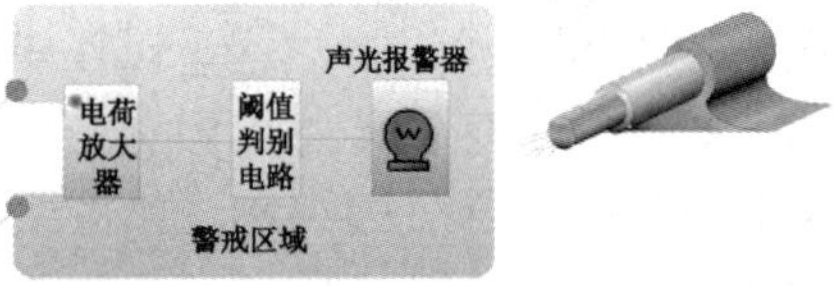
交通监测：将高分子压电电缆埋在公路上，可以获取车型、车速等信息	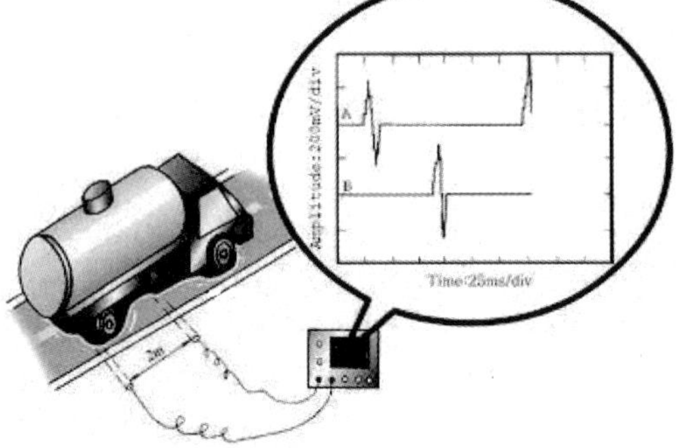

续表

应用案例	示意图
压电式振动加速度传感器：用于判断汽车的碰撞，使安全气囊迅速充气，从而挽救生命。还可安装在汽缸的侧壁上，尽量使点火时刻接近爆震区而不发生爆震，使发动机输出尽可能大的扭矩	
压电式动态力传感器：用于车床动态切削力的测量	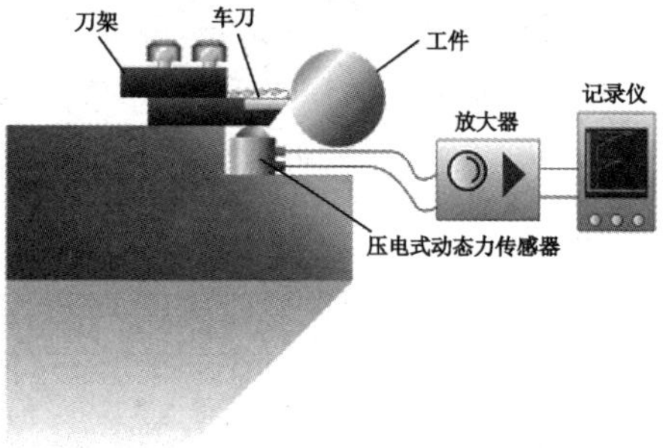

（三）压电式传感器的型号命名方法

压电式传感器的种类很多，下面以压电式压力传感器和压电式加速度传感器为例进行介绍。

1．压电式压力传感器的命名

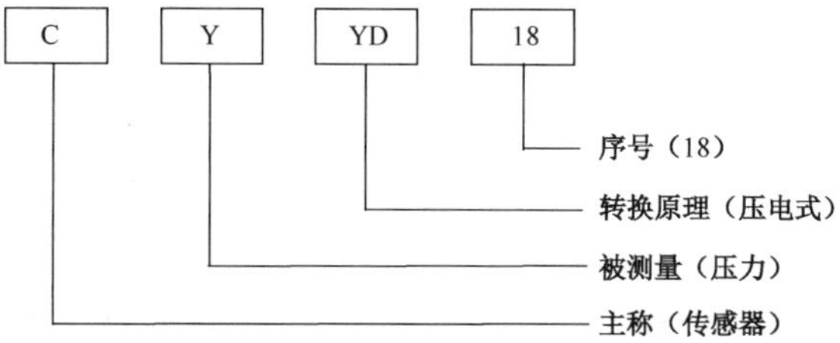

2．压电式加速度传感器的命名

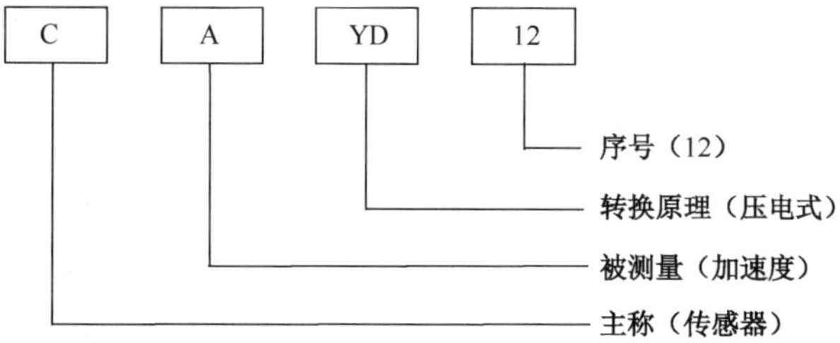

与传感器命名有关的国家标准见表 5-3。

表 5-3 与传感器命名有关的国家标准

序 号	名 称	标 准 号
1	《传感器分类与代码 第一部分：物理量传感器》	GB/T 36378.1—2018
2	《传感器命名法及代码》	GB/T 7666—2005

（四）压电式传感器的选用及相关标准

1．选用方法

选用压电式传感器时，首先要根据应用场景的具体需求确定其性能指标，其次必须符合实际应用的国家标准、行业标准及企业标准的要求。其性能指标和选用依据见表 5-4。

表 5-4　压电式传感器的性能指标和选用依据

序　号	性能指标	选用依据
1	压电式传感器的类型	（1）机电式：产品内部采用机械结构，由弹簧、杠杆、调节螺钉、金属罩壳、触点模块装配而成的压电式传感器 （2）电子式：有陶瓷或金属的测量隔离膜片，隔离膜片与被测物直接接触，作用在膜片表面的压力使膜片发生微小的形变
2	安装类型	控制回路或动力回路
3	压电类型	压电类型主要有表压、绝压、差压等
4	测量范围	一般情况下，按实际测量值为测量范围的 80%选取
5	供电电源和输出信号	包括继电器输出、固态输出和模拟量输出，其中固态输出又分为单段开关和双段开关
6	系统的最大过载	系统的最大过载应小于压电式传感器的过载保护极限，否则会影响产品的使用寿命，甚至损坏产品
7	接口形式	主要包括 G1/4A（BSP）、1/4NPT、SAE 7/16-20 UNF、4×G1/4（BSP）、G3/8 等
8	测量介质与接触材质的兼容性	在某些测量场合，测量介质具有腐蚀性，此时须选用与测量介质兼容的材料或进行特殊的工艺处理，确保压电式传感器不被损坏
9	准确度等级	测量误差按准确度等级进行划分，在实际应用中，根据测量误差的控制要求及适用、经济的原则进行选择
10	工作温度范围	测量介质温度应处于压电式传感器工作温度范围内，在温度较高的场合，可以考虑选择高温型压电式传感器或安装冷凝管（器）、散热器等辅助降温设备
11	现场工作环境情况及其他	须了解是否存在振动及电磁干扰等，并在选型时提供相关信息，以便进行相应处理；在选型时，电气连接方式等也应根据情况予以考虑

2．相关标准

在压电式传感器实际选型和应用过程中，首先，应根据实际应用需求，选择满足需求且性价比高的压电式传感器；其次，所选择的压电式传感器必须符合实际应用的国家标准、行业标准及企业标准的要求。压电式传感器使用和应用的现行相关标准见表 5-5。

表 5-5　压电式传感器使用和应用的现行相关标准

标准名称	标　准　号
《全国主要产品分类 产品类别核心元数据 第 10 部分：传感器》	GB/T 37600.10—2018
《压力传感器性能试验方法》	GB/T 15478—2015

3．选型

在压电式传感器实际选型过程中，应选择满足应用场景、性能指标、技术标准需求且性价比高的产品。

任务实施

本任务实施分为四步，请根据任务要求逐步完成（表 5-6）。

表 5-6　任务实施

<table>
<tr><th>步　骤</th><th>任务内容</th><th>任务要求</th></tr>
<tr><td>1</td><td>明确任务
实施要求</td><td>小组合作学习，做到人人参与，规范操作，认真完成并及时提交任务笔记</td></tr>
<tr><td>2</td><td>查阅资料
回答问题</td><td>查阅相关信息，回答下列问题，并记入任务笔记
（1）说出压电式传感器使用的材料及材料特性
（2）说出压电式传感器的结构、工作原理
（3）说出压电式传感器型号的意义
（4）列举压电式传感器的应用领域</td></tr>
<tr><td>3</td><td>确定参数</td><td>请根据本任务中的需求，查阅相关资料，写出压电式传感器的下列性能指标
<table>
<tr><th>性能指标</th><th>标　称　值</th><th>性能指标</th><th>标　称　值</th></tr>
<tr><td>压电常数</td><td></td><td>精度</td><td></td></tr>
<tr><td>弹性常数</td><td></td><td>灵敏度</td><td></td></tr>
<tr><td>介电常数</td><td></td><td>电源电压</td><td></td></tr>
<tr><td>居里点</td><td></td><td>输出值范围</td><td></td></tr>
<tr><td>允许温度范围</td><td></td><td>量程</td><td></td></tr>
</table></td></tr>
<tr><td>4</td><td>选型</td><td>根据以上确定的性能指标，通过压电式传感器产品型号手册或二维码查询，选出合适的产品类型、型号
压电式传感器产品类型：__________________

压电式传感器产品型号：__________________</td></tr>
</table>

任务笔记

任务笔记见表 5-7。

表 5-7　任务笔记

<table>
<tr><th colspan="3">压电式传感器的选型笔记</th></tr>
<tr><td colspan="3">班级：　　　　组别：　　　　组长：　　　　组员：</td></tr>
<tr><th>任　务</th><th>笔记内容</th><th>完成人及完成时间</th></tr>
<tr><td rowspan="2">回答辅助
问题</td><td>1. 压电式传感器使用的材料：__________________
该材料的主要特性：__________________
____
__________________</td><td></td></tr>
<tr><td>2. 压电式传感器的结构：__________________
____
____
压电式传感器的工作原理：__________________
____
__________________</td><td></td></tr>
</table>

续表

任　务	笔 记 内 容	完成人及完成时间
回答辅助问题	3. 压电式传感器的型号：______ 型号的意义：______ CW-YD-10 的意义：______ CYW-YD-2A 的意义：______ CIA-YD-5 的意义：______	
	4. 压电式传感器的应用领域：______ ______ ______ ______	
压电式传感器的选型	1. 请根据压电式传感器选型方法，为本任务中的玻璃破碎探测器选择合适的压电式传感器，完成如下信息记录 类型是______ 品牌是______ 型号是______ 2. 简述选型方法：______ ______ ______ ______	

任务评价

任务评价表见表 5-8。

表 5-8　任务评价表

序　号	评 价 要 点	配　分	得　分	总　评
1	任务学习工具、资料、知识等准备充分	10		A（80 分及以上）□ B（70～79 分）□ C（60～69 分）□ D（59 分及以下）□
2	能根据任务要求完成压电式传感器的选型	30		
3	能认真完成任务笔记并及时提交	30		
4	信息化意识强，能熟练查阅所需资料	10		
5	小组学习氛围浓厚，沟通协作好	10		
6	具有规范操作的职业习惯	10		

任务小结

请总结本任务完成过程中的优、缺点，并提出改进计划，填写表 5-9。

表 5-9　任务小结

完 成 事 项	优　点	缺　点	改 进 计 划
任务准备			
任务实施			
任务笔记			
其他			

任务2　压电式传感器应用电路的安装与调试

任务描述

上海浦东足球场采用屋盖结构设计，跨度大，受力和施工复杂，场内须安装压电式压力传感器等不同类型的传感器，对钢结构不同位置的变形、应变、温度、振动等进行监测。宋庆龄故居纪念馆需要对馆内文物、设施的变形、应变、温度、振动等进行监测，但因对建筑美观有特殊要求，安装工程须注意隐蔽性，尽量采取无源、无线的方式进行数据的采集和传输。对于不同类型的压电式传感器，应根据其工作原理、工程具体要求和实际条件，本着监测完整、性能稳定、性价比最高的原则，兼顾良好的稳定性和抗干扰能力进行安装、调试。

请根据本任务提供的玻璃破碎探测器的电路原理图和产品安装说明书组装产品，并调节灵敏度旋钮使其满足灵敏度等参数要求，然后将产品安装在应用场所，实现玻璃破碎监测、报警功能。

任务目标

- 能识读压电式传感器应用说明书和接线图，并能识别和连接压电式传感器数据接口；
- 能检测压电式传感器的好坏；
- 能识读压电式传感器产品安装说明书和电气图，并能按图进行布局和布线；
- 能调试压电式传感器设备端软件，能对压电式传感器进行校准；
- 能使用常用弱电、网络测试安装工具；
- 养成规范操作的职业习惯，具有良好的安全意识、环保意识、节能意识。

任务准备

一、学习工具

学习工具包括手机、压电式传感器及应用电路套件、常用弱电和网络测试安装工具等。

二、任务所需相关知识

（一）压电式传感器的检测和接线方式

1．压电式传感器的检测

压电式传感器的检测方法见表 5-10。

表 5-10　压电式传感器的检测方法

类　别	检 测 方 法	图　例
外观检查	1．外观应无明显的瑕疵、划痕，接头螺纹应无毛刺、锈蚀和损伤，焊接处应牢固，插件应接触可靠 2．外形参数和特性应符合压电式传感器相关的国家标准	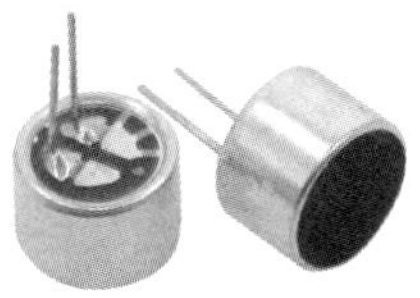

续表

类　别	检 测 方 法	图　例
质量检测	主要检测电路是否正确，一般采用惠斯通全桥电路，利用万用表的欧姆挡测量输入端之间的阻抗及输出端之间的阻抗，这两个阻抗就是压电式传感器的输入、输出阻抗。如果阻抗无穷大，说明质量有问题。对着压电式传感器吹气，万用表指针偏转明显，说明灵敏度良好	
质量检测	用万用表电压挡检测在没有施加玻璃破碎声源的条件下压电式传感器的零点输出。这个输出一般为毫伏级的电压，如果超出了压电式传感器的技术指标，就说明压电式传感器的零点偏差超范围	

2．压电式传感器的接线方式

压电式传感器的接线方式主要有两线制、三线制、四线制。本任务中的玻璃破碎探测器采用四线制，如图 5-4 所示。防拆接线端子属于附加功能，不属于压电式传感器本身的信号输出。

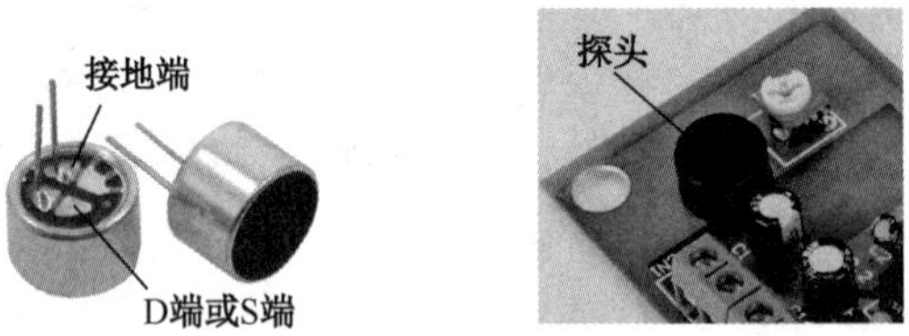

图 5-4　玻璃破碎探测器的接线方式

（二）玻璃破碎探测器电路的安装

1．玻璃破碎探测器电路框图

当压电元件表面因玻璃破碎产生的高频声音信号而振动时，压电式传感器就会产生电压脉冲。该电压经放大后送入带通滤波器，以提高灵敏度和减少误报。压电式传感器产生的是交流信号，经过交直流变换变成直流信号后才能送入比较器。比较器产生标准的下降电压，使处理器执行报警操作。其电路框图如图 5-5 所示。

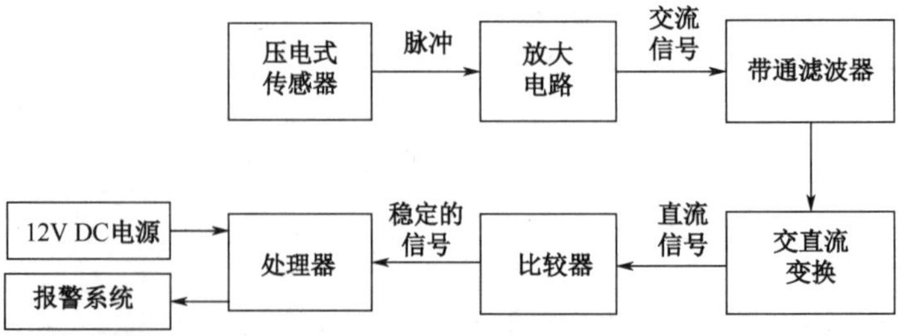

图 5-5　玻璃破碎探测器电路框图

2．玻璃破碎探测器电路原理图

玻璃破碎探测器电路原理图如图 5-6 所示。

3．玻璃破碎探测器电路安装效果图

玻璃破碎探测器电路安装效果图如图 5-7 所示。

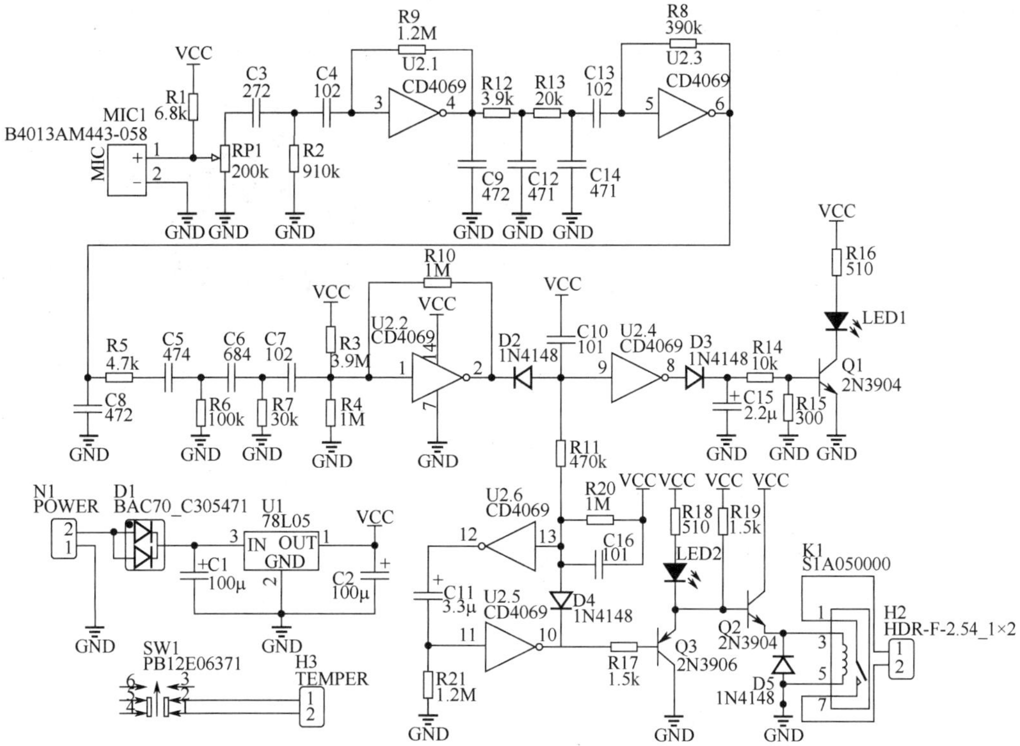

图 5-6　玻璃破碎探测器电路原理图

图 5-7　电路安装效果图

4．玻璃破碎探测器的技术参数

玻璃破碎探测器的技术参数见表 5-11。

表 5-11　玻璃破碎探测器的技术参数

内　容	参 数 值	内　容	参 数 值
产品名称	玻璃破碎探测器	工作温度	-20～50℃
产品型号	PA-456	工作湿度	95%
报警输出	常闭输出	抗干扰	抗无线电及电磁波
电源输入	9～16V DC	安装方式	壁挂或吸顶
灵敏度	连续可调	数字处理器	12/8bit 8MHz
防拆开关	常闭	保护范围	≤9m

（三）玻璃破碎探测器电路的调试（表 5-12）

表 5-12　玻璃破碎探测器电路的调试

调试步骤	操作过程	效果图
电路组成说明	该电路主要由灵敏度调节旋钮、传感器、指示灯、防拆开关、继电器等组成	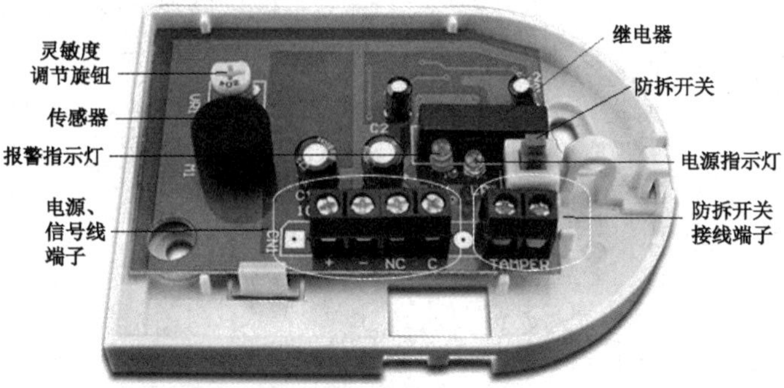
防拆开关检测	玻璃破碎探测器正常供电，松开防拆开关，检测防拆开关接线端子的通断	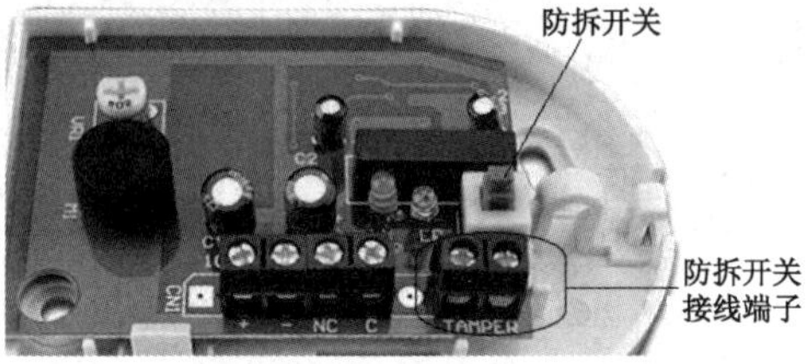
玻璃破碎声源检测	玻璃破碎探测器正常供电，用标准的玻璃破碎声源，按照声音的大小和报警指示灯的亮灭对其进行校准	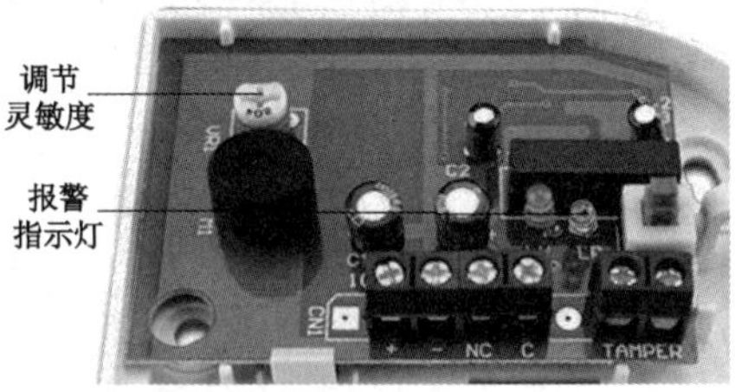

（四）玻璃破碎探测器产品的安装

1．安装方法

安装方法主要有螺钉安装、粘贴安装、磁座安装、探针安装。本任务采用粘贴安装（壁挂或吸顶安装），如图 5-8 所示。

图 5-8　玻璃破碎探测器产品安装效果图

2．安装注意事项

（1）安装前应仔细阅读产品说明书，以保证接线正确。

（2）安装时应将传感器正对着警戒的主要方向，以提高探测的灵敏度。

（3）安装时应尽量靠近被监测的玻璃，尽可能远离噪声干扰源，以减少误报。

（4）不同的玻璃破碎探测器，须根据其工作原理采用不同的安装方法。

（5）同一个玻璃破碎探测器可以保护多面玻璃窗。

（6）窗帘、百叶窗等遮盖物会影响探测灵敏度，厚重的窗帘将阻碍玻璃破碎时声音的传播。

（7）不要将玻璃破碎探测器装在通风口或换气扇的前面，也不要靠近门铃，以确保工作的可靠性。

任务实施

本任务实施分为七步，请根据任务要求逐步完成（表5-13）。

表5-13　任务实施

<table>
<tr><th>步　骤</th><th>任务内容</th><th>任务要求</th></tr>
<tr><td>1</td><td>明确任务实施要求</td><td>小组合作学习，做到人人参与，规范操作，认真完成并及时提交任务笔记</td></tr>
<tr><td>2</td><td>收货检验</td><td>请对照材料清单和组件进行玻璃破碎探测器套件的收货检验，在下表中记录结果，如有误应及时报告
<table><tr><th>序号</th><th>名称</th><th>规格</th><th>标称</th><th>数量</th><th>清点情况</th></tr><tr><td></td><td></td><td></td><td></td><td></td><td></td></tr><tr><td></td><td></td><td></td><td></td><td></td><td></td></tr><tr><td></td><td></td><td></td><td></td><td></td><td></td></tr><tr><td></td><td></td><td></td><td></td><td></td><td></td></tr><tr><td></td><td></td><td></td><td></td><td></td><td></td></tr><tr><td></td><td></td><td></td><td></td><td></td><td></td></tr></table></td></tr>
<tr><td>3</td><td>查阅资料回答问题</td><td>查阅玻璃破碎探测器安装说明书、电路原理图等资料，按要求完成任务笔记中辅助问题的回答</td></tr>
<tr><td>4</td><td>检测</td><td>根据玻璃破碎探测器电路结构、检测方法，按照任务要求检测，并将检测数据记入任务笔记</td></tr>
<tr><td>5</td><td>电路安装</td><td>根据压电式传感器应用电路图画出电路布局图，记入任务笔记。进行电路安装，注意工艺要求和操作规范。安装完成后检测电路各部件安装与布线的准确性、牢固性和稳定性</td></tr>
<tr><td>6</td><td>电路调试</td><td>调试通电必须征得教师同意。调试电路实现功能，并将调试数据记入任务笔记。调节灵敏度旋钮，进行灵敏度校正</td></tr>
<tr><td>7</td><td>产品应用安装</td><td>根据应用场景，完成玻璃破碎探测器的产品安装，实现玻璃破碎的监测功能</td></tr>
</table>

任务笔记

任务笔记见表5-14。

表5-14　任务笔记

<table>
<tr><th colspan="3">压电式传感器的安装调试笔记</th></tr>
<tr><td colspan="3">班级：　　　组别：　　　组长：　　　组员：</td></tr>
<tr><td>任　务</td><td>笔记内容</td><td>完成人及完成时间</td></tr>
<tr><td>回答辅助问题</td><td>1．查阅资料，画出玻璃破碎探测器的电路框图</td><td></td></tr>
</table>

续表

<table>
<tr><th>任　务</th><th>笔 记 内 容</th><th>完成人及完成时间</th></tr>
<tr><td>回答辅助问题</td><td>2．压电式传感器应用电路的安装方式有哪些？玻璃破碎探测器的安装方式是什么？

3．压电式传感器的接线方式有哪些？玻璃破碎探测器的接线方式是什么？</td><td></td></tr>
<tr><td>检测调试</td><td><table>
<tr><th>零点检测记录波形</th><th>示波器</th><th>频率器</th><th>毫伏表</th></tr>
<tr><td></td><td>时间挡：

幅度挡：

峰峰值：</td><td>频率：

周期：</td><td>输出电压值：</td></tr>
</table></td><td></td></tr>
<tr><td>产品应用安装</td><td>查阅资料，写出玻璃破碎探测器产品安装注意事项</td><td></td></tr>
</table>

任务评价

任务评价表见表 5-15。

表 5-15　任务评价表

<table>
<tr><th>序　号</th><th>评 价 要 点</th><th>配　分</th><th>得　分</th><th>总　评</th></tr>
<tr><td>1</td><td>任务学习工具、资料、知识等准备充分</td><td>10</td><td></td><td rowspan="8">A（80 分及以上）□
B（70～79 分）□
C（60～69 分）□
D（59 分及以下）□</td></tr>
<tr><td>2</td><td>能正确检测压电式传感器</td><td>5</td><td></td></tr>
<tr><td>3</td><td>能正确安装压电式传感器及应用电路</td><td>15</td><td></td></tr>
<tr><td>4</td><td>能正确调试压电式传感器及应用电路</td><td>20</td><td></td></tr>
<tr><td>5</td><td>能认真完成任务笔记并及时提交</td><td>20</td><td></td></tr>
<tr><td>6</td><td>信息化意识强，能熟练查阅所需资料</td><td>10</td><td></td></tr>
<tr><td>7</td><td>小组学习氛围浓厚，沟通协作好</td><td>10</td><td></td></tr>
<tr><td>8</td><td>具有规范操作的职业习惯</td><td>10</td><td></td></tr>
</table>

任务小结

请总结本任务完成过程中的优、缺点，并提出改进计划，填写表 5-16。

表 5-16　任务小结

完成事项	优　点	缺　点	改进计划
任务准备			
任务实施			
任务笔记			
其他			

任务3　压电式传感器的维护

任务描述

重庆运用“智慧城管综合管理平台”对主城大桥的应力、应变、挠度、温度等进行实时监测、数据分析等智能化管理，一旦监测大桥的传感器采集的数据超出预设值，传感器就会自动报警，管理部门就会立即派出维护人员到场查看，保障大桥的安全运营，保护人们的生命安全。压电式传感器在使用过程中，由于受到外界环境的温湿度、电磁辐射、安装面清洁度、机械松动等众多因素的影响，其监测数据的精确度可能会下降或无法实现监测，有可能造成安全事故，所以按行业规定应对其进行定期维护。

请对本任务中提供的玻璃破碎探测器进行故障检修、维护。

任务目标

- 能识读压电式传感器应用产品说明书；
- 能使用常用弱电、网络测试安装工具；
- 能检测电路导线和数据线通断；
- 能判断压电式传感器应用电路的常见故障，并能排除简单故障；
- 能对压电式传感器进行日常维护；
- 养成规范操作的职业习惯，具有良好的安全意识、环保意识、节能意识。

任务准备

一、学习工具

学习工具包括手机、万用表、示波器、压电式传感器应用电路等。

二、任务所需相关知识

（一）压电式传感器的日常维护

1．玻璃破碎探测器的日常维护方法

玻璃破碎探测器的日常维护方法见表5-17。

表5-17　玻璃破碎探测器的日常维护方法

序　　号	项　　目	日常维护方法
1	防水	主要考虑玻璃破碎探测器是否受到雨淋或湿度较大等的影响
2	温度	工作温度为-20～50℃
3	位置限制	玻璃破碎探测器要面向被监测玻璃，保证其在监测范围内，灵敏度受遮挡物影响，需要定期检查
4	抗干扰	做好导线接头的防护，避免电磁和噪声干扰
5	附加	用膨胀螺栓进行固定

2．其他压电式传感器的日常维护方法（表 5-18）

表 5-18 其他压电式传感器的日常维护方法

序号	项目	日常维护方法
1	防水	防水分为浅层防水和深层防水，尤以深层防水为难点，如三峡工程永久船闸闸门的振动监测，水深近百米，涉及地电回路干扰、高压渗水、导线防护失效、长期可靠性差等诸多问题
2	高温	多数厂商给出的工作温度范围为可用值。实际上，在高温环境下灵敏度偏差较大，特殊用户应向厂商索取高温环境专用的灵敏度指标，灵敏度指标是保证测试准确的关键
3	位置限制	压电式传感器永久安装在现场会受到人为碰撞，应选择工业型长期监测压电式传感器，外加防护罩，采用三角法兰安装，具有对地绝缘、防尘的作用。对出线方向有要求的可向制造商提出。对于不能触及的部位，可用手持式压电式传感器（带长探针）
4	绝缘、地电回路及磁、电场	对于磁、电场较强的测试现场，应选择特殊材料外壳的压电式传感器和专用导线，此类研究国内还比较少见。对于两点接地、潮湿等现场，可采用浮地或绝缘型压电式传感器，同时要考虑导线接头的防护。没有特殊要求且干扰不大的工况，可用绝缘型压电式传感器，而永久型监测或干扰大的工况则应采用浮地型，区别在于绝缘型产品的外壳为信号地层，而浮地型产品的外壳为屏蔽层
5	附加	在振动结构上安装的压电式传感器的质量小于被测物自身动态质量的 1/10 时，对被测信号的影响可以忽略

（二）压电式传感器常见故障检修

1．玻璃破碎探测器的常见故障及排除方法

玻璃破碎探测器的常见故障有：玻璃破碎时不报警，报警灯不亮；玻璃破碎时报警灯亮，不报警；没有玻璃破碎时误报警；玻璃破碎时，输出信号不稳定；灵敏度不高等。故障排除方法见表 5-19。

表 5-19 玻璃破碎探测器的常见故障及排除方法

序号	故障现象	故障分析及排除方法
1	玻璃破碎时不报警，报警灯不亮	检查玻璃是否在监测范围内。检查安装是否正确。检查电源，如电源供电正常，则加玻璃破碎声源看压电陶瓷是否输出脉冲，若无脉冲，可边加声源边缓慢调节灵敏度旋钮。若仍然没有脉冲，则说明压电式传感器已损坏。若有脉冲，则是产品其他电路的故障
2	玻璃破碎时报警灯亮，不报警	检查产品接线方式是否正确。若电源供电正常，则进行玻璃破碎声源检查，看产品是否有稳定的信号输出。若有，则说明报警系统电路有故障。若没有，则说明产品自身电路有故障
3	没有玻璃破碎时误报警	检查产品接线方式（产品信号常闭输出端和公共端）是否正确，检测零位是否有输出，查看周围是否有玻璃破碎声源或强电磁干扰
4	玻璃破碎时输出信号不稳定	产品信号输出接线端子接触不良，或产品的抗干扰能力不强
5	灵敏度不高	调节灵敏度旋钮，进行校准

2．压电式压力传感器的常见故障及排除方法（表 5-20）

表 5-20　压电式压力传感器的常见故障及排除方法

序　　号	故 障 现 象	故障分析及排除方法
1	输出上不去	先检查接口是否漏气或者被堵住，如无问题，则检查接线方式和电源。如电源正常，则进行加压看输出是否变化，或者查看零位是否有输出。若无变化，则说明压电式压力传感器已损坏
2	加压输出不变化，再加压输出突然变化，回不到零位	很可能是密封圈的问题。压电式压力传感器拧紧之后，密封圈被压缩到引压口中堵塞压电式压力传感器，加压时介质进不去，但在压力大时突然冲开密封圈。排除这种故障的最佳方法是将压电式压力传感器卸下，直接查看零位是否正常，若零位正常，可更换密封圈再试
3	输出信号不稳定	可能是压力源的问题，如压力源本身压力不稳定。也可能是仪表或压电式压力传感器抗干扰能力不强、压电式压力传感器本身振动很厉害或压电式压力传感器有故障
4	指针与参照表有偏差	确认正常的偏差范围，校准灵敏度

任务实施

本任务实施分为五步，请根据任务要求逐步完成（表 5-21）。

表 5-21　任务实施

步　　骤	任 务 内 容	任务要求
1	明确任务实施要求	小组合作学习，做到人人参与，规范操作，认真完成并及时提交任务笔记
2	查阅资料回答问题	查阅压电式传感器及应用电路说明书、压电式传感器维护方法、常见故障等资料，按要求完成辅助问题的回答，并记入任务笔记
3	线路检测	进行电路导线和数据线通断检测，并将检测情况记入任务笔记
4	自设故障观察现象	小组自设故障，观察故障现象，并将观察结果记入任务笔记
5	互设故障排除故障	小组互设故障，自行查阅资料进行故障检修，并填写任务笔记中的检修报告

任务笔记

任务笔记见表 5-22。

表 5-22　任务笔记

压电式传感器的维护笔记		
班级：　　　组别：　　　组长：　　　组员：		
任　　务	笔 记 内 容	完成人及完成时间
回答辅助问题	1．玻璃破碎探测器日常维护的主要事项有哪些？ 2．简述玻璃破碎探测器常见故障及排除方法	

续表

<table>
<tr><th>任　务</th><th>笔 记 内 容</th><th>完成人及完成时间</th></tr>
<tr><td>线路检测</td><td>1．灵敏度旋钮调至最大，记录检测现象：________________
____
2．灵敏度旋钮调至最小，记录检测现象：________________
________________</td><td></td></tr>
<tr><td>自设故障
观察现象</td><td>1．设置的故障：________________
2．观察到的故障现象：________________
____
3．电路检测数据
<table>
<tr><th>玻璃破碎声源检测记录波形</th><th>示波器</th><th>频率器</th><th>毫伏表</th></tr>
<tr><td></td><td>时间挡：
幅度挡：
峰峰值：</td><td>频率：
周期：</td><td>输出电压值：</td></tr>
</table>
</td><td></td></tr>
<tr><td>互设故障
排除故障</td><td>1．故障现象：________________
____
2．故障检测过程：________________
____
3．故障点：________________
____
4．故障排除方法：________________
________________</td><td></td></tr>
</table>

任务评价

任务评价表见表 5-23。

表 5-23　任务评价表

序　号	评 价 要 点	配　分	得　分	总　评
1	任务学习工具、资料、知识等准备充分	10		A（80 分及以上）□ B（70～79 分）□ C（60～69 分）□ D（59 分及以下）□
2	能正确进行导线和数据线通断检测	10		
3	能排除压电式传感器简单故障	20		
4	能认真完成任务笔记并及时提交	30		
5	信息化意识强，能熟练查阅所需资料	10		
6	小组学习氛围浓厚，沟通协作好	10		
7	具有规范操作的职业习惯	10		

任务小结

请总结本任务完成过程中的优、缺点，并提出改进计划，填写表 5-24。

表 5-24　任务小结

完成事项	优　点	缺　点	改进计划
任务准备			
任务实施			
任务笔记			
其他			

任务 4　总结与交流

任务描述

根据压电传感器的选型、安装、调试、日常维护等任务的完成情况，确定小组成果展示方案，并对其他小组的成果进行公平、客观的评价。结合其他小组人员和教师的评价和建议，对本小组任务完成过程中的优、缺点进行总结归纳，制订改进计划。

任务目标

- 善于总结、反思、改进；
- 能采用多种形式进行成果展示；
- 能客观、公正地评价、提出建议；
- 展现、沟通能力得以提升；
- 能虚心接受他人的建议；
- 具有团队和竞争意识。

任务准备

准备工作页、书面总结、工件、白板、纸张、PPT 等。

任务实施

本任务实施分为六步，请根据任务要求逐步完成（表 5-25）。

表 5-25　任务实施

步　骤	任务内容	任务要求
1	明确任务实施要求	总结全面，充分准备展示素材，展示语言流畅、思路清晰，评价客观、公正，提出合理建议
2	任务总结	全面总结所有任务完成情况、存在的问题、改进计划等，并记入任务笔记，素材准备充分
3	确定汇报方案	包括汇报人、汇报方式、汇报内容等，并记入任务笔记
4	成果汇报	语言流畅、思路清晰，形式多样化，可以为图片、PPT、学习视频片段等
5	三方评价	表进行自评、组评和师评，评价客观、公正
6	提出建议	对其他组提出建议，认真听取其他组对本组的建议，并记入任务笔记

任务评价

评价由三部分组成，即学生自评、小组评价（组评）和教师评价（师评）。按照自评占 20%，组评占 30%，师评占 50%计算总分，见表 5-26。

表 5-26　任务评价表

评价内容	配分	得分			总评等级
		自评	组评	师评	
纪律观念	10 分				A（80 分及以上）□ B（70～79 分）□ C（60～69 分）□ D（59 分及以下）□
学习态度	10 分				
协作精神	10 分				
文明规范	10 分				
笔记质量	10 分				
实践动手能力	20 分				
解决问题能力	20 分				
语言表达能力	10 分				
评分小计	100 分				

任务笔记

任务笔记见表 5-27。

表 5-27　任务笔记

成果汇报展示笔记		
班级：　　组别：　　组长：　　组员：		
任务	笔记内容	完成人及完成时间
任务总结	1．任务完成情况 2．存在的问题 3．改进计划	
成果展示方案	1．汇报人 2．汇报方式 3．汇报内容	
记录建议	1．同学说	
记录建议	2．老师说	

项目六　热电式传感器

情景描述

寒冷地区的冬天，暖气对人们的重要性不言而喻。纽约市就屡屡出现租客投诉供暖和热水不足的问题批准了一项立法，要求被检查出有问题的建筑物的房东在每套公寓安装传感器。这些传感器将帮助政府监控房东是否违反了城市住房法规。

本项目将介绍热电式传感器的选型、安装、调试、维护等知识和技能。

项目目标

- 了解热电式传感器的结构、工作原理、特性及典型应用；
- 能规范使用电子仪器仪表识别、检测热电式传感器；
- 能使用常用弱电、网络测试安装工具；
- 能根据应用需求合理选用热电式传感器；
- 能安装、调试、维护热电式传感器，排除常见故障；
- 具有自主学习、总结反思能力，在学习过程中培养团队协作意识；
- 养成规范操作的职业习惯，具有良好的安全意识、环保意识、节能意识；
- 具有信息化和创新意识，能进行简单的热电式传感器应用设计。

建议学时

6 学时

任务 1　热电式传感器的选型

任务描述

温度控制系统是热电式传感器的典型应用，它能对环境温度进行自动调节。某蔬菜种植基地需要安装温度控制系统，要求能实时显示当前温度，并把环境温度控制在 20～35℃。当温度低于 20℃时，自动开启加热装置；当温度高于 35℃时，自动开启制冷装置。测温精度为 0.1℃，控制精度为 0.1℃，刷新周期为 1s。请根据上述要求为温度控制系统选择合适的热电式传感器。

任务目标

- 了解热电式传感器的原理、结构、常见类型及应用；
- 了解热电材料的分类及特性；
- 能分析热电式传感器测量电路；
- 能识别常用热电式传感器型号；
- 能根据所需测量的物理量选用合适的热电式传感器；
- 能识读热电式传感器使用说明书；
- 养成规范操作的职业习惯，具有良好的安全意识、环保意识、节能意识。

任务准备

一、学习工具

学习工具包括手机、常用热电式传感器、相关技术手册等。

二、任务所需相关知识

（一）热电式传感器简介

1．热电式传感器的特点、种类

热电式传感器是将温度变化转换为电量变化的装置。它是利用某些材料的性能随温度变化的特性来进行测量的。例如，将温度变化转换为电阻值、热电动势、热膨胀、导磁率等的变化，通过适当的测量电路达到检测温度的目的。常用热电式传感器如图 6-1 所示。

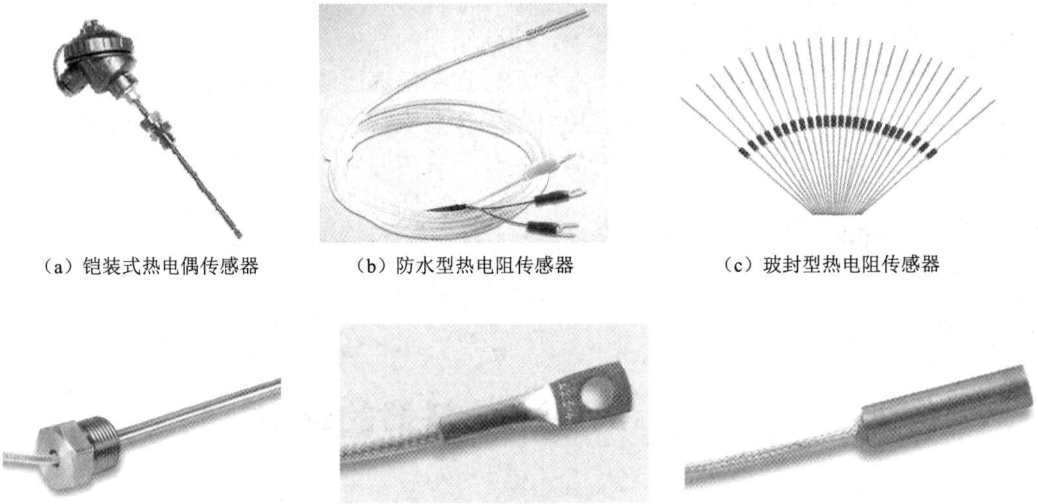

（a）铠装式热电偶传感器　（b）防水型热电阻传感器　（c）玻封型热电阻传感器

（d）螺纹式热电阻传感器　（e）压环式热电阻传感器　（f）贴片式热电阻传感器

图 6-1　常用热电式传感器

2．热电材料的分类、特性

热电材料是一种能实现热能和电能相互转换的功能材料，主要包括温差电动势材料、热电导材料和热释电材料三大类，具有体积小、质量小、无传动部件、无噪声运行、精确可靠等优点。热电材料的分类、性能及应用见表 6-1。

表 6-1　热电材料的分类、性能及应用

分类	性能及应用
温差电动势材料	主要应用在两方面：一方面是用作热电偶材料，制作热电偶，用于测温，这方面应用的材料主要是高纯度金属和合金材料；另一方面是制作热器件，用来发电
热电导材料	热电导材料可用于制作热敏电阻等热敏元件、红外探测器元件。半导体热电导材料可用于制作半导体热敏器件、半导体热敏传感器
热释电材料	热释电材料可用于制作热释电探测器

3．热电式传感器的结构、测量电路

热电式传感器的种类繁多，这里只介绍热电阻传感器和热电偶的结构及测量电路，结构如图 6-2 所示，测量电路如图 6-3 所示。

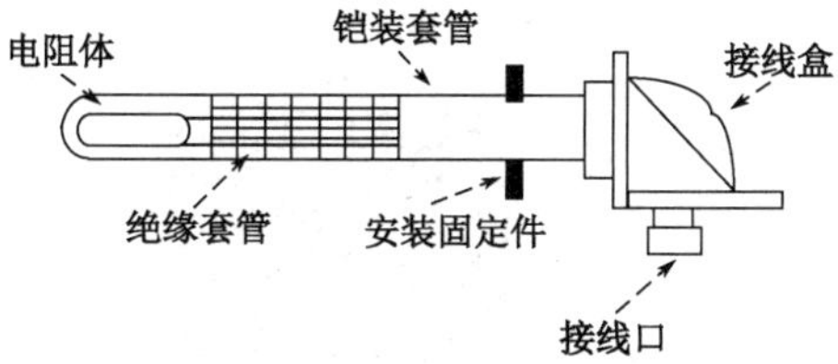

（a）热电阻传感器的结构

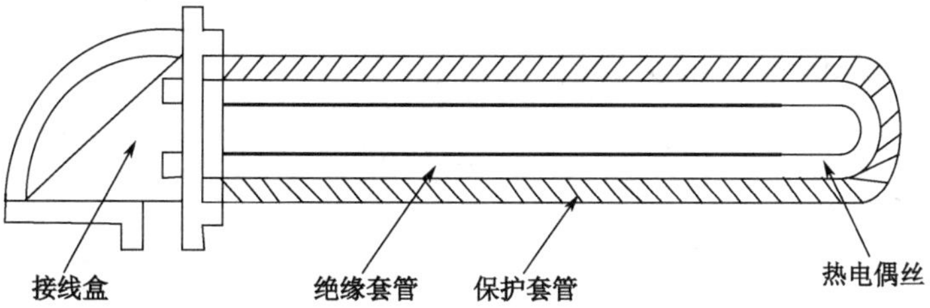

（b）热电偶的结构

图 6-2　热电式传感器的结构

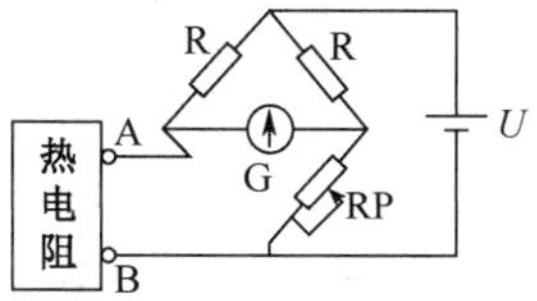

（a）热电阻传感器两线制接法

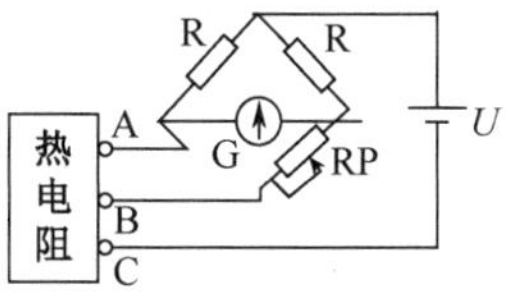

（b）热电阻传感器三线制接法

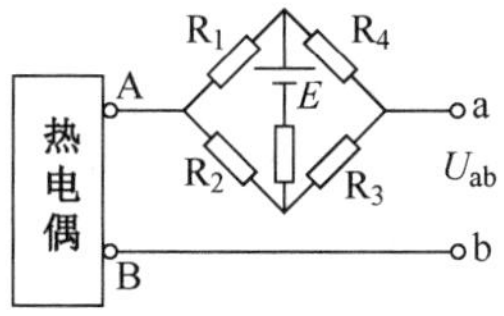

（c）热电偶

图 6-3　热电式传感器的测量电路

（二）热电式传感器的应用（表 6-2）

表 6-2　热电式传感器的应用

应用案例	示意图
家用燃气灶保护装置主要由热电偶探头、导线、电磁阀总成及电磁阀外连杆等组成。当灶具的燃烧开关点火后，热电偶受热产生电动势，通过导线向电磁铁线圈供电，使燃烧开关开启时由外连杆下压的电磁阀保持定位，气路通畅，正常燃烧。因某种原因造成熄火时，热电偶探头降温冷却，失去电动势，电磁铁线圈失电，电磁阀在复位弹簧的作用下关闭气路	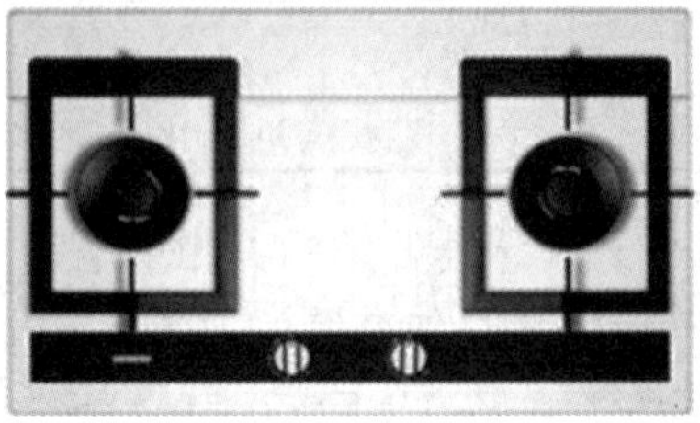
飞机刹车温度监控系统：空客 A320 飞机装有一套刹车温度监控系统，用于实时监控刹车温度，以便第一时间发现潜在的刹车毂卡阻或刹车刹死情况。在该温度监控系统中，每个刹车装置上有一个用于探测温度的铬镍-镍铝热电偶，每个热电偶都会发送一个与热电偶冷端和热端温差成比例的电信号	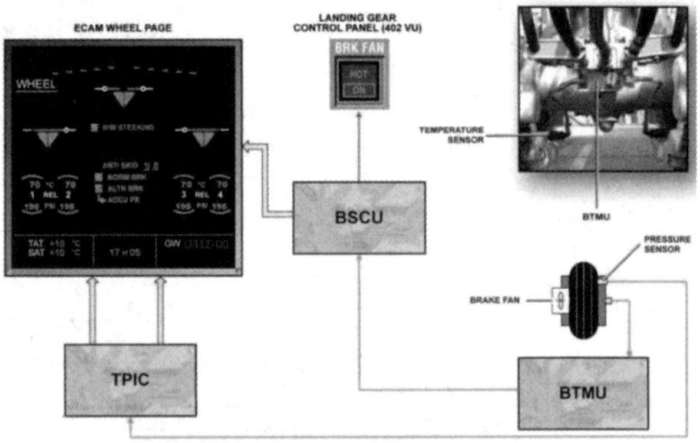
空调面板温度控制系统：主要用于控制室内温度，一般制冷态温度范围为 16～30℃，如果设定温度为 27℃，当室内温度高于 27℃时，温控器就会发出指令让压缩机制冷	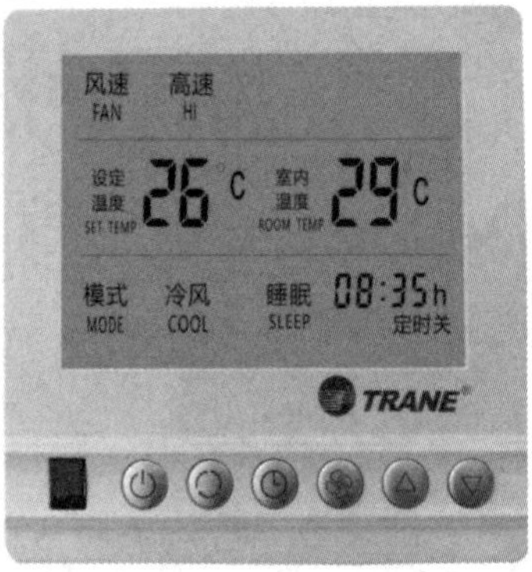

（三）热电式传感器的型号命名方法

热电式传感器种类繁多，型号命名方法以热电阻传感器和热电偶为例进行说明，见表 6-3、表 6-4。

表 6-3　热电阻传感器的型号命名方法

型号				说明
W				温度仪表
	Z			热电阻
		P	热电极感温材料	铂
		C		铜

续表

型号						说明
K	铠装标志和输出信号数					单只铠装芯
K2						双只铠装芯
	1	安装固定形式				无固定装置
	2					固定螺纹
	3					活动法兰
	4					固定法兰
	5					活络管接头式
	6					固定螺纹锥式
	7					直形管接头式
	8					固定螺纹管接头式
	9					活动螺纹管接头式
		2	接线盒形式			防喷式
		3				防水式
			0	保护管直径		ϕ16mm
			1			ϕ20mm
			2			ϕ16mm 高铝质管
			3			ϕ20mm 高铝质管
				G	工作端形式	变截面

表 6-4　热电偶的型号命名方法

型号							说明
W							温度仪表
	R						热电偶
		M	热电极感温材料				镍铬硅-镍硅
		N					镍铬-镍硅
		E					镍铬-铜镍
		C					铜-铜镍
		F					铁-铜镍
			K	铠装标志和输出信号数			单只铠装芯
			K2				双只铠装芯
				1	安装固定形式		无固定装置
				2			固定螺纹
				3			活动法兰
				4			固定法兰
				5			活络管接头式
				6			固定螺纹锥式
				7			直形管接头式
				8			固定螺纹管接头式
				9			活动螺纹管接头式
					2	接线盒形式	防喷式
					3		防水式

续表

型　号				说　明
	0	保护管直径		ϕ16mm
	1			ϕ20mm
	2			ϕ16mm 高铝质管
	3			ϕ20mm 高铝质管
		G	工作端形式	变截面

（四）热电式传感器的选用

1．选用依据

选用热电式传感器时，首先要根据应用场景的具体需求确定其性能指标，其次必须符合实际应用的国家标准、行业标准及企业标准的要求。热电式传感器的性能指标和选用依据见表 6-5，现行相关技术标准见表 6-6。

表 6-5　热电式传感器的性能指标和选用依据

序　号	性 能 指 标	选 用 依 据
1	输出信号类型	（1）热电阻传感器：输出信号类型为电阻值 （2）热电偶：输出信号类型为电动势
2	安装方式	根据应用场景选择合适的安装方式
3	工作温度范围	根据工作温度范围的不同来选择不同的材质。热电式传感器一般由感温头（金属外壳或塑胶外壳）、线材、端子及连接器、环氧树脂或其他填充材料等组成。工作温度在 105℃以下的，选用耐温 105℃的 PVC 线材；工作温度在 105～200℃的，选用耐温 150℃左右的辐照线材；工作温度高于 200℃的，选用铁氟龙线材或硅胶线材
4	测量精度	（1）NTC 热敏电阻晶片本身的误差。NTC 热敏电阻的阻值误差越小，测量精度越高 （2）感温头与测温对象的接触方式。直接接触的比间接接触的测量精度要高。NTC 热敏电阻的特性曲线是非线性的，因此无法保证在很宽的工作温度范围内测量精度都是一样的。要想得到较高的测量精度，必须选定工作场合的中心工作温度点（一般中心工作温度点的测量精度最高，根据特性曲线的离散性，离中心工作温度点越远，误差越大）。例如，用于测人体体温的热电式传感器，一般会选择 37℃作为中心工作温度点
5	灵敏度	（1）热敏电阻的热时间常数小，响应速度快 （2）感温头外壳材质的导热系数的影响。金属外壳比塑胶外壳导热快，不同的金属材质的导热系数也不一样，一般采用镀锌铜质外壳 （3）感温头尺寸与结构的影响。感温头尺寸小，热传导时间短，反应速度快 （4）感温头内填充了导热系数大的导热硅脂，其反应速度快
6	测量对象和测量环境	对于高温、有水的环境，要求采用耐高温防水结构感温头，感温头要满足防水、防雾、耐高温等要求，而且导热硅脂要具有热胀冷缩系数小的特点，在温度快速变化时，体积不会有大的变化。最常见的填充密封材料为环氧树脂，环氧树脂具有良好的密封性和附着力，耐温高达 200℃。但它与金属之间的附着力比塑料小，环氧树脂与 PVC 线材的结合性最好，辐照线材次之，铁氟龙线材最差。因此，在选用线材时，并不是耐温越高的线材越好，满足工作温度要求且与填充材料结合性好的线材才是最合适的
7	稳定性	（1）选用高可靠性的热敏电阻作为核心，NTC 热敏电阻是经过高温烧制的，不同厂家的制作工艺对产品品质的影响很大 （2）选用合适的外壳结构，不同结构的外壳机械强度不一样 （3）针对不同的使用环境选用不同的导热硅脂

表 6-6 热电式传感器的现行相关技术标准

标准名称	标准号
《镍铬硅-镍硅镁热电偶丝》	GB/T 17615—2015
《铜-铜镍（康铜）热电偶丝》	GB/T 2903—2015
《铁-铜镍（康铜）热电偶丝》	GB/T 4994—2015
《工业铂热电阻及铂感温元件》	GB/T 30121—2013

2．选型

在实际选型过程中，往往选择满足应用场景、性能指标、技术标准要求且性价比高的产品。

任务实施

本任务实施分为四步，请根据任务要求逐步完成（表 6-7）。

表 6-7 任务实施

<table>
<tr><th>步骤</th><th>任务内容</th><th>任务要求</th></tr>
<tr><td>1</td><td>明确任务实施要求</td><td>小组合作学习，做到人人参与，规范操作，认真完成并及时提交任务笔记</td></tr>
<tr><td>2</td><td>查阅资料回答问题</td><td>查阅热电式传感器的相关信息，回答下列问题，并记入任务笔记
（1）说出热电式传感器使用的材料及材料特性
（2）说出热电式传感器的结构、工作原理
（3）说出热电式传感器型号的意义
（4）列举热电式传感器的应用领域</td></tr>
<tr><td>3</td><td>确定参数</td><td>查阅相关资料，写出热电式传感器的下列性能指标
<table>
<tr><th>性能指标</th><th>标称值</th><th>性能指标</th><th>标称值</th></tr>
<tr><td>探头类型</td><td></td><td>回差设定</td><td></td></tr>
<tr><td>控温范围</td><td></td><td>最高设定值</td><td></td></tr>
<tr><td>控温精度</td><td></td><td>最低设定值</td><td></td></tr>
<tr><td>主板功耗</td><td></td><td>延时启动时间</td><td></td></tr>
<tr><td>工作模式</td><td></td><td>温度校正</td><td></td></tr>
</table></td></tr>
<tr><td>4</td><td>选型</td><td>根据以上确定的性能指标，通过热电式传感器产品型号手册或二维码查询，选出合适的产品类型、型号
热电式传感器产品类型：____________________
热电式传感器产品型号：____________________</td></tr>
</table>

任务笔记

任务笔记见表 6-8。

表 6-8 任务笔记

<table>
<tr><td colspan="3">热电式传感器的选型笔记</td></tr>
<tr><td colspan="3">班级：　　组别：　　组长：　　组员：</td></tr>
<tr><td>任　务</td><td>笔 记 内 容</td><td>完成人及完成时间</td></tr>
<tr><td>回答辅助问题</td><td>1．热电式传感器使用的材料：______
该材料的主要特性：______
______
______</td><td></td></tr>
<tr><td rowspan="3">回答辅助问题</td><td>2．热电式传感器的结构组成：______
______
热电式传感器的工作原理：______
______
______</td><td></td></tr>
<tr><td>3．写出下列热电式传感器型号的意义
C-W-RD-10 的意义：______
WZCK130 的意义：______
WRMK2131G 的意义：______</td><td></td></tr>
<tr><td>4．热电式传感器的应用领域：______
______</td><td></td></tr>
<tr><td>选型</td><td>根据确定的性能指标，通过热电式传感器产品型号手册或二维码查询，选出合适的产品类型、型号
产品类型：______
产品型号：______</td><td></td></tr>
</table>

任务评价

任务评价表见表 6-9。

表 6-9 任务评价表

序　号	评 价 要 点	配　分	得　分	总　评
1	任务学习工具、资料、知识等准备充分	10		A（80 分及以上）□ B（70～79 分）□ C（60～69 分）□ D（59 分及以下）□
2	能根据任务要求完成热电式传感器的选型	30		
3	能认真完成任务笔记并及时提交	30		
4	信息化意识强，能熟练查阅所需资料	10		
5	小组学习氛围浓厚，沟通协作好	10		
6	具有规范操作的职业习惯	10		

任务小结

请总结本任务完成过程中的优、缺点，并提出改进计划，填写表 6-10。

表 6-10 任务小结

完 成 事 项	优　点	缺　点	改 进 计 划
任务准备			
任务实施			
任务笔记			
其他			

任务2　热电式传感器应用电路的安装与调试

任务描述

国家游泳中心准备将“水立方”改造成“冰立方”，这次改造将升级智能建筑管理系统，实时监测、控制冰场温度及空气温湿度，确保能源得到高效利用。在比赛大厅的冰面上下将安装大量热电式传感器，热电式传感器随时采集空气、冰面的温度信号，反馈给制冰和空调系统，从而实现温度的自动控制。

请根据本任务提供的温控器电路原理图和产品安装说明书组装产品，并设置相关参数，然后将产品安装在应用场所，实现环境温度的控制功能。

任务目标

- 能识读热电式传感器应用说明书、热电式传感器接线图，并能识别和连接热电式传感器数据接口；
- 能检测热电式传感器；
- 能识读热电式传感器产品安装说明书和电路图，并能按图进行布局和布线；
- 能调试热电式传感器设备端软件，能对热电式传感器进行校准；
- 能使用常用弱电、网络测试安装工具；
- 养成规范操作的职业习惯，具有良好的安全意识、环保意识、节能意识。

任务准备

一、学习工具

学习工具包括手机、热电式传感器应用电路套件、常用弱电和网络测试安装工具等。

二、任务所需相关知识

（一）热电式传感器的检测和接线方式

1．热电式传感器的检测

热电式传感器的检测方法见表6-11。

表6-11　热电式传感器的检测方法

类　别	检 测 方 法	图例
外观检查	探头应无明显的瑕疵、划痕、腐蚀，电路板应无毛刺、锈蚀和损伤，器件焊接处应牢固，插件应接触可靠	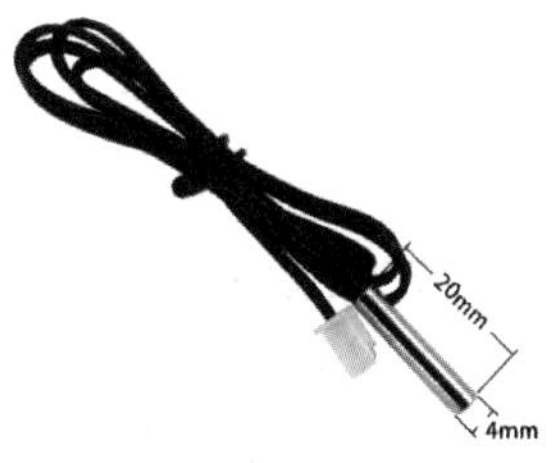

续表

类　别	检 测 方 法	图例
质量检测	主要检测电路连接是否正确，一般采用惠斯通全桥电路，利用万用表欧姆挡测量输入端之间的阻抗及输出端之间的阻抗，这两个阻抗就是热电式传感器的输入、输出阻抗。如果阻抗无穷大，桥路就是断开的，说明质量有问题或者引脚连接有误	

2．热电式传感器的接线方式

热电式传感器的接线方式主要有两线制、三线制。本任务采用两线制，接线方式如图 6-4 所示。

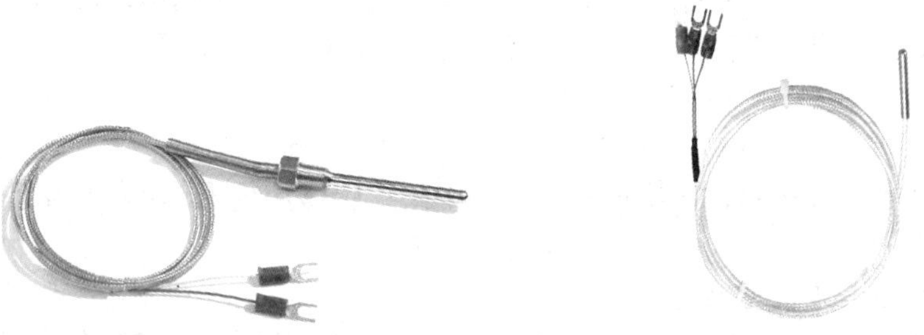

（a）两线制　　（b）三线制

图 6-4　热电式传感器的接线方式

（二）温控器电路的安装

本任务采用 XH-W1209 温控器，按一次“SET”键，显示屏温度闪烁，按“+”和“-”键来设定所需温度（按住不放可快速升降），设定完成后按“SET”键返回，温控器会自动执行继电器通断。

1．温控器电路框图

热电元件将检测到的温度信号实时传给处理器，温度高于（或低于）设定值时，指示灯常亮，继电器闭合，继电器负载电路开始工作。在其他情况下，指示灯常灭，继电器常开。温控器电路框图如图 6-5 所示。

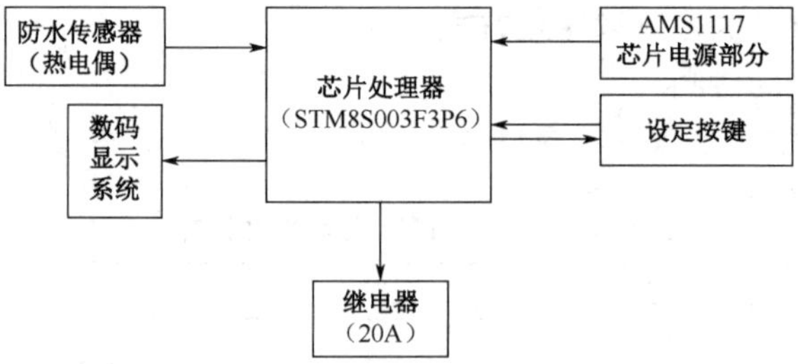

图 6-5　温控器电路框图

2．温控器电路原理图

温控器电路原理图如图 6-6 所示。

3．温控器电路安装效果图

根据电子产品装配的知识与技能，完成温控器电路安装，电路安装效果图如图 6-7 所示。

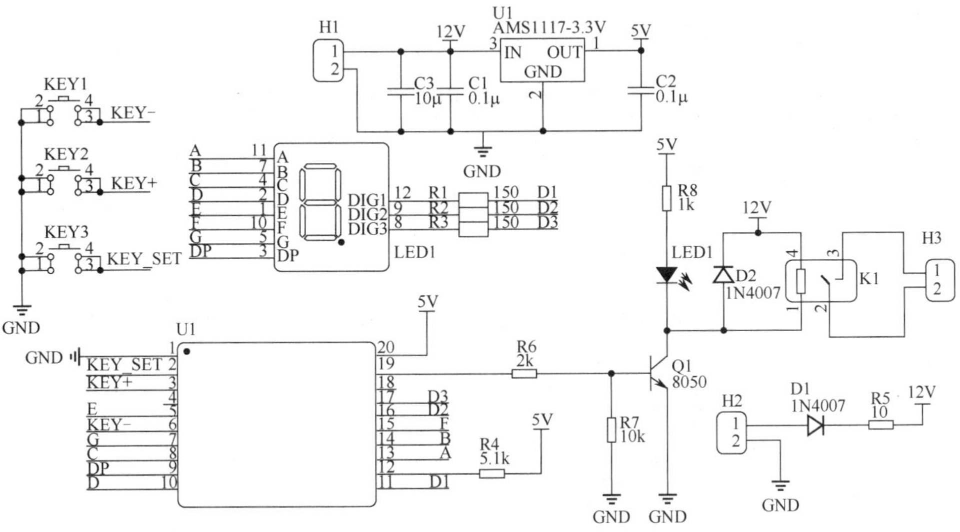

图 6-6　温控器电路原理图

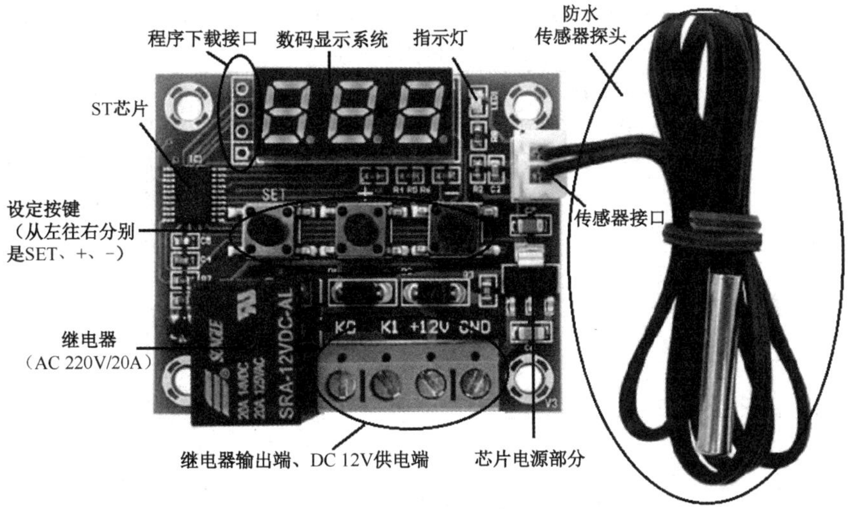

图 6-7　温控器电路安装效果图

4．温控器的技术参数

表 6-12 是温控器技术参数表，其能满足本任务的控制范围、测温精度、控制精度、刷新周期等要求。

表 6-12　温控器技术参数表

说明内容	参数值	说明内容	参数值
产品名称	温控器	回差精度	-20～50℃
产品型号	XH-W1209	刷新周期	0.5s
控制范围	-50～110℃	测量输入	NTC（10k/0.5%）防水型
分辨率	-9.9～99.9℃时为 0.1℃，其他情况为 1℃	环境要求	温度-10～60℃，湿度 20%～85%
测温精度	0.1℃	处理器	STM8S003F3P6
控制精度	0.1℃	输入电源	DC 5V/12V

（三）温控器电路的调试过程（表 6-13）

表 6-13　温控器电路的调试过程

调试步骤	操作过程
温控器设定	P0 制冷/加热模式： 长按 SET 键 5 秒显示 P0，按一次 SET 键设置工作模式，长按 SET 键或者 10 秒无按键动作，自动确认完成
	P1 回差设定： 长按 SET 键 5 秒显示 P0，按“＋”“－”键切换到 P1，按一次 SET 键设置回差值，按“＋”“－”键设置回差值为 0.1～15，完成后按一次 SET 键返回，长按 SET 键或者 10 秒无按键动作，自动确认完成
	P2 最高温设置： 为避免他人误操作导致设定温度过高发生危险，温控器有最高温设置功能
	P3 最低温设置： 为避免他人误操作导致温度过低发生冰堵，温控器有最低温设置功能
	P4 温度校正： 当测量温度和标准温度之间有偏差，或者使用者有特殊需求时，可以使用此功能校正温度，校正后的温度=校正前的温度+校正值
	P5 延时启动时间： 当制冷器或加热器工作有延时需要时，可开启延时功能 长按 SET 键 5 秒显示 P0，按“＋”“－”键切换到 P5，按一次 SET 键设置延时启动时间，单位是分钟，按“＋”“－”键设置 0～10 分钟，完成后按一次 SET 键返回，长按 SET 键或者 10 秒无按键动作，自动确认完成
温控器设定	恢复出厂设置： 在关机状态下，同时按住“＋”和“－”键，然后开机，即可将所有参数恢复为出厂设定值

（四）温控器产品的安装

1．安装方法

（1）温控器探头（热电偶或热电阻传感器）应尽量垂直安装在水平或垂直管道上，安装时应有保护套管，以方便检修和更换。

（2）热电偶的冷端应处在同一环境温度下，应使用同型号的补偿导线，且正、负极要接对。测量管道内温度时，元件应在管道中心线上（保护管插入深度应为管径的一半）。

（3）高温区应使用耐高温电缆或耐高温补偿线。接线要合理、美观，表针指示要正确。

2．安装注意事项

（1）应安装在易操作的地方。

（2）应安装在能避开冷源、热源、风道的地方。温控器安装高度在 1.4m 左右（与灯的开关在同一水平线上），与门窗的距离应大于 0.8m。

（3）在选定的位置预埋线盒，普通的 86 型开关线盒即可，并引出线管。

任务实施

本任务实施分为六步，请根据任务要求逐步完成（表 6-14）。

表 6-14　任务实施

<table>
<tr><th>步　骤</th><th>任务内容</th><th>任务要求</th></tr>
<tr><td>1</td><td>明确任务实施要求</td><td>小组合作学习，做到人人参与，规范操作，认真完成并及时提交任务笔记</td></tr>
<tr><td>2</td><td>收货检验</td><td>请对照材料清单和组件进行收货检验，在下表中记录结果，如有误应及时报告
<table>
<tr><th>序　号</th><th>名　称</th><th>规　格</th><th>标　称</th><th>数　量</th><th>清点情况</th></tr>
<tr><td></td><td></td><td></td><td></td><td></td><td></td></tr>
<tr><td></td><td></td><td></td><td></td><td></td><td></td></tr>
<tr><td></td><td></td><td></td><td></td><td></td><td></td></tr>
<tr><td></td><td></td><td></td><td></td><td></td><td></td></tr>
<tr><td></td><td></td><td></td><td></td><td></td><td></td></tr>
<tr><td></td><td></td><td></td><td></td><td></td><td></td></tr>
<tr><td></td><td></td><td></td><td></td><td></td><td></td></tr>
</table></td></tr>
<tr><td>3</td><td>查阅资料回答问题</td><td>查阅说明书等资料，按要求回答任务笔记中的辅助问题</td></tr>
<tr><td>4</td><td>检测</td><td>根据热电式传感器的结构、检测方法及任务要求进行检测，并将检测数据记入任务笔记</td></tr>
<tr><td>5</td><td>电路安装</td><td>根据热电式传感器应用电路安装图画出电路布局图，记入任务笔记。进行电路安装，注意接线正确、操作规范。安装完成后检测电路各部件安装与布线的准确性、牢固性和稳定性</td></tr>
<tr><td>6</td><td>电路调试</td><td>调试通电必须征得教师同意。调试电路实现功能，并将调试数据记入任务笔记</td></tr>
</table>

任务笔记

任务笔记见表 6-15。

表 6-15　任务笔记

<table>
<tr><th colspan="3">热电式传感器的安装调试笔记</th></tr>
<tr><td colspan="3">班级：　　　　组别：　　　　组长：　　　　组员：</td></tr>
<tr><th>任　务</th><th>笔记内容</th><th>完成人及完成时间</th></tr>
<tr><td rowspan="2">回答辅助问题</td><td>1．简述 Pt100 热电式传感器的质量检测方法</td><td></td></tr>
<tr><td>2．查阅资料，写出三线制热电式传感器的优点</td><td></td></tr>
<tr><td>检测调试</td><td>1．根据热电式传感器检测方法进行零点检测
<table>
<tr><th>零点检测记录波形</th><th>示波器</th><th>频率器</th><th>毫伏表</th></tr>
<tr><td></td><td>时间挡：
幅度挡：
峰峰值：</td><td>频率：
周期：</td><td>输出电压值：</td></tr>
</table></td><td></td></tr>
</table>

续表

<table>
<tr><th>任　务</th><th>笔 记 内 容</th><th>完成人及完成时间</th></tr>
<tr><td>检测调试</td><td>2．根据热电式传感器检测方法进行标准热源检测
<table><tr><th>标准热源检测记录波形</th><th>示波器</th><th>频率器</th><th>毫伏表</th></tr><tr><td></td><td>时间挡：
幅度挡：
峰峰值：</td><td>频率：
周期：</td><td>输出电压值：</td></tr></table></td><td></td></tr>
<tr><td>画出电路</td><td>画出热电式传感器的等效电路</td><td></td></tr>
</table>

任务评价

任务评价表见表 6-16。

表 6-16　任务评价表

序　号	评 价 要 点	配　分	得　分	总　评
1	任务学习工具、资料、知识等准备充分	10		A（80 分及以上）□ B（70～79 分）□ C（60～69 分）□ D（59 分及以下）□
2	能正确检测热电式传感器	5		
3	能正确安装热电式传感器及应用电路	15		
4	能正确调试热电式传感器及应用电路	20		
5	能认真完成任务笔记并及时提交	20		
6	信息化意识强，能熟练查阅所需资料	10		
7	小组学习氛围浓厚，沟通协作好	10		
8	具有规范操作的职业习惯	10		

任务小结

请总结本任务完成过程中的优、缺点，并提出改进计划，填写表 6-17。

表 6-17　任务小结

完 成 事 项	优　点	缺　点	改 进 计 划
任务准备			
任务实施			
任务笔记			
其他			

任务 3　热电式传感器的维护

任务描述

2019 年 5 月 22 日晚，从天津飞往乌鲁木齐的某航班在天津机场起飞后不久返航。事后通报称，该飞机起飞后刹车温度监控系统出现故障。在飞机刹车温度监控系统中，热电偶可用于实时监控刹车温度，以便第一时间发现潜在的刹车毂卡阻或刹车刹死情况。如果系统监测数据的精确度下降或无法实现监测，则可能造成安全事故。按行业规定，必须定期进行系统检测、维护，以避免因设备故障引发安全事故。

请对本任务中提供的温控器进行故障检修、维护。

任务目标

- 能识读热电式传感器及应用产品说明书；
- 能使用常用弱电、网络测试安装工具；
- 能检测电路导线和数据线通断；
- 能判断热电式传感器应用电路的常见故障，并能排除简单故障；
- 能对热电式传感器进行日常维护；
- 养成规范操作的职业习惯，具有良好的安全意识、环保意识、节能意识。

任务准备

一、学习工具

学习工具包括手机、万用表、示波器、热电式传感器应用电路等。

二、任务所需相关知识

（一）热电式传感器的日常维护

热电式传感器须根据其工作原理、应用场所等进行维护。

本任务中温控器的日常维护主要考虑防水、位置限制等方面，具体见表 6-18。

表 6-18　温控器的日常维护方法

序　号	项　目	日常维护方法
1	防水	主要考虑温控器探头防水
2	温度	工作温度范围为-50～110℃
3	位置限制	应避免温控器探头处于被测物的温度死角，需要定期检查
4	清洁度	定期检查温控器探头的清洁度，避免污物影响测量精度
5	强干扰	做好导线接头的防护，避免电磁和强振动源干扰，用膨胀螺栓进行固定

（二）热电式传感器常见故障检修

1．温控器的常见故障及排除方法

温控器的常见故障主要有无法检测介质温变、温控系统不工作或一直处于制热（制冷）工作模式、温控系统灵敏度不高、误差较大等，常见故障及排除方法见表 6-19。

表 6-19　温控器的常见故障及排除方法

序　号	故 障 现 象	故障分析及排除方法
1	无法检测介质温变	检查探头的密封性，以及探头安装是否正确（是否插入被测介质内部）。检查电源，如电源供电正常，则改变环境温度测量探头电阻值的变化情况。若无变化，则说明探头已损坏；若有变化，则说明探头良好

续表

序号	故障现象	故障分析及排除方法
2	温控系统不工作或一直处于制热（制冷）工作模式	检查接线方式是否正确，负载电路是否正常，产品工作模式、回差值、限制值、温度校正等设置是否正确
3	温控系统灵敏度不高	检查产品接线方式（产品信号常闭输出端和公共端）是否正确，检测零位是否有输出，检查周围是否有强电磁干扰，检查探头的清洁度，检查探头是否处于被测物的温度死角，检查产品的温度校正设置情况
4	误差较大	检查产品的安装位置，不能接近热源或通风口；检查信号输出接线端子是否接触不良；检查探头的清洁度，是否表面有灰或处于被测物的温度死角

2．其他热电式传感器的常见故障及排除方法（表 6-20）

表 6-20　其他热电式传感器的常见故障及排除方法

序号	故障现象	故障分析及排除方法
1	被测介质温度升高或降低时输出没有变化	可能是热电式传感器没有密封好或者热电式传感器损坏，需要检查气密性或者更换热电式传感器
2	输出信号不稳定	温度源的温度本来就在变化。如果热电式传感器显示不稳定，可检查热电式传感器的抗干扰能力或接线端是否松动
3	输出误差大	（1）安装位置问题：安装位置不能靠近门或者热源，插入深度应为保护管直径的 8～10 倍。不能把探头和动力电缆装在同一根导管内，以免引入干扰造成误差 （2）绝缘问题：保护管和拉线板上污垢或盐渣过多，致使热电偶极间与炉壁间绝缘不良，在高温下更为严重，这不仅会引起热电势的损耗，而且会引入干扰，由此引起的误差有时可达 100℃
3	输出误差大	（3）热阻误差：高温时，保护管上有灰，阻碍热传导，这时温度示值比被测温度的真值小。因此，应保持热电偶保护管外部清洁，以减小误差 （4）热惰性引入的误差：热电偶的热惰性会使仪表的指示值落后于被测温度的变化，在进行快速测量时这种影响尤为突出。所以应尽可能采用热电极较细、保护管直径较小的热电偶。测温环境许可时，甚至可将保护管除去

任务实施

本任务实施分为五步，请根据任务要求逐步完成（表 6-21）。

表 6-21　任务实施

步骤	任务内容	任务要求
1	明确任务实施要求	小组合作学习，做到人人参与，规范操作，认真完成并及时提交任务笔记
2	查阅资料回答问题	查阅热电式传感器及应用电路说明书、热电式传感器维护方法和常见故障等资料，按要求回答辅助问题，并填入任务笔记
3	线路检测	进行电路导线和数据线通断检测，并将检测情况记入任务笔记
4	自设故障观察现象	小组自设故障，观察故障现象，并将观察结果记入任务笔记
5	互设故障排除故障	小组互设故障，自行查阅资料进行故障检修，并填写任务笔记中的检修报告

任务笔记

任务笔记见表 6-22。

表 6-22　任务笔记

<table>
<tr><td colspan="3">热电式传感器的维护笔记</td></tr>
<tr><td colspan="3">班级：　　组别：　　组长：　　组员：</td></tr>
<tr><td>任　务</td><td>笔 记 内 容</td><td>完成人及完成时间</td></tr>
<tr><td>回答辅助问题</td><td>热电式传感器日常维护的主要事项有哪些？</td><td></td></tr>
<tr><td>线路检测</td><td>1．通断检测电路，记录检测现象：______________
____
2．通断数据线路，记录检测现象：______________
______________</td><td></td></tr>
<tr><td>自设故障观察现象</td><td>1．设置的故障：______________
2．观察到的故障现象：______________
____
3．电路检测数据（见下表）</td><td></td></tr>
<tr><td>互设故障排除故障</td><td>1．故障现象：______________
____
2．故障检测过程：______________
____
3．故障点：______________
____
4．故障排除方法：______________
______________</td><td></td></tr>
</table>

<table>
<tr><td>标准热源检测记录波形</td><td>示波器</td><td>频率器</td><td>毫伏表</td></tr>
<tr><td></td><td>时间挡：
幅度挡：
峰峰值：</td><td>频率：
周期：</td><td>输出电压值：</td></tr>
</table>

任务评估

任务评价表见表 6-23。

表 6-23 任务评价表

序号	评价要点	配分	得分	总评
1	任务学习工具、资料、知识等准备充分	10		A（80 分及以上） □ B（70～79 分） □ C（60～69 分） □ D（59 分及以下） □
2	能正确进行导线和数据线通断检测	10		
3	能排除简单故障	20		
4	能认真完成任务笔记并及时提交	30		
5	信息化意识强，能熟练查阅所需资料	10		
6	小组学习氛围浓厚，沟通协作好	10		
7	具有规范操作的职业习惯	10		

任务小结

请总结本任务完成过程中的优、缺点，并提出改进计划，填写表 6-24。

表 6-24 任务小结

完成事项	优点	缺点	改进计划
任务准备			
任务实施			
任务笔记			
其他			

任务 4 总结与交流

任务描述

根据热电式传感器的选型、安装、调试、日常维护等任务的完成情况，确定小组成果展示方案，并对其他小组的成果进行公平、客观的评价。结合其他小组人员和教师的评价与建议，对本小组任务完成过程中存在的优缺点进行总结归纳，制订改进计划。

任务目标

- 善于总结、反思、改进；
- 能通过多种形式进行成果展示；
- 能虚心接受他人的建议；
- 能客观、公正地评价，提出建议；
- 展现、沟通能力得以提升；
- 具有团队和竞争意识。

任务准备

准备工作页、书面总结、工件、白板、纸张、PPT 等。

任务实施

本任务实施分为六步，请根据任务要求逐步完成（表 6-25）。

表 6-25　任务实施

步　骤	任务内容	任务要求
1	明确任务实施要求	总结全面，充分准备展示素材，展示语言流畅、思路清晰，评价客观、公正，提出合理建议
2	任务总结	全面总结所有任务完成情况、存在的问题，提出改进计划等，并记入任务笔记，素材准备充分
3	确定汇报方案	包括汇报人、汇报方式、汇报内容等，并记入任务笔记
4	成果汇报	语言流畅、思路清晰，形式多样化，可以用图片、PPT、学习视频片段等
5	三方评价	进行自评、组评和师评，评价客观、公正
6	提出建议	对其他组提出建议，认真听取其他组对本组的建议，并记入任务笔记

任务评价

评价由三部分组成，即学生自评、小组评价（组评）和教师评价（师评）。按照自评占20%，组评占30%，师评占50%计算总分，见表 6-26。

表 6-26　任务评价表

评价内容	配　分	得分			总评等级
		自　评	组　评	师　评	
纪律观念	10 分				A（80 分及以上）□ B（70～79 分）□ C（60～69 分）□ D（59 分及以下）□
学习态度	10 分				
协作精神	10 分				
文明规范	10 分				
笔记质量	10 分				
实践动手能力	20 分				
解决问题能力	20 分				
语言表达能力	10 分				
评分小计	100 分				

任务笔记

任务笔记见表 6-27。

表 6-27　任务笔记

成果汇报展示笔记		
班级：　　组别：　　组长：　　组员：		
任　务	笔记内容	完成人及完成时间
任务总结	1．任务完成情况 2．存在的问题 3．改进计划	

续表

任　务	笔记内容	完成人及完成时间
成果展示方案	1. 汇报人 ______ ______ 2. 汇报方式 ______ ______ 3. 汇报内容 ______ ______	
记录建议	1. 同学说 ______ ______ 2. 老师说 ______ ______	

项目七　光纤传感器

情景描述

四川乐山大佛经过 1300 多年的风吹日晒，胸口处有开裂的痕迹。2018 年 10 月 8 日，乐山大佛景区管委会开始对乐山大佛进行全面体检，首次在石窟寺病害勘测中采用光纤监测系统。该系统可以精准地检测出乐山大佛体内渗水的细微变化，及时发现并处理问题。其中用到了一种光纤传感器——光纤光栅传感器。

本项目将介绍光纤传感器的选型、安装、调试、维护等知识和技能。

项目目标

- 了解光纤的基本特性；
- 了解光纤传感器的结构、工作原理、分类及特点；
- 能根据应用需求合理选用光纤传感器；
- 能安装、调试、维护光纤传感器，排除常见故障；
- 具有自主学习、总结反思能力，在学习过程中培养团队协作意识；
- 养成规范操作的职业习惯，具有良好的安全意识、环保意识、节能意识。

建议学时

6 学时

任务 1　光纤传感器的选型

任务描述

产品检测是光纤传感器的典型应用，适用于食品、医疗、化工、汽车等行业中需要实现自动化检测的重要工序。某食品工厂需要自动化分类存放食品，要求检测探头为套管型，检测方式为反射型，检出方向为顶视，检测食品的距离为 30mm，根据食品包装的颜色进行分类。请根据上述要求为食品自动化分类系统选择合适的光纤传感器。

任务目标

- 了解光纤传感器的原理、结构、常见类型及应用；
- 了解光纤的分类及特性；
- 能识别常用光纤传感器；
- 能根据不同环境选择不同的光纤传感器；
- 养成规范操作的职业习惯，具有良好的安全意识、环保意识、节能意识。

任务准备

一、学习工具

学习工具包括手机、光纤传感器、相关技术手册等。

二、任务所需相关知识

（一）光纤传感器简介

1．光纤传感器的特点、种类

光纤传感器以光纤的导光原理为基础，利用光波来传递信息。光纤传感器是一种把被测对象的状态转变为可测的光信号的装置，在机械、电子、航空航天、化工、生物医学、电力、交通、食品、军事等领域的自动控制、在线检测、故障诊断、安全报警等方面都有广泛应用。它的主要特点是抗电磁干扰、耐腐蚀、灵敏度高、体积小、电绝缘、测量对象广泛、外形可变、成本低。常用光纤传感器如图 7-1 所示。

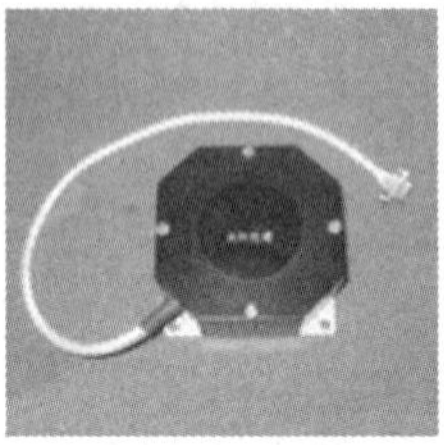

（a）光纤陀螺传感器

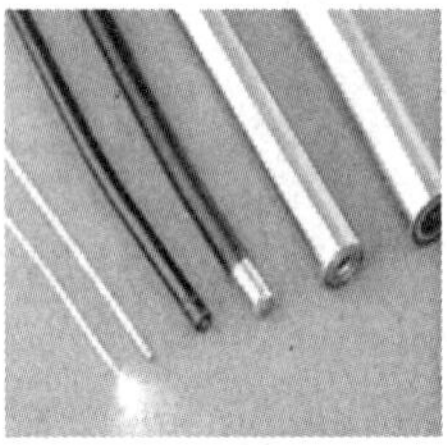

（b）光纤胃镜

（c）光纤压力传感器

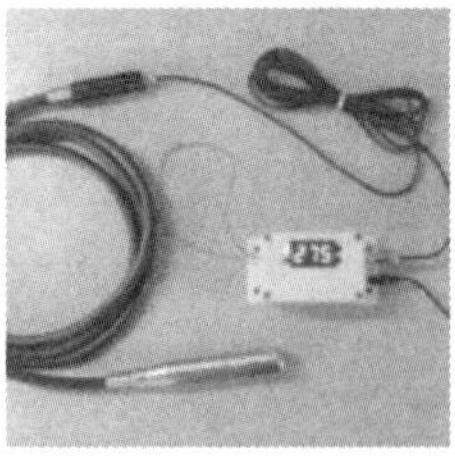

（d）光纤液位传感器

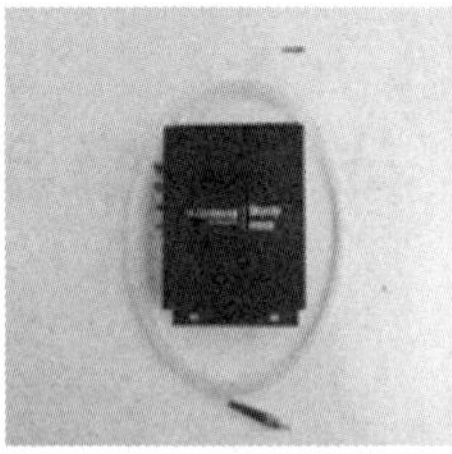

（e）荧光光纤温度传感器

（f）光纤位移传感器

图 7-1　常用光纤传感器

2．光纤的分类、特性

光纤是光导纤维的简称，是一种由玻璃或塑料制成的纤维，依靠光的全反射原理来传输光信号。光纤呈圆柱形，由纤芯和包层组成，如图 7-2 所示。

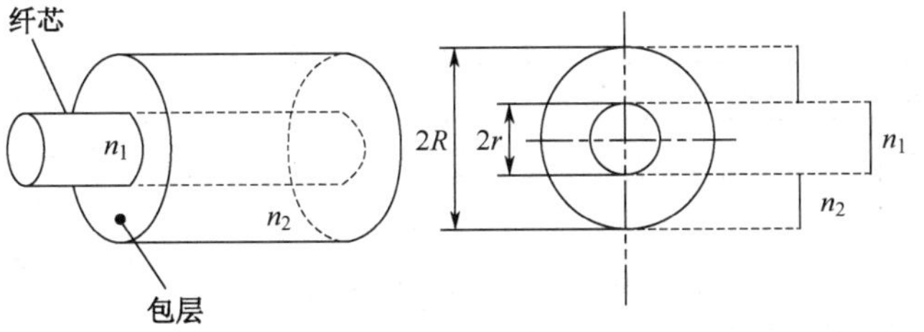

图 7-2　光纤的基本结构

纤芯位于光纤的中心，光信号主要在这里传输。光纤的导光能力主要取决于纤芯和包层的性质，即它们的折射率。纤芯的折射率 n_1 稍大于包层的折射率 n_2。两层之间形成了良好的光学界面，光线在这个界面上全反射传播，这就是光纤导光原理，如图 7-3 所示。

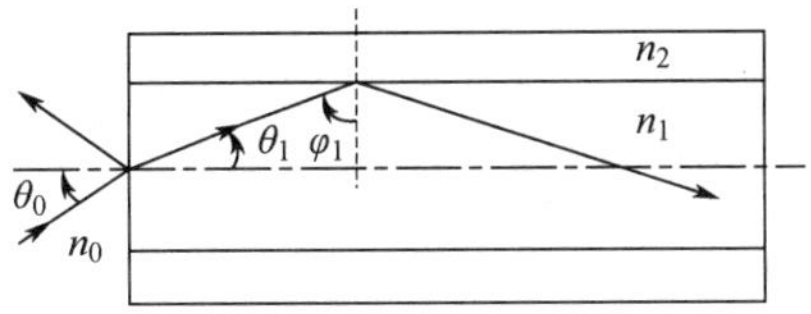

图 7-3　光纤导光原理

光纤的分类、特点及性能见表 7-1。

3．光纤传感器的结构、测量电路

光纤传感器由发光器、敏感元件（光纤或非光纤）、光接收器、信号处理系统等构成。光纤传感器的种类很多，本任务以光纤位移传感器和光纤压力传感器为例说明其结构。光纤位移传感器属于非功能性传感器，具有探头小、响应速度快、测量线性化（在小位移范围内）等优点，可在小位移范围内进行高速位移检测。它采用 Y 型结构，光纤探头分为两束，分别作为光源光纤和接收光纤，光纤只起传输作用。光发射器发出的光经光源光纤照射至反射面，被反射的光经接收光纤传至光电转换器，被转换为电信号。其输出的光强取决于反射面与光纤探头之间的距离，通过对光强的检测得到位移量。光纤位移传感器的结构如图 7-4 所示。

表 7-1　光纤的分类、特点及性能

分　类	种　类	结构特点	主要性能参数
按制作材料分类	石英玻璃光纤	石英玻璃光纤传输波长范围大，适用于紫外到红外各波长信号及能量的传输，损耗低、光纤数值孔径大，光纤芯径大，机械强度高，弯曲性能好，容易与光源耦合	（1）数值孔径（NA）：表示光纤的集光能力。数值孔径较大，有利于耦合效率的提高，但数值孔径太大时，光信号的畸变会加重 （2）光纤传播模式：指光波沿光导纤维传播的途径和方式 （3）传播损耗：光纤纤芯材料的吸收、散射及光纤弯曲处的辐射造成的损耗 ① 吸收损耗：光纤材料吸收光能并转化成其他形式的能量 ② 散射损耗：光纤中存在微小颗粒和气孔等
	全塑光纤	通用新型光纤，损耗大，纤芯粗，数值孔径大，制造成本较低，适合于较短距离的应用	
根据光纤的传输模式数目分类	单模光纤	只能传输一种模式，纤芯直径很小，这种光纤传输性能好，频带很宽，制成的单模光纤传感器线性度好、灵敏度高。缺点是连接、耦合、制造困难	
	多模光纤	可以传输多种模式，纤芯直径较大，容易制造，但性能较差，频带较窄	

续表

分　　类	材料种类	结构特点	主要性能参数
根据纤芯径向的折射率分类	阶跃折射率光纤	纤芯和包层之间的折射率是突变的	③ 光纤弯曲损耗：与光纤的机械强度有关，是使用过程中可能产生的一种损耗 (4) 色散：这是影响光纤信息容量的重要参量，但对于大多数传感器，不存在信息容量的问题 (5) 光纤的强度：要求光纤有较高的强度
	渐变折射率光纤	横截面中心处折射率最大，由中心向外折射率逐渐减小，通常折射率变化为抛物线型，又称梯度型	

光纤压力传感器如图 7-5 所示，当齿形板受外部扰动时，光纤的微弯程度随之变化，从而导致输出光功率的改变，通过光检测器检测到的光功率变化来间接地测量外部压力的大小。

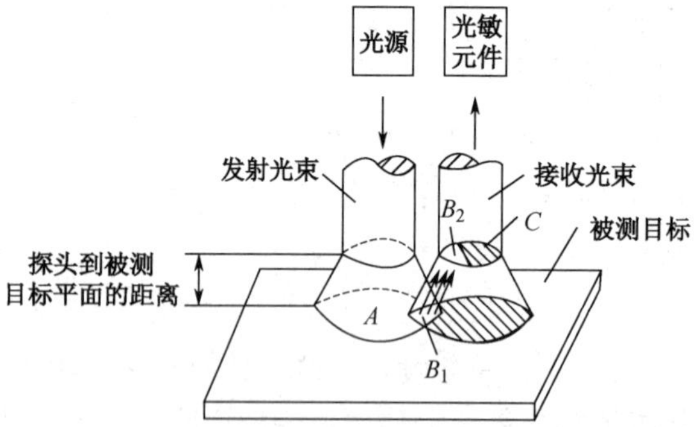

图 7-4　光纤位移传感器的结构

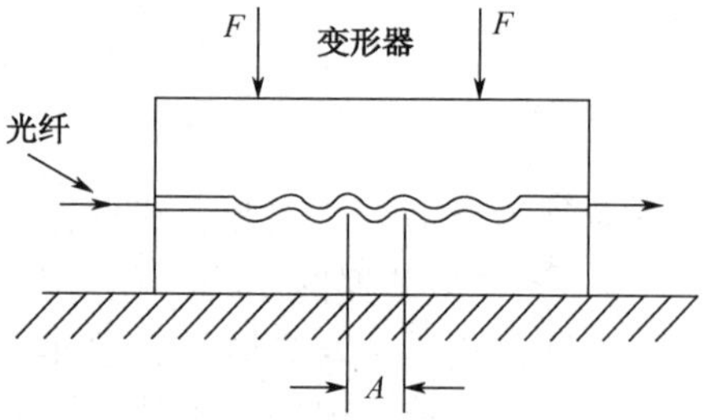

图 7-5　光纤压力传感器

（二）光纤传感器的应用

光纤传感器的应用案例见表 7-2。

表 7-2　光纤传感器的应用案例

应用案例	实物图
工业自动化检测系统：采用塑料或玻璃光纤传感器来引导光线，以实现检测	
石油压力检测系统：为了减少石油开采损失，对油藏压力的管理需要特别谨慎，可以引入光纤压力传感器对比进行检测	
军事定位系统：深山中没有信号，一般采用 GPS 与航位推算系统相结合的办法弥补 GPS 失去卫星定位信号而产生的数据空缺。航位推算系统是由光纤陀螺传感器和里程计组成的一种自主式导航系统，完全依靠车载设备自主完成导航任务，不易受周围环境的干扰和影响，能够保证连续定位	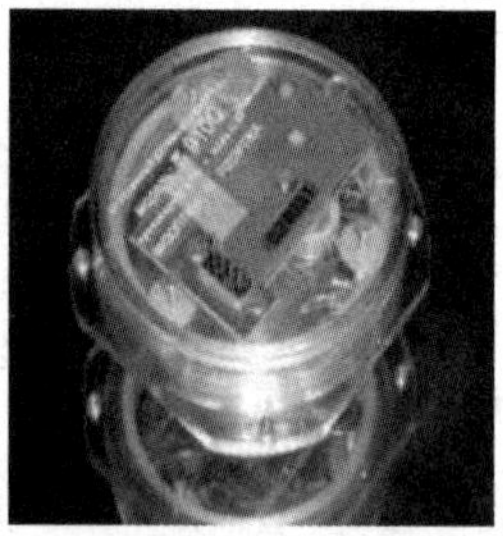

续表

应 用 案 例	实 物 图
医用癌症检测系统：由于光纤的电绝缘性，光纤传感器探头不干扰射频或微波发射产生的加热场，将光纤温度计引入该治疗领域，通过皮下注射针头或导管将光纤温度计探头插入癌症患者体内，对病变肿瘤的温度进行监测和控制	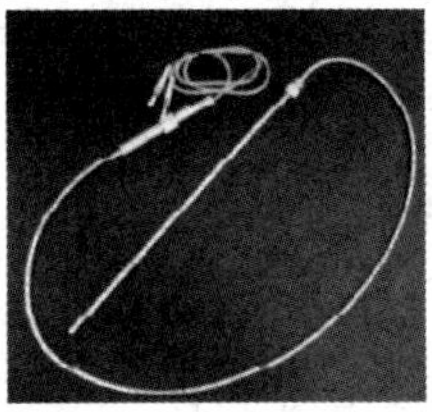
电力检测系统：光纤电流传感器可以检测电力传输的速率及能耗，发现电力传输系统的不足及漏洞，从而第一时间进行维护与检修	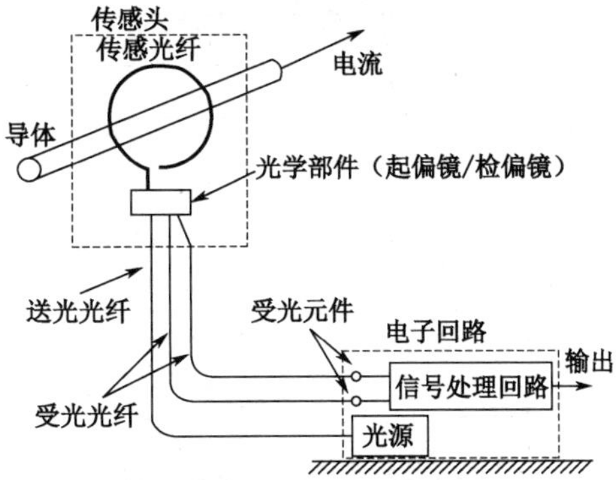 

（三）光纤传感器的型号命名方法

光纤传感器种类很多，下面以光纤位移传感器和光纤压力传感器为例进行介绍。

1．光纤位移传感器的命名

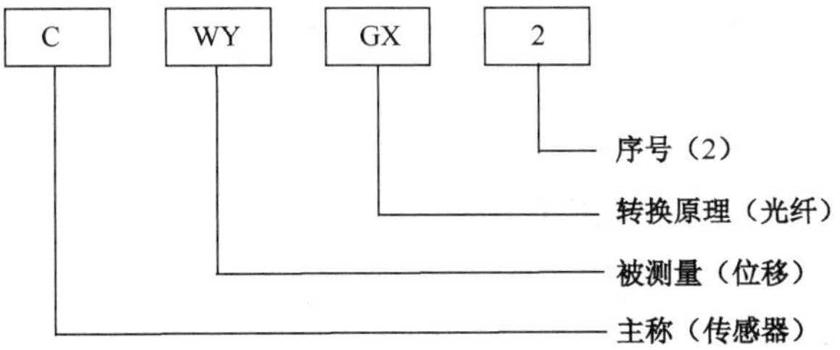

2．光纤压力传感器的命名

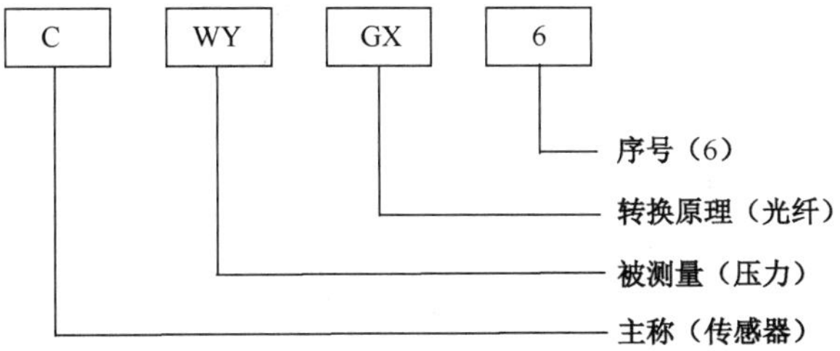

（四）光纤传感器的选用

1．选用依据

选用光纤传感器时，首先应根据应用场景的具体需求确定其性能指标，其次必须符合实际应用的国家标准、行业标准及企业标准的要求。光纤传感器的性能指标见表 7-3，现行相关技术标准见表 7-4。

表 7-3　光纤传感器的性能指标

序　号	性能指标	选用依据
1	灵敏度	不同品牌的产品质量不一样，灵敏度也不一样
2	光纤使用长度	光纤越短，聚光性能越好，衰减系数越小
3	纤芯直径	纤芯直径决定光纤传感器检测的精确度，纤芯直径越大，测量范围越大，精确度越低；纤芯直径越小，测量范围越小，精确度越高
4	检测距离	光纤的检测距离一般以毫米为单位，距离过长，光纤传感器会检测不到物体
5	检测方式	光纤传感器的检测方式分为对射型、反射型、小光点反射型、对射一体型、带透镜对射型、反射一体型、限定反射型、回归反射型、液位检测型（耐热型），可根据具体要求选择
6	探头	光纤传感器的探头分为螺纹型、方型、圆柱型、扁平型、套管型等，可根据实际要求选择
7	检出方向	光纤传感器的检出方向分为直角、直线、顶视、侧视、平视，可根据要求进行选择

表 7-4　光纤传感器现行相关技术标准

标准名称	标准号
《光纤传感器　第 1 部分：总规范》	GB/T 18901.1—2002
《光纤温度传感器通用规范》	SJ 20832—2002
《光纤传感器通用规范》	GJB 7395—2011
《光纤速度传感器通用规范》	SJ 20936—2006

2．选型

在实际选型过程中，须结合实际应用场景、性能指标、选用依据、相关技术标准等方面的要求，选择满足需求且性价比高的光纤传感器。

任务实施

本任务实施分为四步，请根据任务要求逐步完成（表 7-5）。

表 7-5　任务实施

步　骤	任务内容	任务要求
1	明确任务实施要求	小组合作学习，做到人人参与，规范操作，认真完成并及时提交任务笔记
2	查阅资料回答问题	查阅光纤传感器的相关信息，回答下列问题，并记入任务笔记 （1）说出光纤传感器使用的材料及材料特性 （2）说出光纤传感器的结构、工作原理 （3）说出光纤传感器型号的意义 （4）列举光纤传感器的应用领域

续表

<table>
<tr><th>步　骤</th><th>任务内容</th><th>任务要求</th></tr>
<tr><td>3</td><td>确定参数</td><td>请根据本任务中食品自动化分类系统的需求，查阅相关资料，写出光纤传感器的下列性能指标
<table>
<tr><th>性能指标</th><th>标称值</th><th>性能指标</th><th>标称值</th></tr>
<tr><td>灵敏度调整方式</td><td></td><td>探头类型</td><td></td></tr>
<tr><td>响应时间</td><td></td><td>检测距离</td><td></td></tr>
<tr><td>连接方式</td><td></td><td>导线长度</td><td></td></tr>
<tr><td>型号</td><td></td><td>输出信号</td><td></td></tr>
<tr><td>检测方式</td><td></td><td>光源（发光波长）</td><td></td></tr>
<tr><td>检出方向</td><td></td><td>电源电压</td><td></td></tr>
</table></td></tr>
<tr><td>4</td><td>选型</td><td>根据以上确定的性能指标，通过光纤传感器产品型号手册或二维码查询，选出合适的产品类型、型号等记入任务笔记</td></tr>
</table>

任务笔记

任务笔记见表 7-6。

表 7-6　任务笔记

<table>
<tr><th colspan="3">光纤传感器的选型笔记</th></tr>
<tr><td colspan="3">班级：　　　组别：　　　组长：　　　组员：</td></tr>
<tr><td>任　务</td><td>笔 记 内 容</td><td>完成人及完成时间</td></tr>
<tr><td rowspan="4">回答辅助问题</td><td>1．光纤传感器使用的材料：________
____
____
该材料的主要特性：________
____
________</td><td></td></tr>
<tr><td>2．光纤传感器的结构组成：________
____
____
光纤传感器的工作原理：________
____
________</td><td></td></tr>
<tr><td>3．光纤传感器的型号：________
光纤传感器型号的意义：________
CY-GX 的意义：________
CV-GX 的意义：________
CZD-GX 的意义：________</td><td></td></tr>
<tr><td>4．光纤传感器的应用领域：________
____
________</td><td></td></tr>
</table>

续表

任　务	笔 记 内 容	完成人及完成时间
选型	1. 请根据光纤传感器选型方法，为本任务中的系统选择合适的光纤传感器，完成如下信息记录 类型是____________ 品牌是____________ 型号是____________ 2. 简述选型方法：____________ ____________ ____________ ____________	

任务评价

任务评价表见表 7-7。

表 7-7　任务评价表

序　号	评 价 要 点	配　分	得　分	总　评
1	任务学习工具、资料、知识等准备充分	10		A（80 分及以上）□ B（70～79 分）□ C（60～69 分）□ D（59 分及以下）□
2	能根据任务要求完成光纤传感器的选型	30		
3	能认真完成任务笔记并及时提交	30		
4	信息化意识强，能熟练查阅所需资料	10		
5	小组学习氛围浓厚，沟通协作好	10		
6	具有规范操作的职业习惯	10		

任务小结

请总结本任务完成过程中的优、缺点，并提出改进计划，填写表 7-8。

表 7-8　任务小结

完 成 事 项	优　点	缺　点	改 进 计 划
任务准备			
任务实施			
任务笔记			
其他			

任务 2　光纤传感器应用电路的安装与调试

任务描述

自动化生产设备通过光纤传感器来识别、检测工件，根据不同颜色进行分拣。不同类型的光纤传感器，应根据其工作原理、工程具体要求和实际条件，本着性能稳定、性价比最高的原则，兼顾稳定性和抗干扰能力进行安装、调试。

请根据本任务提供的欧姆龙 E3X-NA 光纤位移传感器的产品安装说明书组装产品，并调节灵敏度旋钮使其满足灵敏度等参数要求，然后将产品安装在应用场所，实现工件检测、分拣功能。

任务目标

- 能识读光纤传感器应用说明书、光纤传感器接线图，并能识别和连接数据接口；
- 能检测光纤传感器的好坏；
- 能识读光纤传感器产品安装说明书和电路图，并能按图进行布局和布线；
- 能调试光纤传感器并校准；
- 能使用常用弱电、网络测试安装工具；
- 养成规范操作的职业习惯，具有良好的安全意识、环保意识、节能意识。

任务准备

一、学习工具

学习工具包括手机、光纤传感器及应用电路套件、常用弱电和网络测试安装工具等。

二、任务所需相关知识

（一）光纤位移传感器的检测和接线方式

1．光纤位移传感器的检测

光纤位移传感器的检测方法见表 7-9。

表 7-9　光纤位移传感器的检测方法

类　别	检 测 方 法	图　例
外观检查	（1）外观应无明显的瑕疵、划痕，接头螺纹应无毛刺、锈蚀和损伤，插件应接触可靠 （2）外形尺寸和参数特性应符合相关的国家标准	
灵敏度检测	电路连接好以后将物料放置在探头处，观察光纤放大器上面的 LED 光亮条，如果光亮条亮得多，说明对该物料的感应很灵敏	

2．光纤位移传感器的接线方式

光纤位移传感器有 3 根线，分别为棕色线、蓝色线、黑色线。棕色线接直流电源+24V，蓝色线接 0V，黑色线接信号输出端，接线方式如图 7-6 所示。

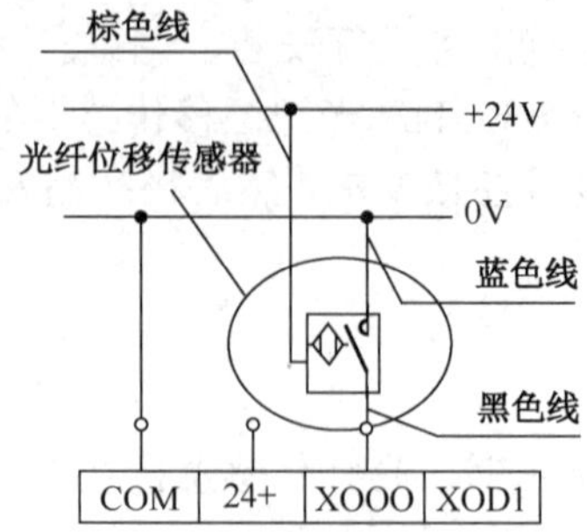

图 7-6　光纤位移传感器的接线方式

（二）食品自动化分类系统及相关电路安装

1．食品自动化分类系统

食品自动化分类系统主要由 PLC、变频器模块、触摸屏模块、控制单元模块、电源模块、传感器模块、供料单元、传送单元、输送单元、加工单元、装配单元、分料单元组成。本任务模拟的食品自动化分类系统如图 7-7 所示。

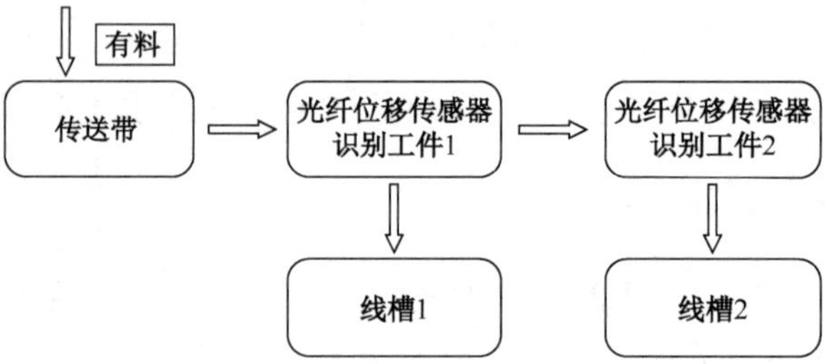

图 7-7　本任务模拟的食品自动化分类系统

2．光纤位移传感器电路

光纤位移传感器电路如图 7-8 所示。接线时应根据导线颜色判断电源极性和信号输出线，切勿把信号输出线直接接到电源+24V。

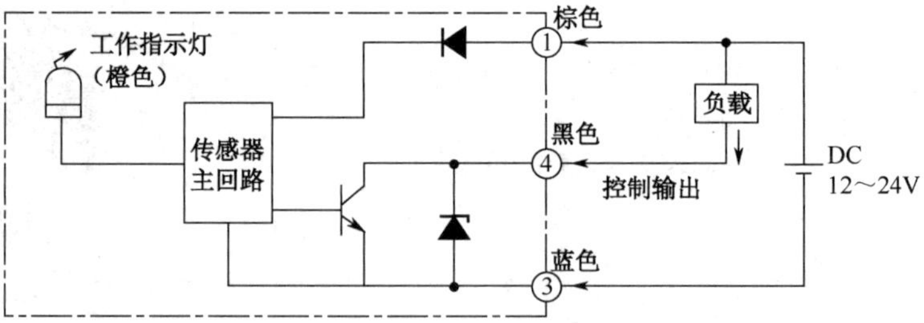

图 7-8　光纤位移传感器电路

3．光纤位移传感器电路的安装

电路安装效果图如图 7-9 所示。

4．光纤位移传感器的技术参数

表 7-10 是光纤位移传感器技术参数表，其能满足本任务提出的响应快、灵敏度高、能进行物料分拣、抗干扰等要求。

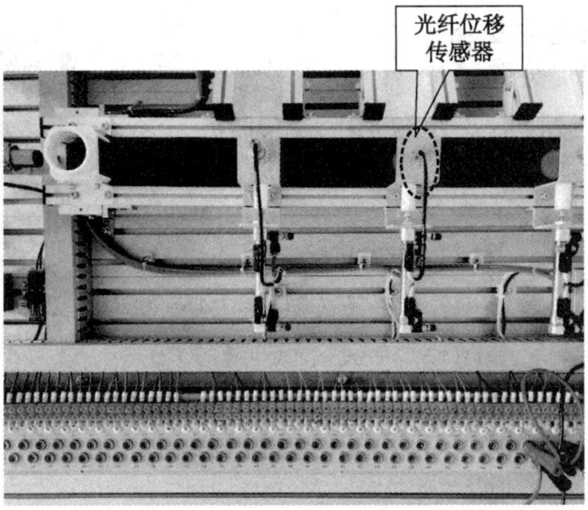

图 7-9 电路安装效果图

表 7-10 光纤位移传感器技术参数表

参　数	标 称 值	参　数	标 称 值
灵敏度调整方式	全回转旋钮（带指示器）	探头类型	套管型
响应时间	动作、复位：200μs 以下	检测距离	30mm
连接方式	导线引出型	导线长度	标准导线，长 2m
型号	E3X-NA	光纤型号	E32-DC200F4R 2M
检测方式	反射型	光源（发光波长）	红色 4 元素发光二极管（624nm）
检出方向	顶视	电源电压	DC 12～24V

（三）光纤位移传感器的调试

光纤位移传感器的调试步骤见表 7-11。

表 7-11 光纤位移传感器的调试步骤

调 试 步 骤	操 作 过 程	效 果 图
调节定时开关 ON：定时动作 OFF：定时解除 调节动作状态转换开关（L-ON/D-ON 的转换）	一般设置为 ON（定时动作）、L-ON	
观察光纤放大器上的 LED 光亮条	通电并观察	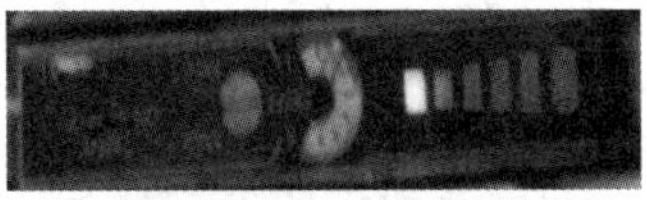
将待检测的白色工件放在对应的探头前	用专用螺丝刀顺时针旋转灵敏度调整旋钮可提高灵敏度，若光亮条亮了很多，则表示检测到白色工件	
将待检测的黑色工件放在对应的探头前	用专用螺丝刀顺时针旋转灵敏度调整旋钮可提高灵敏度，若光亮条亮了很多，则表示检测到黑色工件	

（四）光纤位移传感器的安装

1．光纤位移传感器的安装效果

光纤位移传感器的安装主要分为光纤放大器的安装和光纤的安装。光纤位移传感器安装效果如图 7-10 所示。

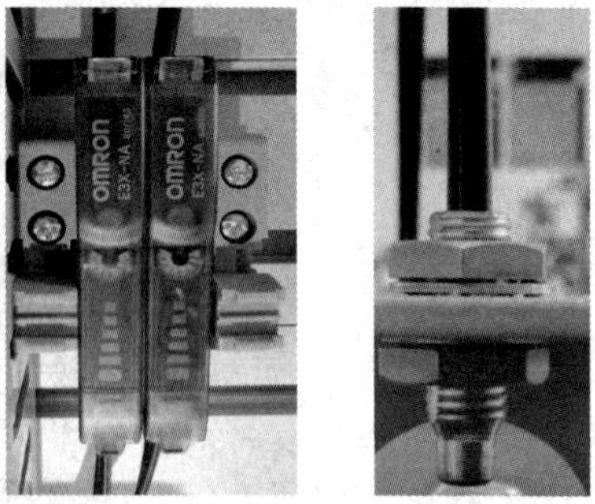

图 7-10　光纤位移传感器安装效果

2．光纤位移传感器安装注意事项

（1）安装前应仔细阅读产品说明书，以保证接线正确。

（2）安装光纤放大器时，应先将前部安装在 DIN 轨道上，再将后部压入。若安装顺序相反，会降低安装强度。

（3）安装光纤时，要先抬起保护罩，按照光纤放大器侧面的插入标记插入光纤，然后锁定。

（4）连接或拆卸时务必切断电源。

（5）光纤放大器的锁定及解锁应在-10～40℃的温度范围内进行。

（6）连接光纤时，不要用力拉伸或压缩，不要在两头进行较大的弯曲。

（7）安装时不要加压、加重。

任务实施

本任务实施分为七步，请根据任务要求逐步完成（表 7-12）。

表 7-12　任务实施

<table>
<tr><th>步　骤</th><th>任务内容</th><th>任务要求</th></tr>
<tr><td>1</td><td>明确任务实施要求</td><td>小组合作学习，做到人人参与，规范操作，认真完成并及时提交任务笔记</td></tr>
<tr><td>2</td><td>收货检验</td><td>请对照材料清单和组件进行收货检验，在下表中记录结果，如有误应及时报告
<table>
<tr><th>序号</th><th>名称</th><th>规格</th><th>标称</th><th>数量</th><th>清点情况</th></tr>
<tr><td></td><td></td><td></td><td></td><td></td><td></td></tr>
<tr><td></td><td></td><td></td><td></td><td></td><td></td></tr>
<tr><td></td><td></td><td></td><td></td><td></td><td></td></tr>
<tr><td></td><td></td><td></td><td></td><td></td><td></td></tr>
<tr><td></td><td></td><td></td><td></td><td></td><td></td></tr>
<tr><td></td><td></td><td></td><td></td><td></td><td></td></tr>
<tr><td></td><td></td><td></td><td></td><td></td><td></td></tr>
<tr><td></td><td></td><td></td><td></td><td></td><td></td></tr>
</table></td></tr>
<tr><td>3</td><td>查阅资料回答问题</td><td>查阅光纤位移传感器的安装说明书、电路原理图等资料，按要求完成辅助问题的回答</td></tr>
<tr><td>4</td><td>检测</td><td>根据光纤位移传感器的电路结构、检测方法进行检测，并将检测数据记入任务笔记</td></tr>
<tr><td>5</td><td>电路安装</td><td>根据光纤位移传感器应用电路图画出电路布局图，记入任务笔记。进行电路安装，注意接线正确、操作规范。安装完成后检测电路各部件安装与布线的准确性、牢固性和稳定性</td></tr>
<tr><td>6</td><td>电路调试</td><td>调试通电必须征得教师同意。调试电路实现功能，并将调试数据记入任务笔记。调节灵敏度旋钮，进行灵敏度校正</td></tr>
<tr><td>7</td><td>产品应用安装</td><td>查阅资料，写出光纤位移传感器安装注意事项</td></tr>
</table>

任务笔记

任务笔记见表7-13。

表7-13　任务笔记

<table>
<tr><td colspan="3">光纤位移传感器的安装调试笔记</td></tr>
<tr><td colspan="3">班级：　　　　组别：　　　　组长：　　　　组员：</td></tr>
<tr><td>任　务</td><td>笔 记 内 容</td><td>完成人及完成时间</td></tr>
<tr><td rowspan="2">回答辅助问题</td><td>查阅资料，画出电路框图</td><td></td></tr>
<tr><td>1. 光纤位移传感器应用电路安装方式有哪些？欧姆龙E3X-NA光纤位移传感器的安装方式是什么？

2. 光纤位移传感器接线方式有哪些？欧姆龙E3X-NA光纤位移传感器的接线方式是什么？</td><td></td></tr>
<tr><td>检测调试</td><td>记录检测数据
<table><tr><td>零点检测记录波形</td><td>示波器</td><td>频率器</td><td>毫伏表</td></tr><tr><td></td><td>时间挡：
幅度挡：
峰峰值：</td><td>频率：
周期：</td><td>输出电压值：</td></tr></table></td><td></td></tr>
<tr><td>产品应用安装</td><td>查阅资料，写出光纤位移传感器安装注意事项</td><td></td></tr>
</table>

任务评价

任务评价表见表7-14。

表 7-14　任务评价表

序　号	评价要点	配　分	得　分	总　评
1	任务学习工具、资料、知识等准备充分	10		A（80 分及以上）□ B（70～79 分）□ C（60～69 分）□ D（59 分及以下）□
2	能正确检测光纤传感器	5		
3	能正确安装光纤传感器及应用电路	15		
4	能正确调试光纤传感器及应用电路	20		
5	能认真完成任务笔记并及时提交	20		
6	信息化意识强，能熟练查阅所需资料	10		
7	小组学习氛围浓厚，沟通协作好	10		
8	具有规范操作的职业习惯	10		

任务小结

请总结本任务完成过程中的优、缺点，并提出改进计划，填写表 7-15。

表 7-15　任务小结

完成事项	优　点	缺　点	改进计划
任务准备			
任务实施			
任务笔记			
其他			

任务 3　光纤传感器的维护

任务描述

光纤传感器在使用过程中，受外界环境的温湿度、位移等众多因素的影响，会使监测数据的精确度下降或无法实现监测，可能造成安全事故，所以按行业规定应对其进行定期维护。

请对本任务中提供的光纤传感器进行故障检修、维护。

任务目标

- 能识读光纤传感器及应用产品说明书；
- 能使用常用弱电、网络测试安装工具；
- 能检测电路导线和数据线通断；
- 能判断光纤传感器应用电路的常见故障，并能排除简单故障；
- 能对光纤传感器进行日常维护；
- 养成规范操作的职业习惯，具有良好的安全意识、环保意识、节能意识。

任务准备

一、学习工具

学习工具包括手机、万用表、示波器、光纤传感器应用电路等。

二、任务所需相关知识

（一）光纤传感器的日常维护方法

1．光纤位移传感器的日常维护方法（表 7-16）

表 7-16　光纤位移传感器的日常维护方法

序　号	项　目	日常维护方法
1	防水、防油、防腐蚀	检查光纤放大器防水、防油、防腐蚀措施是否失效，如失效，应及时处理
2	防爆	光纤放大器不能在易燃、易爆的环境下使用。需要检查光纤放大器周围是否有易燃易爆气体，如有，应及时处理
3	防高温	探头的工作温度为 100～350℃
4	灵敏度	检查位置限制功能，入光量过大或过小都可能造成功能异常，需要调整灵敏度旋钮，使入光量合适
5	抗干扰	若检测多种工件，需要多个光纤位移传感器，连接同种光纤放大器，可以防止相互干扰
6	附加	光纤内部采用多条独立的细导线，弯曲性强，可动部分不会折断

2．其他光纤传感器的日常维护方法（表 7-17）

表 7-17　其他光纤传感器的日常维护方法

序　号	项　目	日常维护方法
1	防水、防油等	市场上的光纤传感器很多，要根据实际情况查阅说明书
2	防爆	有些厂家生产的光纤传感器可以防爆，具体应查看说明书
3	防高温	探头的工作温度为 100～350℃
4	灵敏度	目前，很多光纤传感器中的光纤放大器都是数字式的，可一键进行相关设置
5	抗干扰	若检测多种工件，需要多个光纤传感器，支持同类型的不同信号的光纤放大器最多可以连接 16 台
6	附加	不易折断、耐弯曲

（二）光纤传感器的常见故障及排除方法

1．光纤位移传感器的常见故障及排除方法（表 7-18）

表 7-18　光纤位移传感器的常见故障及排除方法

序　号	故障现象	故障分析及排除方法
1	通电后，光纤放大器上的 LED 光亮条不亮	检查产品接线是否正确（棕色线接+24V，蓝色线接 0V，黑色线接输入端），电源供电是否符合要求；检查电源线是否断开，插头接触是否良好；若电源供电正常，接线方式也没有问题，则说明光纤位移传感器本身有故障
2	识别物料时，光纤放大器上的 LED 光亮条亮得少	正常情况下，将物料放置在探头前，光纤放大器上的 LED 光亮条应亮得多，若亮得少，则应调节灵敏度旋钮

续表

序 号	故障现象	故障分析及排除方法
3	光纤位移传感器检测物料时，输出信号不稳定	首先考虑产品信号输出接线端子接触不良，再考虑产品的抗干扰能力不强
4	灵敏度不高	调节灵敏度旋钮，进行校准

2．其他光纤传感器的常见故障及排除方法（表 7-19）

表 7-19　其他光纤传感器的常见故障及排除方法

序 号	故障现象	故障分析及排除方法
1	接电源后数显表无显示	检查电源线是否断开，插头接触是否良好，数显表电源熔丝是否熔断，供电电压是否符合要求
2	数显表不计数	将插头换至另一台数显表，若光纤传感器能正常工作，说明原数显表有问题。检查电缆有无断线、破损
3	数显表间断计数	检查光栅尺安装是否正确，光栅尺所有固定螺钉是否松动，光栅尺是否被污染；检查插头与插座是否接触良好；检查光栅尺移动时是否与其他部件刮碰、摩擦；检查机床导轨运动副精度是否过低，造成光栅工作间隙变化
4	数显表显示报警	没有接光纤传感器，光纤传感器移动速度过快，光栅尺被污染
5	光纤传感器移动后只有末位显示闪烁	A 或 B 相无信号或不正常，有一路信号线不通，光敏三极管损坏

任务笔记

任务笔记见表 7-20。

表 7-20　任务笔记

光纤传感器的维护笔记		
班级：　　组别：　　组长：　　组员：		
任 务	笔记内容	完成人及完成时间
回答辅助问题	1．光纤传感器日常维护的主要事项有哪些？ 2．简述光纤传感器的常见故障及排除方法	
线路检测	1．灵敏度旋钮调到最大，记录检测现象：______ 2．灵敏度旋钮调到最小，记录检测现象：______	
自设故障观察现象	1．设置的故障：______ 2．观察到的故障现象：______ 3．电路检测数据：______	

续表

任　务	笔 记 内 容	完成人及完成时间
互设故障 排除故障	1．故障现象：____________ ____________ 2．故障检测过程：____________ ____________ 3．故障点：____________ ____________ 4．故障排除方法：____________ ____________	

任务评价

任务评价表见表 7-21。

表 7-21　任务评价表

序　号	评 价 要 点	配　分	得　分	总　评
1	任务学习工具、资料、知识等准备充分	10		A（80 分及以上）□ B（70～79 分）□ C（60～69 分）□ D（59 分及以下）□
2	能正确进行导线和数据线通断检测	10		
3	能排除简单故障	20		
4	能认真完成任务笔记并及时提交	30		
5	信息化意识强，能熟练查阅所需资料	10		
6	小组学习氛围浓厚，沟通协作好	10		
7	具有规范操作的职业习惯	10		

任务小结

请总结本任务完成过程中的优、缺点，并提出改进计划，填写表 7-22。

表 7-22　任务小结

完 成 事 项	优　点	缺　点	改 进 计 划
任务准备			
任务实施			
任务笔记			
其他			

任务 4　总结与交流

任务描述

根据光纤传感器的选型、安装、调试、日常维护等任务的完成情况，确定小组成果展示方案，并对其他小组的成果进行公平、客观的评价。结合其他小组人员和教师的评价与建议，对本小组任务完成过程中存在的优、缺点进行总结归纳，制订改进计划。

任务目标

- 善于总结、反思、改进；
- 能采用多种形式进行成果展示；
- 能客观、公正地评价，提出建议；
- 展现、沟通能力得以提升；
- 能虚心接受他人的建议；
- 具有团队和竞争意识。

任务准备

准备工作页、书面总结、工件、白板、纸张、PPT 等。

任务实施

本任务实施分为六步，请根据任务要求逐步完成（表 7-23）。

表 7-23　任务实施

步　骤	任务内容	任务要求
1	明确任务实施要求	总结全面，充分准备展示素材，展示语言流畅、思路清晰，评价客观、公正，提出合理建议
2	任务总结	全面总结所有任务完成情况、存在的问题、改进计划等，并记入任务笔记，素材准备充分
3	确定汇报方案	包括汇报人、汇报方式、汇报内容等，并记入任务笔记
4	成果汇报	语言流畅、思路清晰，形式多样化，可以为图片、PPT、学习视频片段等
5	三方评价	对照评价表进行自评、组评和师评，评价客观、公正
6	提出建议	对其他组提出建议，认真听取其他组对本组的建议，并记入任务笔记

任务评价

评价由三部分组成，即学生自评、小组评价（组评）和教师评价（师评）。按照自评占 20%，组评占 30%，师评占 50%计算总分，见表 7-24。

表 7-24　任务评价表

评价内容	配　分	得　分			总评等级
		自　评	组　评	师　评	
纪律观念	10 分				A（80 分及以上）□ B（70～79 分）□ C（60～69 分）□ D（59 分及以下）□
学习态度	10 分				
协作精神	10 分				
文明规范	10 分				
笔记质量	10 分				
实践动手能力	20 分				
解决问题能力	20 分				
语言表达能力	10 分				
评分小计	100 分				

任务笔记

任务笔记见表 7-25。

表 7-25　任务笔记

<table>
<tr><td colspan="3">成果汇报展示笔记</td></tr>
<tr><td colspan="3">班级：　　组别：　　组长：　　组员：</td></tr>
<tr><td>任　务</td><td>笔 记 内 容</td><td>完成人及完成时间</td></tr>
<tr><td>任务
总结</td><td>1. 任务完成情况
____
____
2. 存在的问题
____
____
3. 改进计划
____
________</td><td></td></tr>
<tr><td>成果展示
方案</td><td>1. 汇报人
____
____
2. 汇报方式
____
____
3. 汇报内容
____
________</td><td></td></tr>
<tr><td>记录
建议</td><td>1. 同学说
____
____
____
____
2. 老师说
____
____
____
________</td><td></td></tr>
</table>

项目八　光电式传感器

情景描述

随着城市的发展，地铁作为快速便捷的轨道交通工具，在日常生活中得到了广泛使用。为了提高安全性，轨道和站台之间安装了屏蔽门。但是，屏蔽门和列车车体之间有大约 30cm 的距离，这个空隙大到可以容纳一个人，如果有乘客或大件物品被夹在里面会相当危险。

如图 8-1 所示，为了避免危险发生，技术人员在屏蔽门和列车车体之间安装了对射式光电式传感器，这种光电式传感器在 217m 的对射距离内，可以检测出位于光轴上直径大于 30mm 的不透明物体。如果有乘客或大件物品被夹在屏蔽门与列车车体之间，就会挡住发光器发出的光线，受光器接收到的光线就会发生变化，光电式传感器就会发送信号给控制端，及时发出声光报警信号，通知列车司机或车站管理员，从而有效避免险情。

本项目将介绍光电式传感器的选型、安装、调试、维护等知识和技能。

图 8-1　将光电式传感器用于轨道交通屏蔽门的安全监控

项目目标

- 了解光电式传感器的结构、工作原理、特性及典型应用；
- 能规范使用电子仪器仪表识别、检测光电式传感器；
- 能根据应用需求合理选用光电式传感器；
- 能安装、调试、维护光电式传感器电路，排除常见故障；
- 具有解析工作目标、实施计划的能力；
- 具有良好的安全意识、环保意识、节能意识、创新意识；
- 能进行简单的光电式传感器应用创新设计。

建议学时

8 学时

任务1 光电式传感器的选型

任务描述

光电开关是光电式传感器的典型应用，主要用于自动包装机、自动灌装机、自动封装机、自动或半自动装配流水线等自动化机械装置，能进行生产流水线上产品的质量检查（如瓶盖是否压上、标签是否漏贴等）、位置检测（如装配体是否到位）、计数等。某碳酸饮料生产线上的光电开关须对饮料是否装配到位进行检测，要求感应距离为10～30cm，工作温度为0～40℃，防护等级为IP67，连接方法为电缆式，输出电流为100mA，供电电压为DC 12～24V。请根据上述要求为此生产线选择合适的光电式传感器。

任务目标

- 认识常见的光电元件；
- 了解光电式传感器的原理、结构、常见类型及应用；
- 了解光电开关的分类及特性；
- 能分析光电式传感器测量电路；
- 能识别常用光电式传感器型号；
- 能根据所需测量的物理量选用合适的光电式传感器；
- 能识读光电式传感器使用说明书；
- 养成规范操作的职业习惯，具有良好的安全意识、环保意识、节能意识。

任务准备

一、学习工具

学习工具包括手机、常用光电式传感器、相关技术手册等。

二、任务所需相关知识

（一）光电式传感器简介

1. 光电式传感器的特点、种类

光电式传感器是一种能将光信号转换为电信号的器件，可用于检测光照度、温度、形状、直径、表面粗糙度、位移、振动、速度、工作状态等，具有非接触检测、长距离检测、可检测微小物体、响应速度快、可以检测大部分物体等优势，在工业自动化装置和机器人行业中获得了广泛应用。

常见的光电式传感器种类及外形见表8-1。

表8-1　常见的光电式传感器种类及外形

种　类	外　形	种　类	外　形	种　类	外　形
光敏电阻	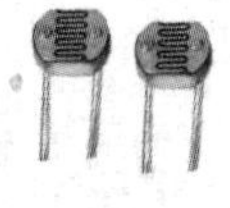	光电耦合器	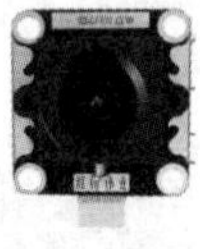	光敏二极管	

续表

种　　类	外　　形	种　　类	外　　形	种　　类	外　　形
漫反射式光电开关		光敏三极管		对射式光电开关	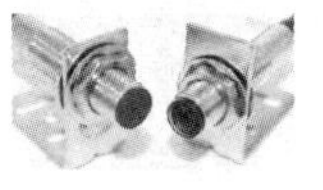
光电倍增管		U 行槽光电开关		光电池	

2．光电式传感器材料的分类、特性

光电式传感器材料的分类、特性见表 8-2。

表 8-2　光电式传感器材料的分类、特性

材　　料	特　　性	常见光电元件
半导体材料	半导体材料在入射光的照射下产生内光电效应，电阻率发生明显变化或产生电动势	光敏电阻、光敏二极管、光敏三极管、光电池等
碱金属材料	碱金属受到光照后产生电子，形成光电子电流，使两极间导通，产生外光电效应	光电倍增管

3．光电式传感器的结构、测量电路

光敏电阻、光敏二极管、光敏三极管、光电池等光电式传感器结构简单，这里主要介绍光电开关的结构和测量电路。光电开关一般由发射器、接收器和检测电路三部分组成，当传感界面上有物体运动时，就会影响发射器所发光束的正常轨迹，从而改变接收器的接收状况，开关的电气机构就会被触发动作。光电开关按检测方式的不同可分为三种：漫反射式光电开关、对射式光电开关、反射式光电开关，其结构、特点见表 8-3，测量电路如图 8-2 所示。

表 8-3　光电开关的结构、特点

光电开关的结构	特　　点
漫反射式光电开关 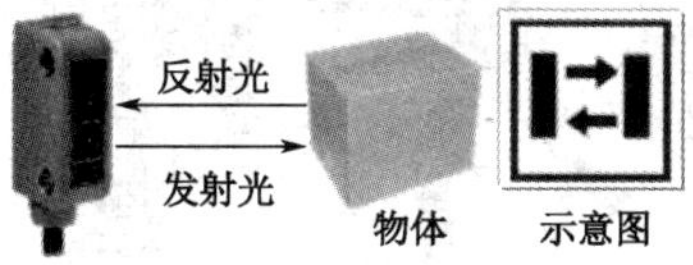 	适用于较小的作用距离，接收器和发射器装在同一壳体内，物体反射光束
对射式光电开关 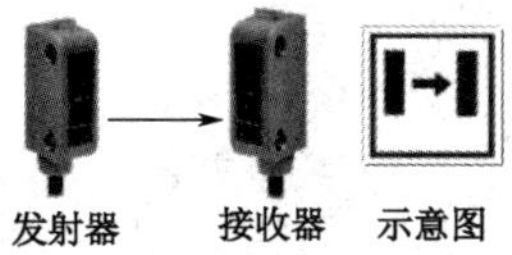 	适用于较大的作用距离，发射器和接收器是分开的。当有物体阻断光线时，就触发开关，常用于安保系统和道闸起落等
反射式光电开关 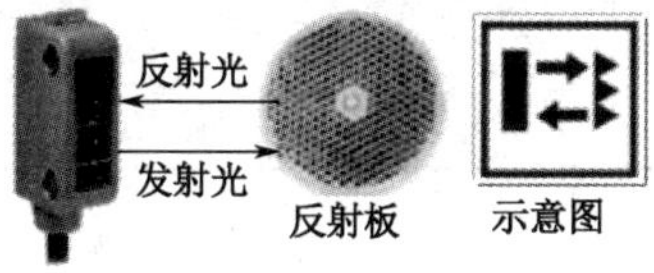 	适用于中等作用距离，发射器和接收器装在同一壳体内

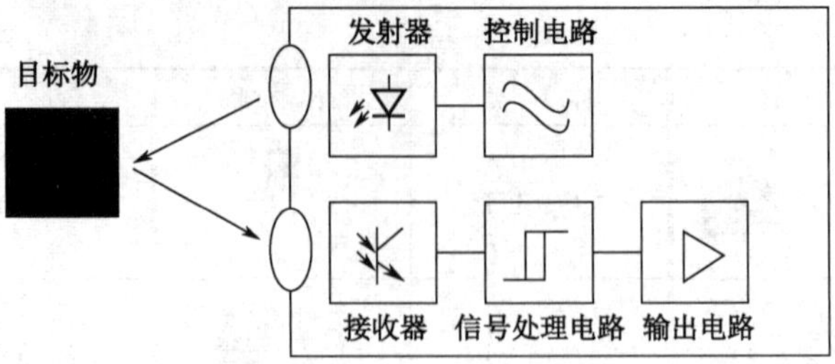

图 8-2　光电开关测量电路

（二）光电式传感器的应用

光电式传感器的应用见表 8-4。

表 8-4　光电式传感器的应用

应用案例	示意图
声光控灯电路：由光敏电阻和声音传感器控制的组合逻辑电路	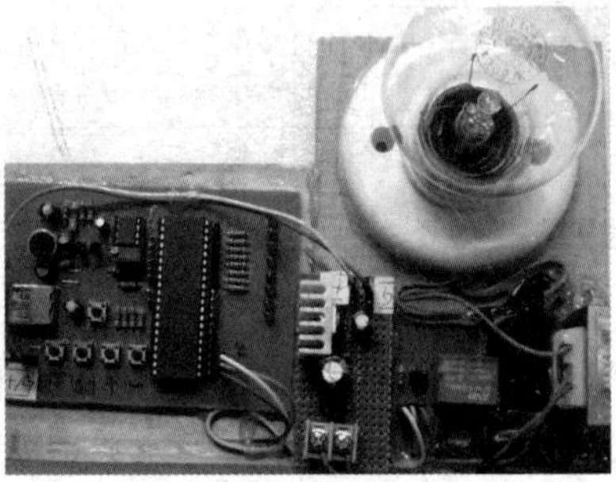
感烟传感器：火灾报警器的一部分，由红外发光二极管及光敏三极管组成，但二者不在同一平面上（有一定角度）。在无烟状态下，光敏三极管接收不到红外线；当发生火灾时，产生大量烟雾，烟雾粒子进入感烟传感器，由于红外线被烟雾粒子折射，光敏三极管接收到红外线	
防盗报警器：在防范区域安装好防盗报警器之后，如果有盗贼进入防范区域，光电式传感器就会接收到光强变化的信号，并将光信号转变为电信号，然后发射经数字编码的报警信号，报警器接收该信号后，立即发出报警声，惊吓盗贼，提醒主人	
带材跑偏检测器：用来检测带型材料在加工中偏离正确位置的大小及方向，从而为纠偏控制提供纠偏信号，主要用于印染、送纸、胶片、磁带等的生产过程。当带材偏离规定轨道时，安装在旁边的带材跑偏检测器的部分光线就会受到带材的遮挡，使光通量减少	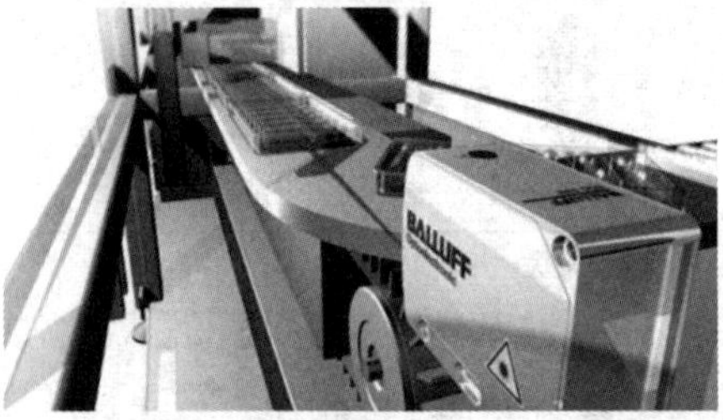

续表

应用案例	示意图
条形码扫描笔：当笔头在条形码上移动时，若遇到黑色线条，发光二极管发出的光线将被黑线吸收，光敏三极管接收不到反射光，呈现高阻抗，处于截止状态；当遇到白色间隔时，发光二极管发出的光线被反射到光敏三极管，光敏三极管产生光电流而导通。整个条形码被扫描笔扫过之后，光敏三极管将条形码变成了一个个电脉冲信号，该信号经放大、整形后便形成了脉冲序列，再经计算机处理后，完成对条形码信息的识读	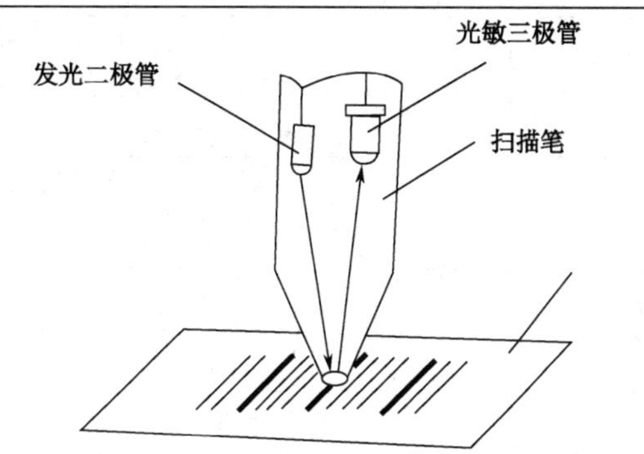
脉冲计数器：产品在传送带上运行时，不断地遮挡光源与光敏元件间的光路，使光电脉冲电路随产品的有无产生一个个电脉冲信号。产品每遮光一次，光电脉冲电路便产生一个脉冲信号，因此，输出的脉冲数即代表产品的数目。该脉冲经计数电路计数并由显示电路显示出来	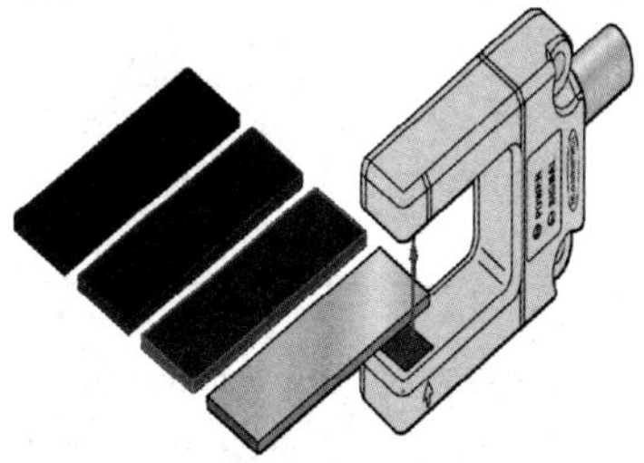

（三）光电式传感器的型号命名方法

光电式传感器型号的组成符号及含义见表 8-5。

表 8-5　光电式传感器型号的组成符号及含义

主称		外形代号		电源代号		特征		E3Z-①②③④-⑤系列命名规则			
符号	意义	符号	意义	符号	意义	符号	意义	符号	意义	符号	意义
E	光电式传感器	J B L P U	螺纹圆柱形 圆柱形 方形 扁平形 槽形	A D DB W	交流 20～250V 直流 10～30V 直流 10～65V 交直流 20～250V	N P	NPN 晶体管输出 PNP 晶体管输出	① ② ③	T：对射型 R：回归反射型 D：扩散反射型 6：NPN 输出 8：PNP 输出 1、2：导线引出 6、7：接插件式	④ ⑤	K：外壳材料进行了防油性能改良 H：只有扩散反射型有灵敏度旋钮 GO：有投光停止功能 M3J：耐油型的接插件中继型 L：发射器 D：接收器

（四）光电式传感器的选用

1．选用依据

选用光电式传感器时，首先要根据应用场景的具体需求确定其性能指标，其次必须符合实际应用的国家标准、行业标准及企业标准的要求。光电式传感器的性能指标见表 8-6，现行相关技术标准见表 8-7。

表 8-6 光电式传感器的性能指标

序 号	性能指标	说 明
1	检测方式	检测方式有漫反射式、反射式、对射式等。首先要确定所选产品的使用场合，如电磁转动供料器上常使用光纤式光电开关，间歇式包装机常使用漫反射式光电开关，连续式高速包装机常使用槽式光电开关
2	检测距离	光电开关稳定动作的距离称为检测距离 对射式：发射器到接收器的距离 漫反射式：被测物体到发射器的距离 反射式：反射板到发射器的距离 产品标注的距离为光电开关正常使用的最远距离，应根据现场距离进行选购
3	输出状态	常开（动合）NO、常闭（动断）NC、常开 NO+常闭 NC。当无检测物体时，常开型光电开关所接的负载由于光电开关内部的输出晶体管截止而不工作；当检测到物体时，晶体管导通，负载得电工作
4	输出类别	固态输出 NPN/PNP、E/M 继电器输出（五线制）、模拟量输出。NPN 型和 PNP 型的区别在于其导通情况，NPN 型为低电平导通，PNP 型为高电平导通。NPN 型开关，信号从负载流向开关；PNP 型开关，信号从开关流向负载
5	工作电压	有直流电压、交流电压、交直流通用 光电式传感器直流电压一般为 10～30V，交流电压一般为 10～240V， EZ-BEAM 系列光电式传感器采用 20～250V 交流电压
6	安装接线方式	配接插线需要确认导线长度，接线分为端子式、电缆式，接线方式有三线制、五线制等
7	环境性能	光照度、温度、湿度、绝缘电阻阻值等
8	外观和材质	外观有圆柱形、方形、U 形等，材质有塑料、金属等
9	附件	反光板、用于固定的安装支架等

表 8-7 光电式传感器现行相关技术标准

标准名称	标准号
《光电式传感器企业标准》	DN—QB—2014 0611

2．选型

在实际选型过程中，往往选择满足应用场景、性能指标、技术标准要求且性价比高的产品。

任务实施

本任务实施分为四步，请根据任务要求逐步完成（表 8-8）。

表 8-8 任务实施

步 骤	任务内容	任务要求
1	明确任务实施要求	小组合作学习，做到人人参与，规范操作，认真完成并及时提交任务笔记
2	查阅资料回答问题	查阅光电式传感器的相关信息，回答下列问题，并记入任务笔记 （1）说出光电式传感器使用的材料及材料特性 （2）说出光电式传感器的结构、工作原理 （3）说出光电式传感器型号的意义 （4）列举光电式传感器的应用领域

续表

<table>
<tr><th>步　骤</th><th>任 务 内 容</th><th>任 务 要 求</th></tr>
<tr><td>3</td><td>确定参数</td><td>请根据本任务中光电式传感器的需求，查阅相关资料，写出下列性能指标
<table><tr><th>性 能 指 标</th><th>标　称　值</th><th>性 能 指 标</th><th>标　称　值</th></tr><tr><td>检测方式</td><td></td><td>安装接线方式</td><td></td></tr><tr><td>检测距离</td><td></td><td>环境性能</td><td></td></tr><tr><td>输出状态</td><td></td><td>外观</td><td></td></tr><tr><td>输出类别</td><td></td><td>材质</td><td></td></tr><tr><td>工作电压</td><td></td><td>附件</td><td></td></tr></table></td></tr>
<tr><td>4</td><td>光电式传感器选型</td><td>根据以上确定的性能指标，通过光电式传感器产品型号手册或二维码查询，选出合适的产品类型、型号等记入任务笔记</td></tr>
</table>

任务笔记

任务笔记见表 8-9。

表 8-9　任务笔记

<table>
<tr><th colspan="3">光电式传感器的选型笔记</th></tr>
<tr><td colspan="3">班级：　　　　组别：　　　　组长：　　　　组员：</td></tr>
<tr><td>任　务</td><td>笔 记 内 容</td><td>完成人及完成时间</td></tr>
<tr><td rowspan="4">回答辅助问题</td><td>1. 常见的光电元件有哪些？请至少写出 3 种
____
____________</td><td></td></tr>
<tr><td>2. 光电开关按检测方式分为哪几种？
____
____________</td><td></td></tr>
<tr><td>3. 写出 E3F-5DN1-5L 光电开关型号的意义
____
____________</td><td></td></tr>
<tr><td>4. 列举漫反射式光电开关的应用领域
____
____________</td><td></td></tr>
<tr><td>选型</td><td>1. 请根据光电式传感器的选型方法，为窗户对射式报警系统选择合适的对射式光电开关，完成如下信息
类型是____________
品牌是____________
型号是____________
2. 简述选型方法：____________
____
____________</td><td></td></tr>
</table>

任务评价

任务评价表见表 8-10。

表 8-10　任务评价表

序　号	评价要点	配　分	得　分	总　评
1	任务学习工具、资料、知识等准备充分	10		A（80 分及以上）□ B（70～79 分）□ C（60～69 分）□ D（59 分及以下）□
2	能根据任务要求完成光电式传感器的选型	30		
3	能认真完成任务笔记并及时提交	30		
4	信息化意识强，能熟练查阅所需资料	10		
5	小组学习氛围浓厚，沟通协作好	10		
6	具有规范操作的职业习惯	10		

任务小结

请总结本任务完成过程中的优、缺点，并提出改进计划，填写表 8-11。

表 8-11　任务小结

完成事项	优　点	缺　点	改进计划
任务准备			
任务实施			
任务笔记			
其他			

任务 2　光电式传感器应用电路的安装与调试

任务描述

在自动扶梯上安装光电式传感器，当有人乘坐扶梯时，扶梯会自动启动。在投币器上安装光电式传感器，投入硬币时，机器会自动产生指令。在打印机上安装光电式传感器，当有纸张被推出时，会自动显示打印的数量。在窗户和阳台两侧安装光电开关，当有人闯入时会自动报警。光电式传感器应根据其工作原理、工程具体要求和实际条件，本着性能稳定、性价比高的原则，兼顾良好的稳定性和抗干扰能力进行安装、调试。

请根据本任务提供的对射式光电开关的电路原理图和产品安装说明书组装产品，然后将产品安装在应用场所，实现声光报警功能。

任务目标

- 能识读光电式传感器应用说明书、光电式传感器接线图，并能识别和连接数据接口；
- 能检测光电式传感器的好坏；
- 能识读光电式传感器产品安装说明书和电路图，并能按图进行布局和布线；
- 养成规范操作的职业习惯，具有良好的安全意识、环保意识、节能意识。

任务准备

一、学习工具

学习工具包括对射式光电开关、DC 24V 中间继电器、24V 开关电源、声光报警器或蜂鸣器、螺丝刀、斜口钳等。

二、任务所需相关知识

在对射式光电开关电路中，发射器和接收器的光轴在一条水平线上，当发射器发出的光线直接进入接收器时，电路是不工作的。当有人闯入，阻断发射器与接收器之间的光线时，接收器接收到的光线将减少，光电开关将输出信号，使连接在电路中的报警器通电工作，实现报警。

（一）对射式光电开关的检测和接线方式

1．对射式光电开关的检测

对射式光电开关的检测步骤见表 8-12。

表 8-12　对射式光电开关的检测步骤

步　骤	检 测 内 容
第一步	准备两个 MF47 型指针式万用表，分别调至 $R\times100\Omega$ 挡和 $R\times10k\Omega$ 挡
第二步	选 $R\times100\Omega$ 挡，万用表表笔接发射器电源线两端，注意加正向电压
第三步	选 $R\times10k\Omega$ 挡，万用表表笔接接收器电源线两端，仍然加正向电压
第四步	将一张黑纸片置于发射器和接收器之间，上下抽出和插入黑纸片，此时 $R\times10k\Omega$ 挡万用表的指针应该摆动，其摆动幅度越大，灵敏度越高，不摆动说明对射式光电开关已损坏，摆动幅度小说明灵敏度太低
注意：有些对射式光电开关发射器与接收器共地，此时两个万用表的接线应正确	

2．对射式光电开关的接线方式

对射式光电开关的接线方式如图 8-3 所示，本任务选用的是 NPN 常开方式。

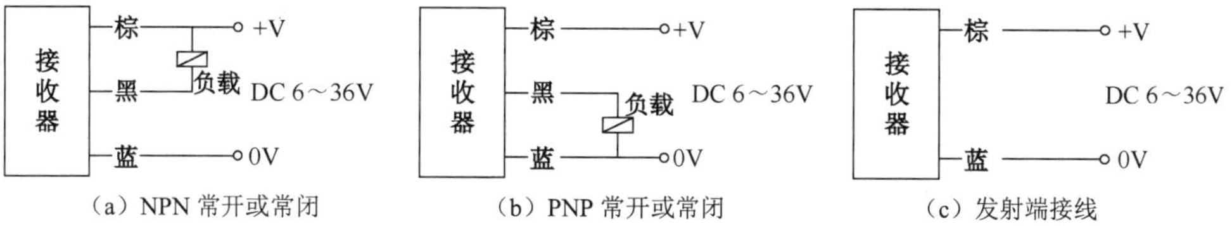

图 8-3　对射式光电开关的接线方式

（二）对射式光电开关电路的安装

1．对射式光电开关电路框图

对射式光电开关电路框图如图 8-4 所示。

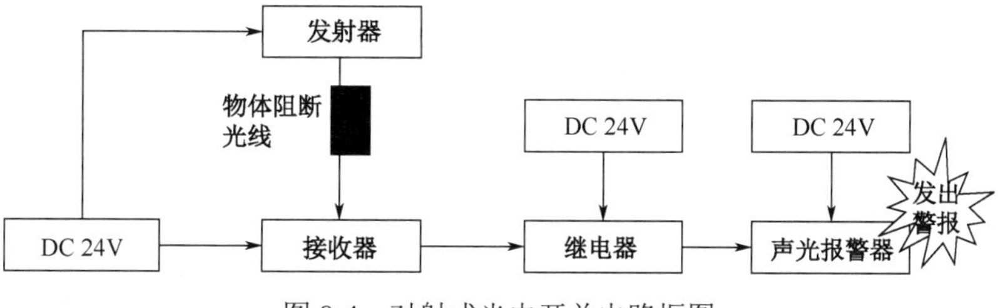

图 8-4　对射式光电开关电路框图

2．对射式光电开关电路原理图

对射式光电开关电路原理图如图 8-5 所示。

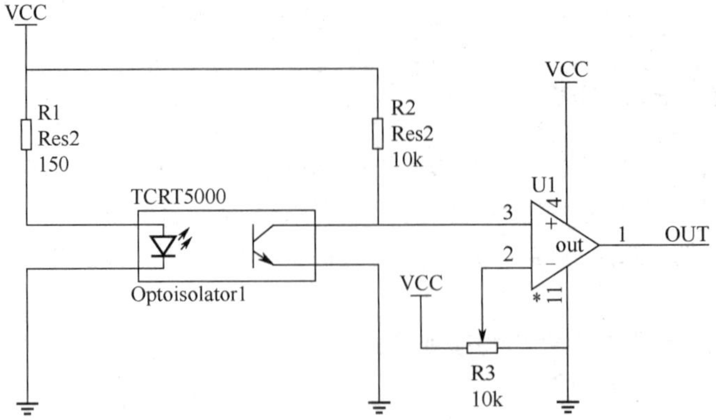

图 8-5　对射式光电开关电路原理图

3．对射式光电开关电路连接图

对射式光电开关电路连线图如图 8-6 所示。在电路连接中，发射器和接收器棕色线接开关电源正极、蓝色线接开关电源负极，因为选用的是 NPN 型光电式传感器，输出为负，所以接收器黑色的信号输出线接中间继电器的负极 13 脚，13 脚和公共端 9 脚接跳线；中间继电器正极 14 脚接开关电源正极，14 脚和公共端 12 脚接跳线；常开的 8 脚和 5 脚分别接声光报警器的正极和负极。

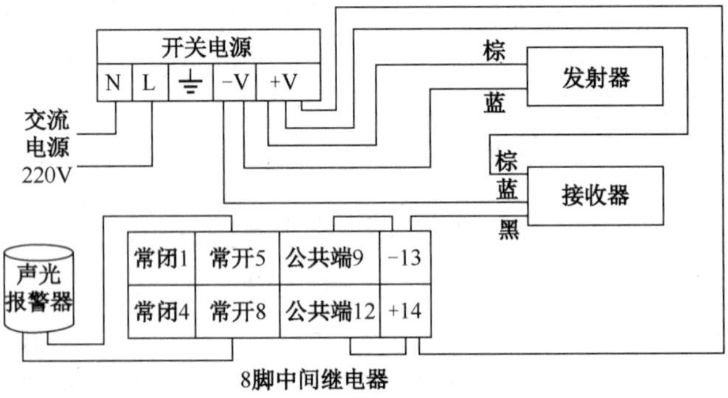

图 8-6　对射式光电开关电路连线图

4．对射式光电开关的技术参数

本任务选用 M12 激光对射式光电开关，其主要参数见表 8-13。该光电开关能满足本任务中的保护范围、灵敏度、安装方式、抗干扰等要求。

表 8-13　M12 激光对射式光电开关的主要参数

内　容	参　数　值	内　容	参　数　值
外形直径	M12×1	检测距离	0～20m
检测方式	对射式	电源电压	直流 6～36V
输出类别	直流型 NPN 三线	连接方式	导线引出型，长 1.5m
输出状态	NO	材料	壳体：黄铜镀镍 检测面：耐热 ABC

（三）对射式光电开关的调试

对射式光电开关的调试见表 8-14。

表 8-14 对射式光电开关的调试

序号	调试内容	调试方法	注意事项
1	发射器光轴调整	第一步：打开探头的外罩，把眼睛对准瞄准器，观察瞄准器内影像的情况，探头的光学镜片可以直接用手在 180° 范围内左右调整 第二步：用螺丝刀调节镜片下方的调整螺钉，镜片系统有上下 15° 的调整范围，反复调整使瞄准器中对面探测器的影像落入中央位置	在调整过程中注意不要遮住光轴，以免影响调整工作 发射器光轴的调整对防区的感应性能影响很大，一定要按照正确的步骤仔细调整
2	接收器光轴调整	第一步：对接收器的光轴进行初步调整。此时接收器上红色指示灯熄灭，绿色指示灯长亮，而且无闪烁现象，表示光轴重合正常，发射器、接收器功能正常 第二步：接收器上有两个小孔，上面分别标有“+”和“−”，用于测试接收器所感受的红外线强度，其值用电压来表示，称为感光电压。将万用表的测试表笔（红“+”、黑“−”）插入小孔，测量接收器的感光电压。反复调整镜片系统使感光电压达到最大值，这样探头才能达到最佳工作状态	四光束探测器有两组光学系统，需要分别遮住接收器的上、下镜片，调整至上、下感光电压一致
3	调整遮光时间	在接收器上设有遮光时间调节钮，一般探头的遮光时间在 50～500ms 范围内可调。探头在出厂时，将遮光时间调节钮调整到一个标准位置上。通常情况下，这个位置比较合适，所以没有特殊的原因，无须调整遮光时间 有时因设防的原因需要调整遮光时间，以适应环境的变化。一般而言，遮光时间短，探头的敏感度就高，误报的可能性就大。遮光时间长，探头的敏感度降低，漏报的可能性增大	
4	对射式光电开关与防盗主机的连接	探头设置好后，将防拆开关接入防区输入回路中，连线完毕，盖上探头的外壳，拧紧紧固螺钉。要求在防盗主机上该防区警示灯无闪烁、不点亮，防区无报警指示输出，表示整个防区设置正常。否则，要对线路进行检查，对探头重新进行调试，重新对防区状态进行确定	

（四）对射式光电开关产品的安装和调试

用螺丝刀等常用的电工工具进行对射式光电开关产品的安装和调试，其步骤见表 8-15。

表 8-15 对射式光电开关产品的安装和调试步骤

步骤	操作过程	效果图
第一步：将发射器与电源相连	将发射器的棕色线接电源正极，蓝色线接电源负极	
第二步：将接收器与电源及继电器相连	将接收器的棕色线接电源正极，蓝色线接电源负极，黑色线接继电器的 13 脚	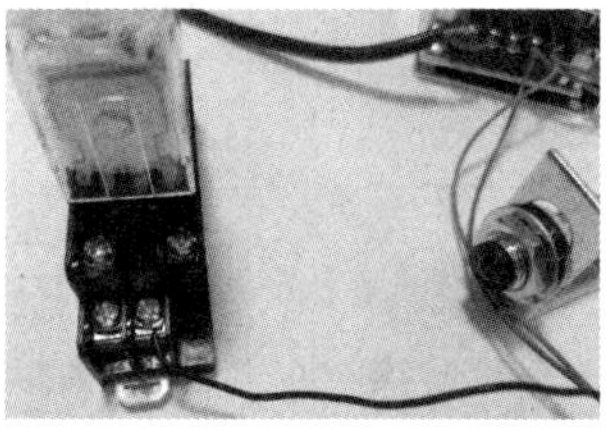

续表

步　　骤	操作过程	效果图
第三步：连接继电器与声光报警器	声光报警器的红色线接继电器 8 脚，黑色线接继电器 5 脚，这样继电器接通后，声光报警器就会工作	
第四步：继电器电路内部连线	继电器 13 脚接跳线到 9 脚，继电器 14 脚接跳线到 12 脚	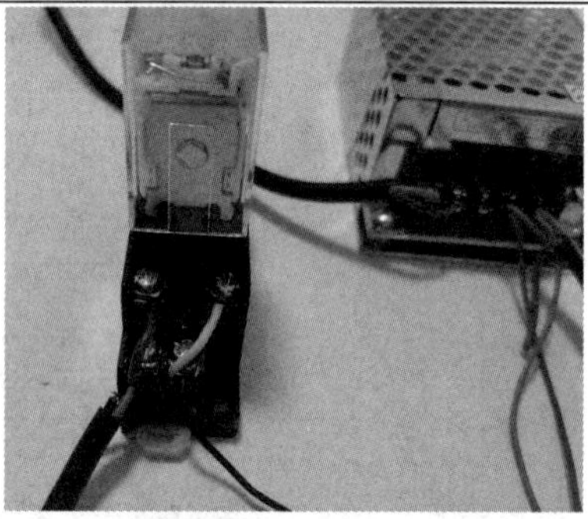
第五步：功能测试	电路连接完成后，进行电路功能测试，将一个不透明障碍物放在发射器和接收器之间，阻断红外线，正常情况下声光报警器会发光并伴随响亮的报警声。如果不移开障碍物，声光报警器会一直工作。如果移开障碍物，声光报警器会根据自身的延时设置持续一段时间后停止工作	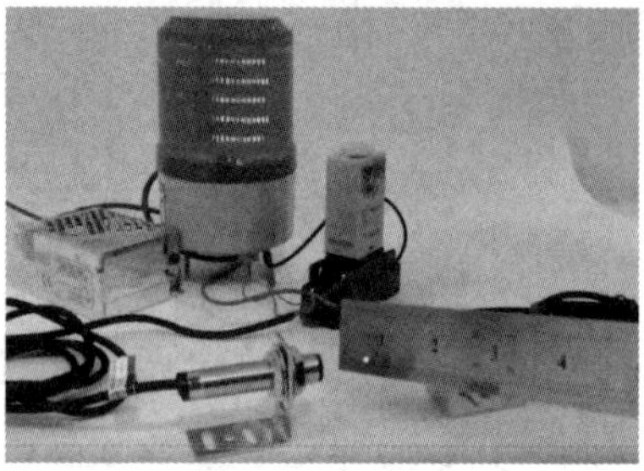

对射式光电开关产品在工程中的安装方法见表 8-16。

表 8-16　对射式光电开关产品在工程中的安装方法

序　　号	安装方法	说　　明
1	支柱式安装	比较流行的支柱有圆形和方形两种，早期比较流行的是圆形支柱，现在的情况正好反过来了，方形支柱在工程中越来越流行，主要是因为安装在方形支柱上不易移动。支柱的固定必须牢固，没有移位或摇晃，以利于安装和设防，减少误报
2	墙壁式安装	现在防盗市场上处于技术前沿的制造商能够提供水平 180° 全方位转角、俯仰 20° 以上转角的产品，可以支持探头在建筑物外壁或围墙、栅栏上直接安装
3	通道两侧安装	主要功能是防止行人非法通行，为了防止小动物等引起误报，探头的位置一般应距离地面 50cm 以上。遮光时间应较短，以便对非法入侵做出快速反应
4	围墙两侧安装	主要功能是防止有人恶意翻越，顶上安装和侧面安装两种方法均可。采用顶上安装时，探头的位置应高出栅栏、围墙顶部 25cm，以减少在墙上活动的小鸟、小猫等引起误报。四光束的防误报能力比双光束强，双光束又比单光束强。侧面安装则是安装在栅栏、围墙靠近顶部的侧面，一般采用墙壁式安装，安装于外侧的居多，这种方式能避开小鸟、小猫等的干扰

对射式光电开关产品在安装时必须遵循以下原则：水平无遮挡，接收背阳光，叠加防串扰，靠墙防反射。具体的安装注意事项见表 8-17。

表 8-17　对射式光电开关的安装注意事项

序　号	注意事项	说　明
1	水平无遮挡	在安装区域内不得有任何花草、树木等的遮挡，而且在安装完毕正常使用时也要随时检查探测区域内的遮挡情况
2	接收背阳光	在安装时尽量不要将接收器直接面对太阳安装
3	叠加防串扰	为了扩大探测区域而使用多个对射式光电开关时，要注意的是由于一般的工作距离和实际工作距离相差甚远，国家规定有 6 倍的余量，有些生产厂家为了保证恶劣天气下的正常工作，余量更大，甚至达到 15～20 倍的余量，这样在线路上可以采用发射器与发射器、接收器与接收器背靠背的形式安装，以防串扰
4	靠墙防反射	尽管发射器已经加上菲涅尔镜片加以聚焦，但还是存在光线发散现象，一般好的菲涅尔镜片也会存在 1.5%的发散角，即差不多每 100m 有 1.5m 的发散距离。如果探测距离为 100m，而接收器距离墙壁小于 0.75m，那么发射器的部分红外线会经过反射进入接收器，这在调试时要注意

任务实施

本任务实施分为六步，请根据任务要求逐步完成（表 8-18）。

表 8-18　任务实施

<table>
<tr><th>步　骤</th><th>任务内容</th><th>任务要求</th></tr>
<tr><td>1</td><td>明确任务实施要求</td><td>小组合作学习，做到人人参与，规范操作，认真完成并及时提交任务笔记</td></tr>
<tr><td>2</td><td>收货检验</td><td>请对照材料清单和组件进行收货检验，在下表中记录结果，如有误应及时报告
<table><tr><th>序号</th><th>标称</th><th>名称</th><th>规格</th><th>数量</th><th>清点情况</th></tr><tr><td></td><td></td><td></td><td></td><td></td><td></td></tr><tr><td></td><td></td><td></td><td></td><td></td><td></td></tr><tr><td></td><td></td><td></td><td></td><td></td><td></td></tr></table></td></tr>
<tr><td>3</td><td>查阅资料回答问题</td><td>查阅对射式光电开关电路说明书等资料，按要求完成辅助问题的回答</td></tr>
<tr><td>4</td><td>检测</td><td>根据对射式光电开关的结构、检测方法及任务要求进行检测，并将检测数据记入任务笔记</td></tr>
<tr><td>5</td><td>电路安装</td><td>根据对射式光电开关电路安装接线图进行电路安装，注意元器件接线的正确性、工艺要求。安装完成后检测电路各部件安装与布线的准确性、牢固性和稳定性</td></tr>
<tr><td>6</td><td>电路调试</td><td>调试通电必须征得教师同意。调试电路实现功能，并将调试数据记入任务笔记</td></tr>
</table>

任务笔记

任务笔记见表 8-19。

表 8-19　任务笔记

<table>
<tr><td colspan="3">对射式光电开关电路安装笔记</td></tr>
<tr><td colspan="3">班级：　　组别：　　组长：　　组员：</td></tr>
<tr><td>任　务</td><td>笔 记 内 容</td><td>完成人及完成时间</td></tr>
<tr><td>回答辅助问题</td><td>识读对射式光电开关电路装配图，画出线路连接图</td><td></td></tr>
<tr><td>检测调试</td><td>1．简述发射器和接收器光轴调整步骤
2．安装好后，在通电前检测发射器和接收器电源端电阻值，检测是否有短路现象
<table><tr><td>检 测 对 象</td><td>阻　值</td><td>是 否 正 常</td></tr><tr><td>发射器电源端电阻</td><td></td><td></td></tr><tr><td>接收器电源端电阻</td><td></td><td></td></tr></table>
3．测试接收器的感光电压
<table><tr><td>调 试 次 数</td><td>感光电压值</td><td>调 试 次 数</td><td>感光电压值</td></tr><tr><td>调试 1</td><td></td><td>调试 3</td><td></td></tr><tr><td>调试 2</td><td></td><td>调试 4</td><td></td></tr></table></td><td></td></tr>
<tr><td>产品安装</td><td>简述对射式光电开关电路在工程中的安装注意事项</td><td></td></tr>
</table>

任务评价

任务评价表见表 8-20。

表 8-20　任务评价表

<table>
<tr><td>序　号</td><td>评 价 要 点</td><td>配　分</td><td>得　分</td><td>总　评</td></tr>
<tr><td>1</td><td>任务学习工具、资料、知识等准备充分</td><td>10</td><td></td><td rowspan="8">A（80 分及以上）□
B（70～79 分）□
C（60～69 分）□
D（59 分及以下）□</td></tr>
<tr><td>2</td><td>能正确检测对射式光电开关</td><td>5</td><td></td></tr>
<tr><td>3</td><td>能正确安装对射式光电开关及应用电路</td><td>15</td><td></td></tr>
<tr><td>4</td><td>能正确调试对射式光电开关及应用电路</td><td>20</td><td></td></tr>
<tr><td>5</td><td>能认真完成任务笔记并及时提交</td><td>20</td><td></td></tr>
<tr><td>6</td><td>信息化意识强，能熟练查阅所需资料</td><td>10</td><td></td></tr>
<tr><td>7</td><td>小组学习氛围浓厚，沟通协作好</td><td>10</td><td></td></tr>
<tr><td>8</td><td>具有规范操作的职业习惯</td><td>10</td><td></td></tr>
</table>

任务小结

请总结本任务完成过程中的优、缺点，并提出改进计划，填写表 8-21。

表 8-21　任务小结

完成事项	优　点	缺　点	改进计划
任务准备			
任务实施			
任务笔记			
其他			

任务 3　光电式传感器的维护

任务描述

在智能家居防盗报警系统中，利用光电报警系统对家中是否有盗贼闯入进行实时监测、数据分析并实行智能化管理，只要有不明物体遮挡发射器发出的光线，接收器接收到的光线就会发生变化，光电式传感器就会发出信号，启动防盗报警器报警，并发送信号给网络主机，主人的手机或计算机就会接收到报警信号，从而采取保护措施。光电式传感器在使用过程中，由于受到外界环境的温湿度、光照度、安装面清洁度、机械松动等众多因素的影响，会使监测的精确度下降或无法实现监测，可能造成各种损失或安全事故，所以按行业规定应对其进行定期维护。

请对本任务中提供的对射式光电开关进行故障检查和排除。

任务目标

- 能识读光电式传感器产品应用说明书；
- 能使用常用弱电、网络测试安装工具；
- 能检测电路导线和数据线通断；
- 能判断光电式传感器应用电路的常见故障，并能排除简单故障；
- 能对光电式传感器进行日常维护；
- 养成规范操作的职业习惯，具有良好的安全意识、环保意识、节能意识。

任务准备

一、学习工具

学习工具包括手机、直流电源、万用表、对射式光电开关应用电路等。

二、任务所需相关知识

（一）光电式传感器的日常维护方法

1．对射式光电开关的日常维护方法

对射式光电开关须根据其工作原理、应用场所等，从防潮、防尘、有无遮挡物、灵敏度校正等方面进行日常维护，具体见表 8-22。

表 8-22 对射式光电开关的日常维护方法

序 号	项 目	日常维护方法
1	响应时间	根据被测物体的大小与移动速度来选择在响应速度上有余量的对射式光电开关。另外，由于光束的粗细对检测有影响，因此要预先计算好对整个光束遮光的时间
2	灵敏度	对于设定距离，在环境恶劣的情况下，必须留出 4 倍以上的余量
3	保护措施	通常，直流供电都设有逆极性，交流无须采用极性保护 直流供电的对射式光电开关的晶体管均有过流、短路保护。保护方式有节拍式和自锁式，各有特点，节拍式在输出最大电流临界点产生节拍保护，使用时负载电流需要控制在额定输出电流以内。自锁式在过载、短路后，启动保护电路，无输出，需要断电后重新通电才能恢复正常
4	配线	高压线、动力线和对射式光电开关的配线不应放在同一配线管或线槽内，否则会由于感应而造成误动作或损坏，所以原则上要单独配线
5	干扰光	要尽量避开环境光的直接照射，还要调节灵敏度以满足实际使用的需要。如果不能改变接收器光轴与强光源的角度，可在上方加装遮光板或套上遮光长筒
6	镜面的维护	应定期清理镜面或反光板表面的灰尘，使光量无损耗，保证设备正常工作。严禁用稀释剂等化学物品擦拭镜头，以免损坏塑料镜与反光板
7	温度特性	一般工作的环境温度在-20～55℃（未结冰），在环境复杂的条件下检测时需要注意，如在温度比较高的环境下需要冷却，冷却方式有多种，如风冷却、水冷却等；在温度比较低的环境下需要加热，以防镜面冻霜、结冰
8	消除背景物影响	使用反射式扩散型发射器、接收器时，有时由于检测物离背景物较近，或者背景物是反射率较高的物体，可能会使对射式光电开关不能稳定检测 可以改用距离限定型发射器、接收器，或者采取远离背景物、拆除背景物、将背景物涂成黑色等措施
9	防止相互干扰	最有效的办法是发射器和接收器交叉设置，超过两组时可拉开组距。当然，也可选择使用不同频率的设备
10	附加	水、油、化学品等直接飞溅，有可能造成对射式光电开关误动作，应尽量避开

2．其他光电式传感器的日常维护方法（表 8-23）

表 8-23 其他光电式传感器的日常维护方法

序 号	项 目	日常维护方法
1	连接感性负载的光电式传感器	当使用感性负载（如灯、电动机等）时，其瞬态冲击电流较大，可能劣化或损坏光电式传感器。遇到这种情况时，务必将负载经过交流继电器转换使用
2	镜面反射式光电开关	注意镜面角度的影响，当被测物体有光泽或遇到光滑金属面时，一般反射率都很高，有类似镜面的作用，这时应将发射器和被测物体安装成 10°～20°的夹角，使其光轴不垂直于被测物体，从而防止误动作
3	红外线光电式传感器	红外线光电式传感器的透镜需要用擦镜纸擦拭，禁止用稀释剂等化学品擦拭，以免损坏透镜

（二）光电式传感器的常见故障及排除方法

1．对射式光电开关的常见故障及排除方法（表 8-24）

表 8-24 对射式光电开关的常见故障及排除方法

序 号	故障现象	故障分析及排除方法
1	没有非透明障碍物阻挡，报警器一直闪烁并发出警报声	出现这种情况，很可能是声光报警器线路错接在中间继电器常闭接线端子上，没有信号输出，声光报警器电路本身就接通了，解决方法是将线路改接到中间继电器常开接线端子上；如果线路没接错，需要检查对射式光电开关是否调好光轴，安装环境中有没有比较厚重的粉尘干扰或强电磁干扰，若有，需要及时清理粉尘或采取电磁屏蔽措施

续表

序　号	故障现象	故障分析及排除方法
2	将不透明障碍物放在发射器和接收器之间，报警器不工作	检查线路连接是否正确，若线路连接没问题，则检查电源。若电源供电正常，则阻断红外线看输出端是否有脉冲。若无脉冲，则调节光轴。如果有脉冲，则是发射器和接收器光轴不对称。如果调好光轴，重复检测，仍然没有脉冲，则说明该对射式光电开关已损坏，需要更换
3	将不透明障碍物放在发射器和接收器之间，报警器灯亮，不发声	报警器灯亮说明有脉冲输出，报警器的发声部分有故障，需要检查、维修报警器发声部分的电路
4	将不透明障碍物放在发射器和接收器之间，报警器发声，但灯不亮	报警器的灯有故障，需要检查、维修报警器灯的电路
5	有障碍物阻挡时输出信号不稳定	首先考虑产品信号输出接线端子接触不良，再考虑产品的抗干扰能力不强
6	灵敏度不高	调节灵敏度旋钮，对灵敏度进行校准

2．其他光电式传感器的常见故障及排除方法（表 8-25）

表 8-25　其他光电式传感器的常见故障及排除方法

序　号	故障现象	故障分析及排除方法
1	槽型光电开关检测不到货物	可能是槽型光电开关安装位置有偏差，可适当修正。如果还不见效，可打开槽型光电开关外壳调整感测距离，直至达到可靠感测为止，严禁带电操作
2	漫反射式光电开关反应不灵敏	冬天天气冷，设备运行时有热气，一部分反射回来的光线被热气吸收，导致漫反射式光电开关失灵。采取的措施是换成对射式光电开关

任务实施

本任务实施分为五步，请根据任务要求逐步完成（表 8-26）。

表 8-26　任务实施

步　骤	任务内容	任务要求
1	明确任务实施要求	小组合作学习，做到人人参与，规范操作，认真完成并及时提交任务笔记
2	查阅资料回答问题	查阅应用电路说明书、维护方法、常见故障等资料，按要求完成辅助问题的回答
3	线路检测	进行电路导线和数据线通断检测，并将检测情况记入任务笔记
4	自设故障观察现象	小组自设故障，观察故障现象，并将观察结果记入任务笔记
5	互设故障排除故障	小组互设故障，自行查阅资料进行故障检修，并填写任务笔记中的检修报告

任务笔记

任务笔记见表 8-27。

表 8-27 任务笔记

<table>
<tr><td colspan="3">对射式光电开关电路维护笔记</td></tr>
<tr><td colspan="3">班级：　　组别：　　组长：　　组员：</td></tr>
<tr><th>任　务</th><th>笔 记 内 容</th><th>完成人及完成时间</th></tr>
<tr><td>回答辅助问题</td><td>1．对射式光电开关日常维护的主要事项有哪些？

2．简述对射式光电开关常见故障及排除方法</td><td></td></tr>
<tr><td>线路检测</td><td>1．灵敏度旋钮调至最大，记录检测现象：________
____
2．灵敏度旋钮调至最小，记录检测现象：________
________</td><td></td></tr>
<tr><td>自设故障观察现象</td><td>1．设置的故障：________
2．观察到的故障现象：________
____
3．电路检测数据
<table>
<tr><th>有无障碍物阻挡检测记录波形</th><th>示波器</th><th>频率器</th><th>毫伏表</th></tr>
<tr><td></td><td>时间挡：
幅度挡：
峰峰值：</td><td>频率：
周期：</td><td>输出电压值：</td></tr>
</table></td><td></td></tr>
<tr><td>互设故障排除故障</td><td>1．故障现象：________
____
2．故障检测过程：________
____
3．故障点：________
____
4．故障排除方法：________
____
________</td><td></td></tr>
</table>

任务评价

任务评价表见表 8-28。

表 8-28　任务评价表

序　号	评 价 要 点	配　分	得　分	总　评
1	任务学习工具、资料、知识等准备充分	10		A（80 分及以上）☐ B（70～79 分）☐ C（60～69 分）☐ D（59 分及以下）☐
2	能正确进行导线和数据线通断检测	10		
3	能排除简单故障	20		
4	能认真完成任务笔记并及时提交	30		
5	信息化意识强，能熟练查阅所需资料	10		
6	小组学习氛围浓厚，沟通协作好	10		
7	具有规范操作的职业习惯	10		

任务小结

请总结本任务完成过程中的优、缺点，并提出改进计划，填写表 8-29。

表 8-29　任务小结

完 成 事 项	优　点	缺　点	改 进 计 划
任务准备			
任务实施			
任务笔记			
其他			

任务 4　总结与交流

任务描述

根据光电式传感器的选型、安装、调试、日常维护等任务的完成情况，确定小组成果展示方案，并对其他小组的成果进行公平、客观的评价。结合其他小组人员和教师的评价与建议，对本小组任务完成过程中存在的优、缺点进行总结归纳，制订改进计划。

任务目标

- 善于总结、反思、改进；
- 能采用多种形式进行成果展示；
- 能客观、公正地评价、提出建议；
- 能虚心接受他人的建议；
- 具有团队和竞争意识。

任务准备

准备连接好的电路实物或图片、工作页、书面总结、工件、PPT 等。

任务实施

本任务实施分为六步，请根据任务要求逐步完成（表 8-30）。

表 8-30　任务实施

步　骤	任务内容	任务要求
1	明确任务实施要求	总结全面，充分准备展示素材，展示语言流畅、思路清晰，评价客观、公正，提出合理建议
2	任务总结	全面总结所有任务完成情况、存在的问题、改进计划等，并记入任务笔记，素材准备充分
3	确定汇报方案	包括汇报人、汇报方式、汇报内容等，并记入任务笔记
4	成果汇报	语言流畅、思路清晰，形式多样化，可以为图片、PPT、学习视频片段等
5	三方评价	进行自评、组评和师评，评价客观、公正
6	提出建议	对其他组提出建议，认真听取其他组对本组的建议，并记入任务笔记

任务评价

评价由三部分组成，即学生自评、小组评价（组评）和教师评价（师评）。按照自评占20%，组评占30%，师评占50%计算总分，见表 8-31。

表 8-31　任务评价表

评价内容	配　分	得　分			总评等级
		自　评	组　评	师　评	
纪律观念	10 分				A（80 分及以上）□ B（70～79 分）□ C（60～69 分）□ D（59 分及以下）□
学习态度	10 分				
协作精神	10 分				
文明规范	10 分				
笔记质量	10 分				
实践动手能力	20 分				
解决问题能力	20 分				
语言表达能力	10 分				
评分小计	100 分				

任务笔记

任务笔记见表 8-32。

表 8-32　任务笔记

成果汇报展示笔记		
班级：　　组别：　　组长：　　组员：		
任　务	笔记内容	完成人及完成时间
任务总结	1．任务完成情况 ______ ______ ______ 2．存在的问题 ______ ______ ______	

续表

任　务	笔 记 内 容	完成人及完成时间
任务总结	3．改进计划 ________________ ________________	
成果展示方案	1．汇报人 ________________ 2．汇报方式 ________________ ________________ 3．汇报内容 ________________ ________________	
记录建议	1．同学说 ________________ ________________ 2．老师说 ________________ ________________	

项目九　霍尔式传感器

情景描述

在中国，列车最高速度超过 380km/h，控制中心为了全时、全面监测列车状态，保障列车安全运行，应用于转向架上的传感器就多达 210 个。将霍尔式传感器安装于列车轨道下（图 9-1），列车在轨道上行驶时，前后轮先后经过霍尔式传感器上方，霍尔式传感器输出相应的检测信号至控制系统，控制系统根据前后轮信号之间的时间差，计算出列车运行速度，准确定位列车车厢所处位置。

图 9-1　将霍尔式传感器应用于列车运行状态监测

此外，将霍尔式传感器应用于主动式列车控制系统，能在列车处于紧急状态时进行自动制动，保证行车安全。

本项目主要介绍霍尔式传感器的选型、安装、调试、维护等知识和技能。

项目目标

- 了解霍尔式传感器的结构、工作原理、特性及典型应用；
- 能规范使用电子仪器仪表识别、检测霍尔式传感器；
- 能使用常用弱电、网络测试安装工具；
- 能根据应用需求合理选用霍尔式传感器；
- 能安装、调试、维护霍尔式传感器，排除常见故障；
- 具有自主学习、总结反思能力，在学习过程中培养团队协作意识；
- 养成规范操作的职业习惯，具有良好的安全意识、环保意识、节能意识；
- 具有信息化和创新意识，能进行简单的霍尔式传感器应用设计。

建议学时

6 学时

任务1 霍尔式传感器的选型

任务描述

霍尔式传感器能对电机转速进行测量，将非磁性材料圆盘安装在被测电机的转轴上，在圆盘边缘牢固放置一个圆形磁铁，霍尔式传感器正对圆形磁铁放置。电机转动时，圆盘同步旋转。圆盘每旋转一周，霍尔式传感器就输出一个脉冲，将该脉冲送入控制电路，即可测出转速，并通过显示电路显示转速。当电机停转时，通过报警电路实现报警，达到自动监测设备运行状态的目的。

某工程师须检测车辆或电机等旋转部件的转速，为其安装霍尔式传感器测速系统，要求工作电压为5V，测量距离为8mm，反应频率为10kHz，工作温度为-20～65℃，采用支架水平安装。请根据上述要求为霍尔式传感器测速系统选择合适的霍尔式传感器。

任务目标

- 了解霍尔式传感器的原理、结构、常见类型及应用；
- 了解霍尔材料的分类及特性；
- 能分析霍尔式传感器测量电路；
- 能识别常用霍尔式传感器型号；
- 能根据所需测量的物理量选用合适的霍尔式传感器；
- 能识读霍尔式传感器使用说明书；
- 养成规范操作的职业习惯，具有良好的安全意识、环保意识、节能意识。

任务准备

一、学习工具

学习工具包括手机、常用霍尔式传感器、相关技术手册等。

二、任务所需相关知识

（一）霍尔式传感器简介

1．霍尔式传感器的特点、种类

霍尔式传感器是一种磁传感器，可以检测磁场及其变化，被广泛应用于电力、工业自动化、智能家居及交通运输等领域。

霍尔式传感器以霍尔效应为工作基础，是由霍尔元件及其附属电路组成的集成传感器，主要特点是精度高、线性度好、动态性能好、工作频率范围大。

霍尔式传感器按输出信号的方式分为线性输出霍尔式传感器和开关输出霍尔式传感器。开关输出霍尔式传感器包括单极、双极、全极三类。常用霍尔式传感器如图9-2所示。

2．霍尔材料的分类、特性

美国物理学家霍尔于1879年首次发现金属材料中存在霍尔效应。和金属材料相比，半导体材料中的霍尔效应更明显，霍尔效应是研究半导体材料性能的基本方法。

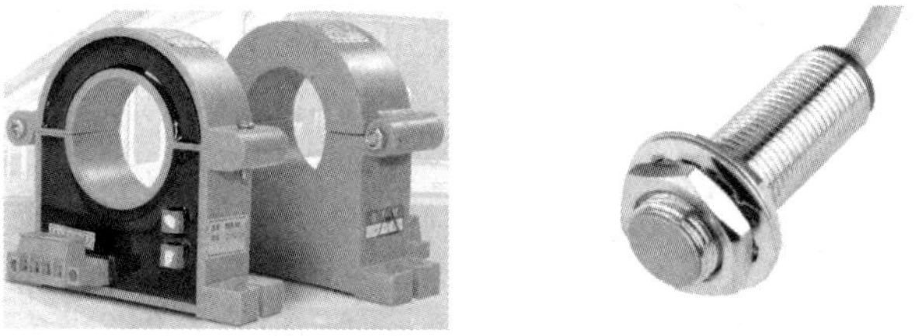

（a）霍尔式电流传感器　　（b）霍尔式接近开关

图 9-2　常用霍尔式传感器

霍尔元件的材料、几何尺寸决定了霍尔式传感器的灵敏度，不同材料的霍尔常数不同。材料的霍尔常数越大，灵敏度越高。

半导体的霍尔效应比金属强得多，为了得到更高的灵敏度，霍尔式传感器一般采用霍尔常数更大的 N 型半导体材料制作，同时采用溅射薄膜工艺，使半导体材料非常薄，从而提高灵敏度。霍尔材料的种类、特点见表 9-1。

表 9-1　霍尔材料的种类、特点

种　类	金属导体	绝缘体	半导体
特　点	电子迁移率大，电阻率低	电子迁移率极小，电阻率极低	电子迁移率和电阻率适中，N 型半导体的电子迁移率比 P 型半导体大

当导体中流过电流时，若没有外加磁场的影响，则导体中的电流能顺利流过导体，导体上与电流和磁场方向平行的两个面之间的电势差为零；如果在垂直于电流方向的方向施加一个磁场，那么在既与磁场方向垂直又与电流方向垂直的方向上会产生一个电势差，即霍尔电压（霍尔电动势），这种现象称为霍尔效应。霍尔效应的理论基础是运动电荷在磁场中要受到洛伦兹力的作用，霍尔效应示意图如图 9-3 所示。

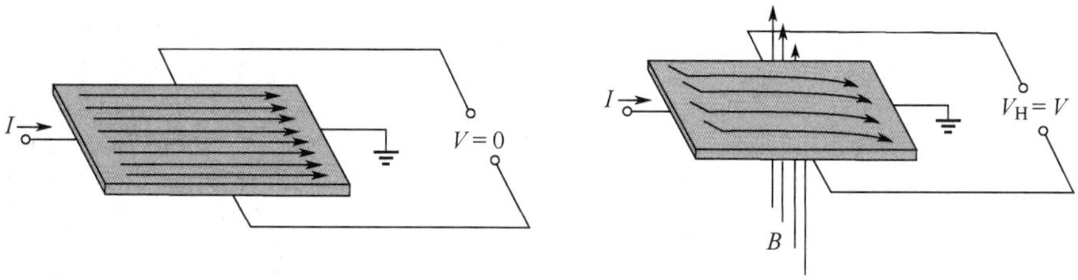

图 9-3　霍尔效应示意图

霍尔式传感器产生的霍尔电动势的大小与控制电流和磁感应强度成正比。

3．霍尔式传感器的结构、测量电路

霍尔式传感器的结构、符号及测量电路如图 9-4 所示。

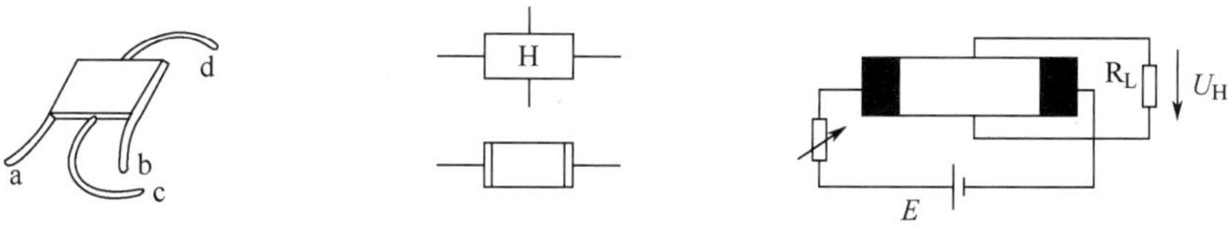

（a）结构　　（b）符号　　（c）测量电路

图 9-4　霍尔式传感器的结构、符号及测量电路

在矩形霍尔半导体基片上，从四个侧面各引出一个电极。a、b 两个电极为电流控制端，

称为控制电极。c、d 两个电极为霍尔电动势输出端，称为霍尔输出极。

霍尔式传感器常采用陶瓷、环氧树脂、金属（非导磁体）进行封装。

（二）霍尔式传感器的应用

霍尔式传感器可用于检测交流量、直流量及脉冲电压，霍尔式传感器的应用案例见表 9-2。

表 9-2　霍尔式传感器的应用案例

应用案例	示意图
用来检测冰箱门的开闭状态：将磁铁和霍尔式传感器置于冰箱门沿，在冰箱开、闭两种状态下，霍尔式传感器检测到的磁场不同，输出电平不同，根据高、低电平来判断冰箱门是否关闭，若未关闭则发出提示音，提示使用者关闭冰箱门	
用来检测折叠键盘的使用状态：折叠键盘使用时打开，不用时可折叠，在键盘上安装霍尔式传感器，能够检测出键盘是否处于使用状态，当检测到键盘未使用时，切断键盘电源，节省电能	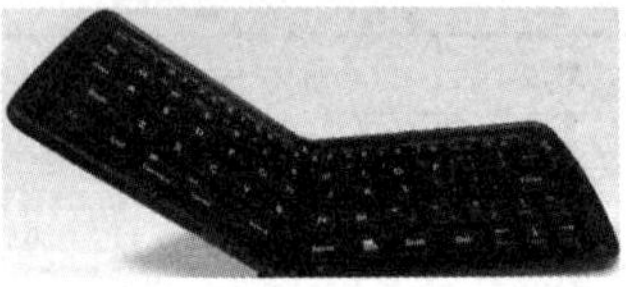
用来检测多功能电动医疗床护栏高度：多功能电动医疗床两侧设有高度可调的护栏，以确保病人不会滚落。若病人不小心使护栏降低，霍尔式传感器检测到护栏高度变化的信息后，能及时向医护人员发出报警信息，从而避免造成危险	
用来检测汽车安全带使用状态：当驾驶员紧急制动车辆时，安全带可将驾乘人员束缚在座椅上，保护驾驶员和乘客免受冲撞造成的伤害。霍尔式传感器在安全带带扣中主要起开关作用，即安全带带扣插入卡槽时，带扣的钢铁材料自行中断磁场的路径，从而使器件接通电源，并提示气囊系统安全带已使用。带扣离开时，断开电源，显示安全带未使用	

（三）霍尔式传感器的型号命名方法

霍尔式传感器的命名方法如下。

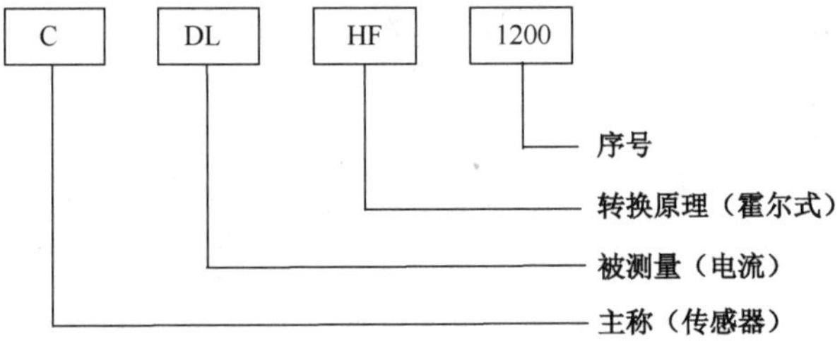

霍尔元件的命名方法如下。

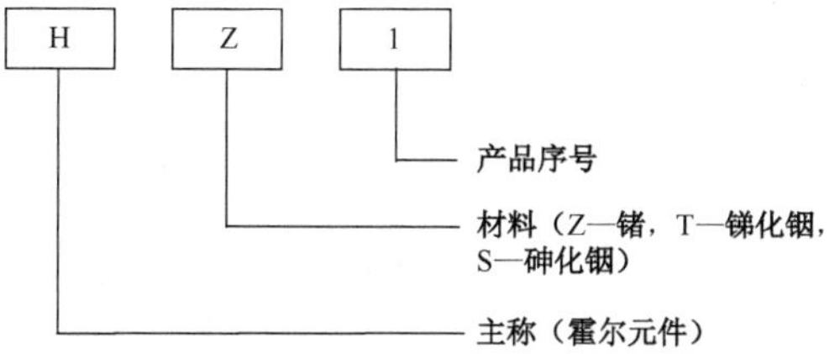

（四）霍尔式传感器的选用方法

1. 选用依据

选用霍尔式传感器时，首先要根据应用场景的具体需求确定其类型和性能指标，其次必须符合实际应用的国家标准、行业标准及企业标准的要求。霍尔式传感器的特性及常规应用领域见表 9-3，现行相关技术标准见表 9-4。

表 9-3　霍尔式传感器的特性及常规应用领域

类　型	特　性	应用领域
线性输出霍尔式传感器	输出电压与感应磁场强度呈线性关系，能将感应到的磁场强度转换为成正比的电压	位移检测、磁场检测、电流检测、速度调节
单极霍尔式传感器	需要指定一个磁极（N 或 S 极）作为感应磁极，霍尔式传感器的导通和断开取决于是否感应到该磁极，感应到该磁极时，输出低电平	接近开关、无刷电机、速度检测
双极霍尔式传感器（锁存霍尔式传感器）	通过交替感应 N、S 极，输出交替变化的 TTL 信号，输出电平的高低取决于感应到的磁场极性，磁场极性不变时，能保持输出电平不变	汽车速度传感器、脉冲计数器、编码器
全极霍尔式传感器	感应到磁场时，输出低电平。当磁场离开霍尔式传感器时，输出高电平，对外部磁场的极性无要求	智能水表、智能电表、手持智能设备

表 9-4　霍尔式传感器现行相关技术标准

标准名称	标　准　号
《全国主要产品分类 产品类别核心元数据 第 10 部分：传感器》	GB/T 37600.10—2018
《非本征半导体单晶霍尔迁移率和霍尔系数测量方法》	GB/T 4326—2006

2. 选型

在实际选型时，需要综合考虑产品使用环境、灵敏度、功耗等，对产品技术（极限）参数进行确认，选择满足需求且性价比高的霍尔式传感器型号。

任务实施

本任务实施分为四步，请根据任务要求逐步完成（表 9-5）。

表 9-5　任务实施

步　骤	任务内容	任务要求
1	明确任务实施要求	小组合作学习，做到人人参与，规范操作，认真完成并及时提交任务笔记
2	查阅资料回答问题	查阅霍尔式传感器的相关信息，回答下列问题，并记入任务笔记 （1）说出霍尔式传感器使用的材料及材料特性 （2）说出霍尔式传感器的结构、工作原理 （3）说出霍尔式传感器型号的意义 （4）列举霍尔式传感器的应用领域

续表

步　　骤	任 务 内 容	任 务 要 求
3	确定参数	请查阅相关资料，写出霍尔式传感器的下列性能指标 性能指标 / 标称值 / 性能指标 / 标称值 输出类型 / / 残余电压 / 输出状态 / / 绝缘耐压 / 工作电压 / / 导线数量 / 负载电流 / / 检测距离 / 反应频率 / / 工作温度 /
4	选型	根据以上确定的性能指标，通过霍尔式传感器产品型号手册或二维码查询，选出合适的产品类型、型号等记入任务笔记

任务笔记

任务笔记见表 9-6。

表 9-6　任务笔记

霍尔式传感器的选型笔记		
班级：　　组别：　　组长：　　组员：		
任　　务	笔 记 内 容	完成人及完成时间
回答辅助问题	霍尔式传感器使用的材料：______ ______ ______ 该材料的主要特性：______ ______ ______	
	霍尔式传感器的结构组成：______ ______ ______ 霍尔式传感器的工作原理：______ ______ ______	
	霍尔式传感器的型号：______ 型号的意义：______ C-DL-HE-1200 的意义：______ H-S-1 的意义：______	
	霍尔式接近开关的应用领域：______ ______ ______ 其他霍尔式传感器的应用领域：______ ______ ______	

续表

任　务	笔 记 内 容	完成人及完成时间
选型	1．请根据霍尔式传感器的选型方法，为电机停转检测报警器选择合适的霍尔式传感器 类型是______ 品牌是______ 型号是______ 2．简述选型方法：______	

任务评价

任务评价表见表 9-7。

表 9-7　任务评价表

序　号	评 价 要 点	配　分	得　分	总　评
1	任务学习工具、资料、知识等准备充分	10		A（80 分及以上）☐ B（70～79 分）☐ C（60～69 分）☐ D（59 分及以下）☐
2	能根据任务要求完成霍尔式传感器的选型	30		
3	能认真完成任务笔记并及时提交	30		
4	信息化意识强，能熟练查阅所需资料	10		
5	小组学习氛围浓厚，沟通协作好	10		
6	具有规范操作的职业习惯	10		

任务小结

请总结本任务完成过程中的优、缺点，并提出改进计划，填写表 9-8。

表 9-8　任务小结

完 成 事 项	优　点	缺　点	改 进 计 划
任务准备			
任务实施			
任务笔记			
其他			

任务 2　霍尔式传感器应用电路的安装与调试

任务描述

随着中国汽车工业的迅速崛起，汽车进入了千家万户。在选购汽车时，人们也越来越重视汽车的安全性能。在车身稳定控制系统中安装霍尔式传感器，可监测车身状态；在防抱死制动系统中安装霍尔式传感器，可防止急刹车时车轮抱死甩尾造成人员伤害。

请根据本任务中提供的电机停转检测报警器的电路接线图和产品安装说明书进行产品组装，并调整检测距离使其满足灵敏度等参数要求，然后将产品安装在应用场所，实现电机停转检测报警功能。

任务目标

● 能识读霍尔式传感器应用说明书、霍尔式传感器接线图，并能识别和连接霍尔式传感器数据接口；
● 能检测霍尔式传感器的好坏；
● 能识读霍尔式传感器产品安装说明书和电路图，并能按图进行布局和布线；
● 能调试霍尔式传感器设备端软件，能对霍尔式传感器进行校准；
● 能使用常用弱电、网络测试安装工具；
● 养成规范操作的职业习惯，具有良好的安全意识、环保意识、节能意识。

任务准备

一、学习工具

学习工具包括手机、霍尔式传感器及应用电路套件、常用弱电和网络测试安装工具等。

二、任务所需相关知识

电机停转检测报警器采用霍尔式接近开关检测电机运转状态。将霍尔式接近开关安装在电机前端，当电机正常运转时，其检测到置于电机滚轴上的感应磁铁，就会输出脉冲信号。当电机停转时，霍尔式接近开关因未感应到磁场变化，触发主机电路，自动实现停转报警。

（一）霍尔式传感器的检测和接线方式

1．霍尔式传感器的检测

霍尔式传感器的检测方法见表 9-9。

表 9-9　霍尔式传感器的检测方法

类　别	检 测 方 法	图　例
外观检查	霍尔式传感器的外观应无明显的瑕疵、划痕，导线绝缘层应无破损，感应面应干净无锈蚀 外形尺寸和参数特性应符合霍尔式传感器相关的国家标准	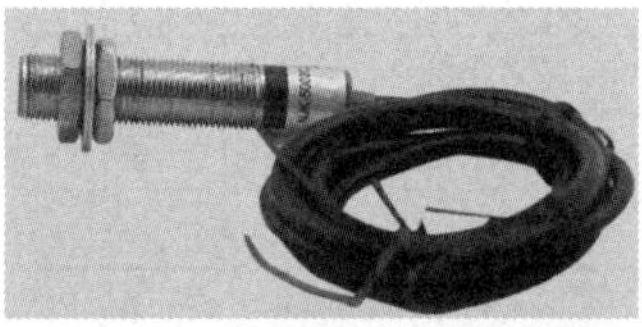
零点检测	为霍尔式传感器提供工作电压，用万用表电压挡测量零点输出电压。有外部磁场时，零点输出电压应为 0V，零点输出电压不能超出霍尔式传感器的技术指标	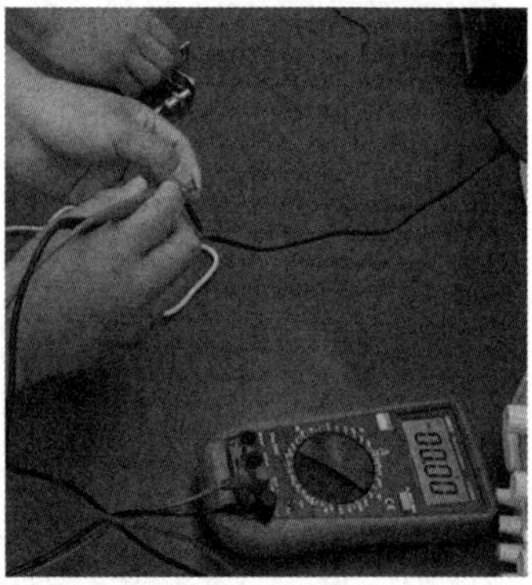

2．霍尔式传感器的接线方式

霍尔式传感器的接线方式主要有两线制、三线制、四线制。本任务中的电机停转检测报警器采用三线制接法，其接线方式如图 9-5 所示。

（a）实物图

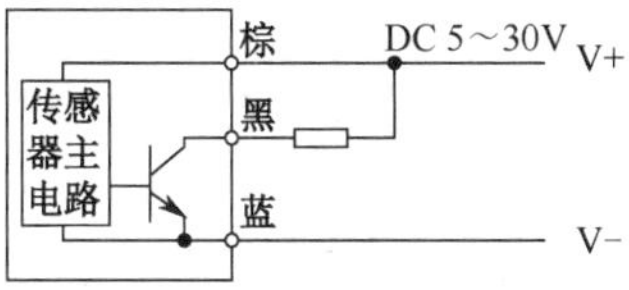

（b）接线原理图

图 9-5　电机停转检测报警器的接线方式

（二）电机停转检测报警器电路的安装

1．电机停转检测报警器电路框图

电机停转检测报警器电路框图如图 9-6 所示。

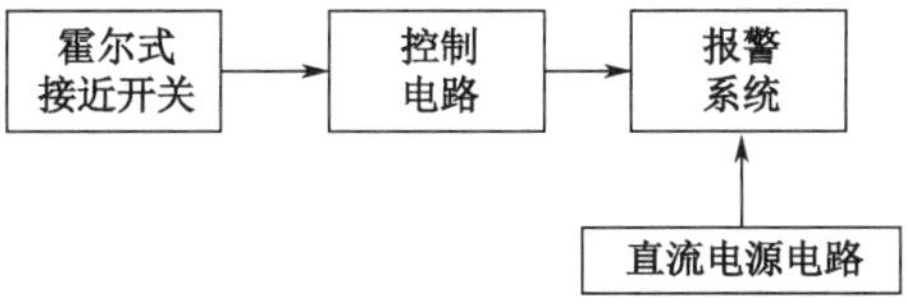

图 9-6　电机停转检测报警器电路框图

霍尔式接近开关因其特殊的霍尔效应，在接近金属材料时，其输出的霍尔电压会发生变化。主机电路根据霍尔电压的变化，可在无接触的情况下感知设备的运行状态或位置。霍尔式接近开关灵敏度高，动作可靠，被广泛应用于航空、交通、电力监测等领域。

2．电机停转检测报警器的装配

根据电子产品装配的知识与技能，结合产品装配说明书，完成电机停转检测报警器的装配，电路安装效果图如图 9-7 所示。

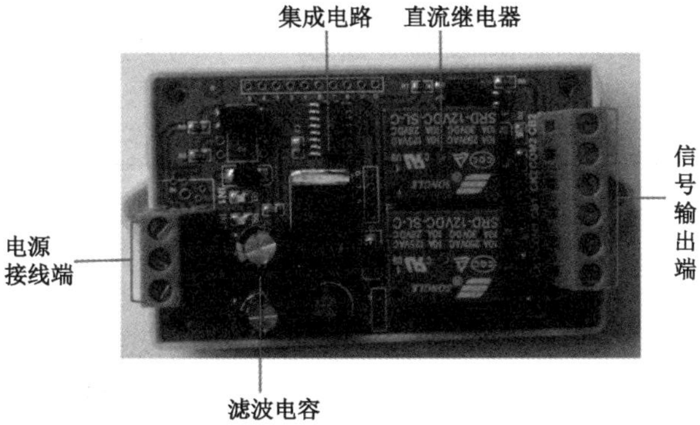

图 9-7　电路安装效果图

3．电机停转检测报警器的技术参数

表 9-10 是电机停转检测报警器的技术参数表。

表 9-10 电机停转检测报警器的技术参数表

内　容	参 数 值	内　容	参 数 值
产品名称	电机停转检测报警器	工作温度	-20～65℃
电源输入	DC 5～30V	工作湿度	35%～85%RH
报警输出	常开输出	反应频率	10kHz
空载电流	≤10mA	残余电压	≤0.5V
检测距离	10mm	负载最大电流	≤150mA
输出类型	NPN	绝缘耐压	AC 1000V

（三）电机停转检测报警器的安装

1．安装方法

安装方法主要有螺钉安装、支架安装。本任务采用支架安装，安装效果图如图 9-8 所示。

2．安装注意事项

（1）安装前应仔细阅读产品说明书，以保证接线正确。

（2）安装时应将霍尔式接近开关正对着滚轴磁钢，以提高探测的灵敏度。

（3）安装时霍尔式接近开关应距离滚轴 8～10mm，并且要避免周围强磁场的干扰。

（4）霍尔式接近开关不能安装于多尘，以及水、化学品直接飞溅的场所；不能安装于有强振动且无减振措施的场所。

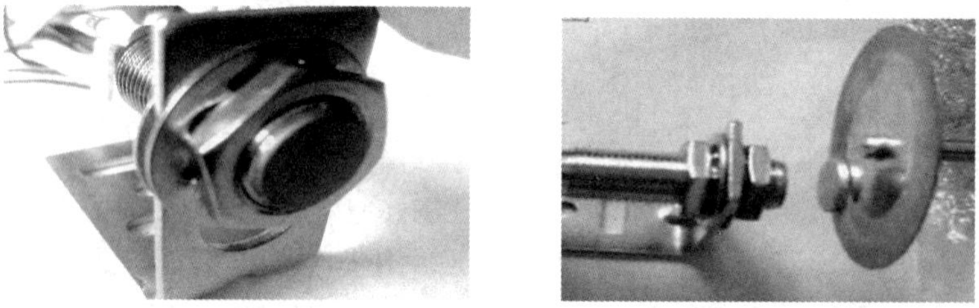

图 9-8 电机停转检测报警器安装效果图

（四）电机停转检测报警器的调试

产品安装完成后，为产品输入 12V 直流电压，通电试机，调试产品实现电机停转检测报警功能，见表 9-11。

表 9-11 电机停转检测报警器的调试

调 试 项 目	调 试 方 法	图　例
电机运转调试	提供工作电源，启动电机正常运转，报警器应不发出报警声，报警灯应不亮	

续表

调试项目	调试方法	图例
电机停转调试	提供工作电源，切断电机电源使电机停转，报警器应发出报警声，报警灯应闪烁	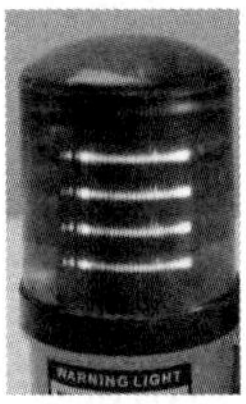
距离调试	根据报警状态及外磁场强弱，调整霍尔式接近开关与滚轴的距离，对霍尔式接近开关进行校准，使产品工作性能达到最佳	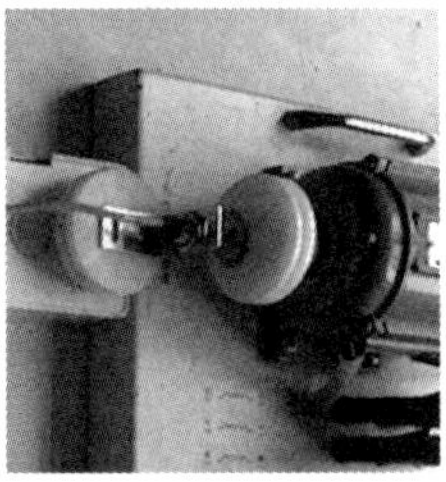

任务实施

本任务实施分为七步，请根据任务要求逐步完成（表 9-12）。

表 9-12　任务实施

<table>
<tr><th>步骤</th><th>任务内容</th><th>任务要求</th></tr>
<tr><td>1</td><td>明确任务实施要求</td><td>小组合作学习，做到人人参与，规范操作，认真完成并及时提交任务笔记</td></tr>
<tr><td>2</td><td>收货检验</td><td>请对照材料清单和组件进行电机停转检测报警器套件的收货检验，在下表中记录结果，如有误应及时报告
<table>
<tr><th>序号</th><th>名称</th><th>规格</th><th>标称</th><th>数量</th><th>清点情况</th></tr>
<tr><td></td><td></td><td></td><td></td><td></td><td></td></tr>
<tr><td></td><td></td><td></td><td></td><td></td><td></td></tr>
<tr><td></td><td></td><td></td><td></td><td></td><td></td></tr>
<tr><td></td><td></td><td></td><td></td><td></td><td></td></tr>
<tr><td></td><td></td><td></td><td></td><td></td><td></td></tr>
<tr><td></td><td></td><td></td><td></td><td></td><td></td></tr>
<tr><td></td><td></td><td></td><td></td><td></td><td></td></tr>
</table></td></tr>
<tr><td>3</td><td>查阅资料回答问题</td><td>查阅电机停转检测报警器安装说明书、电路原理图等资料，按要求完成任务笔记中辅助问题的回答</td></tr>
<tr><td>4</td><td>检测</td><td>根据电机停转检测报警器的电路结构、检测方法，按照任务要求进行检测，并将检测数据记入任务笔记</td></tr>
<tr><td>5</td><td>电路安装</td><td>进行电路安装，注意接线正确、操作规范。安装完成后检测电路各部件安装与布线的准确性、牢固性和稳定性</td></tr>
<tr><td>6</td><td>电路调试</td><td>调试通电必须征得教师同意。调试电路实现功能，并将调试数据记入任务笔记。调节灵敏度旋钮，进行灵敏度校正</td></tr>
<tr><td>7</td><td>产品应用安装</td><td>根据应用场景，完成电机停转检测报警器的产品安装，实现电机停转检测报警功能</td></tr>
</table>

任务笔记

任务笔记见表 9-13。

表 9-13　任务笔记

<table>
<tr><td colspan="3">电机停转检测报警器的安装调试笔记</td></tr>
<tr><td colspan="3">班级：　　　　组别：　　　　组长：　　　　组员：</td></tr>
<tr><td>任　务</td><td>笔 记 内 容</td><td>完成人及完成时间</td></tr>
<tr><td>回答辅助问题</td><td>1. 查阅资料，画出电机停转检测报警器的电路框图

2. 霍尔式传感器应用电路安装方式有哪些？电机停转检测报警器的安装方式是什么？

3. 霍尔式传感器接线方式有哪些？电机停转检测报警器的接线方式是什么？</td><td></td></tr>
<tr><td>检测调试</td><td><table><tr><td>零点检测记录波形</td><td>示波器</td><td>频率器</td><td>毫伏表</td></tr><tr><td></td><td>时间挡：

幅度挡：

峰峰值：</td><td>频率：

周期：</td><td>输出电压值：</td></tr></table></td><td></td></tr>
<tr><td>产品应用安装</td><td>查阅资料，写出电机停转检测报警器产品应用安装的注意事项</td><td></td></tr>
</table>

任务评价

任务评价表见表 9-14。

表 9-14　任务评价表

序　号	评 价 要 点	配　分	得　分	总　评
1	任务学习工具、资料、知识等准备充分	10		A（80 分及以上）□ B（70～79 分）□ C（60～69 分）□ D（59 分及以下）□
2	能正确检测霍尔式传感器	5		
3	能正确安装霍尔式传感器及应用电路	15		
4	能正确调试霍尔式传感器及应用电路	20		
5	能认真完成任务笔记并及时提交	20		
6	信息化意识强，能熟练查阅所需资料	10		
7	小组学习氛围浓厚，沟通协作好	10		
8	具有规范操作的职业习惯	10		

任务小结

请总结本任务完成过程中的优、缺点，并提出改进计划，填写表 9-15。

表 9-15　任务小结

完成事项	优　点	缺　点	改进计划
任务准备			
任务实施			
任务笔记			
其他			

任务 3　霍尔式传感器的维护

任务描述

安装于产品中的霍尔式传感器，受电压异常波动、元件老化、位置变化、工作环境温度过高等因素的影响，会出现性能不稳定或损坏的现象。例如，汽车防抱死制动系统中安装有霍尔式传感器，若该传感器损坏，则会导致车轮抱死，车辆甩尾，可能造成严重的人员伤害，所以必须按行业规定对其进行定期维护。

请对本任务提供的电机停转检测报警器进行故障检修、维护。

任务目标

- 能识读霍尔式传感器产品说明书；
- 能使用常用弱电、网络测试安装工具；
- 能检测电路导线和数据线通断；
- 能判断霍尔式传感器应用电路的常见故障，并能排除简单故障；
- 能对霍尔式传感器进行日常维护；
- 养成规范操作的职业习惯，具有良好的安全意识、环保意识、节能意识。

任务准备

一、学习工具

学习工具包括手机、万用表、示波器、霍尔式传感器应用电路等。

二、任务所需相关知识

（一）霍尔式传感器的日常维护方法

霍尔式传感器须根据其工作原理、应用场所等进行维护。

电机停转检测报警器的日常维护方法见表 9-16。

表 9-16 电机停转检测报警器的日常维护方法

序号	项目	日常维护方法
1	动作指示灯	本任务主要考虑电机停转检测报警器是否能在电机停转时有效实现报警，霍尔式接近开关上有动作指示灯，需要检查该指示灯是否能正常工作
2	温度	工作温度为-20～65℃
3	检测范围	要保证电机停转检测报警器与滚轴磁钢的距离在检测范围内，若要扩大检测范围，可以采用磁场强度更高的磁钢
4	性能检测	人为设置电机停转，应能按要求发出警报声

（二）霍尔式传感器的常见故障及排除方法

电机停转检测报警器的常见故障及排除方法见表 9-17 所示。

表 9-17 电机停转检测报警器的常见故障及排除方法

序号	故障现象	故障分析及排除方法
1	电机停转，不报警，报警灯不亮	先检查霍尔式接近开关与磁钢的距离是否在规定范围内，以及霍尔式接近开关与控制电路接线是否正确；然后检测声光报警器输入端电压，电压正常则可能是声光报警器损坏，电压不正常则进一步检查控制电路是否损坏
2	电机正常运转，误报警	检查产品接线方式（产品信号常闭输出端和公共端）是否正确，霍尔式接近开关零位是否有输出；查看霍尔式接近开关周围是否有强磁干扰；检查霍尔式接近开关安装是否牢固，是否因振动造成霍尔式接近开关移位
3	电机停转时，灵敏度不高	检查霍尔式接近开关与磁钢的距离是否过大，磁钢磁性是否足够，霍尔式接近开关零点输出是否正常

任务实施

本任务实施分为五步，请根据任务要求逐步完成（表 9-18）。

表 9-18 任务实施

步骤	任务内容	任务要求
1	明确任务实施要求	小组合作学习，做到人人参与，规范操作，认真完成并及时提交任务笔记
2	查阅资料回答问题	查阅霍尔式传感器及应用电路说明书、维护方法、常见故障等资料，按要求完成辅助问题的回答，并记入任务笔记
3	距离检测	进行感应距离的检测，并将检测情况记入任务笔记
4	自设故障观察现象	小组自设故障，观察故障现象，并将观察结果记入任务笔记
5	互设故障排除故障	小组互设故障，自行查阅资料进行故障检修，并填写任务笔记中的检修报告

任务笔记

任务笔记见表 9-19。

表 9-19 任务笔记

<table>
<tr><td colspan="3">霍尔式传感器的维护笔记</td></tr>
<tr><td colspan="3">班级： 组别： 组长： 组员：</td></tr>
<tr><td>任 务</td><td>笔 记 内 容</td><td>完成人及完成时间</td></tr>
<tr><td>回答辅助问题</td><td>1．电机停转检测报警器日常维护的主要事项有哪些？

2．简述电机停转检测报警器常见故障及排除方法</td><td></td></tr>
<tr><td>距离检测</td><td>1．霍尔式传感器距离磁钢 20mm，记录检测现象：________
____
____
2．霍尔式传感器距离磁钢 10mm，记录检测现象：________
____
________</td><td></td></tr>
<tr><td>自设故障观察现象</td><td>1．设置的故障：________
____
____
2．观察到的故障现象：________
____
____
3．电路检测数据
<table>
<tr><td>输出端波形</td><td>示波器</td><td>频率器</td><td>毫伏表</td></tr>
<tr><td></td><td>时间挡：
幅度挡：
峰峰值：</td><td>频率：
周期：</td><td>输出电压值：</td></tr>
</table>
</td><td></td></tr>
<tr><td>互设故障排除故障</td><td>1．故障现象：________
____
____
2．故障检测过程：________
____
____
3．故障点：________
____
____
4．故障排除方法：________
____
________</td><td></td></tr>
</table>

任务评价

任务评价表见表 9-20。

表 9-20 任务评价表

序号	评价要点	配分	得分	总评
1	任务学习工具、资料、知识等准备充分	10		A（80 分及以上）□ B（70～79 分）□ C（60～69 分）□ D（59 分及以下）□
2	能正确进行导线和数据线通断检测	10		
3	能排除霍尔式传感器的简单故障	20		
4	能认真完成任务笔记并及时提交	30		
5	信息化意识强，能熟练查阅所需资料	10		
6	小组学习氛围浓厚，沟通协作好	10		
7	具有规范操作的职业习惯	10		

任务小结

请总结本任务完成过程中的优、缺点，并提出改进计划，填写表 9-21。

表 9-21 任务小结

完成事项	优点	缺点	改进计划
任务准备			
任务实施			
任务笔记			
其他			

任务 4 总结与交流

任务描述

根据霍尔式传感器的选型、安装、调试、日常维护等任务的完成情况，确定小组成果展示方案，并对其他小组的成果进行公平、客观的评价。结合其他小组人员和教师的评价与建议，对本小组任务完成过程中存在的优、缺点进行总结归纳，制订改进计划。

任务目标

- 善于总结、反思、改进；
- 能采用多种形式进行成果展示；
- 能客观、公正地评价、提出建议；
- 展现、沟通能力得以提升；
- 能虚心接受他人的建议；
- 具有团队和竞争意识。

任务准备

准备工作页、书面总结、工件、白板、纸张、PPT 等。

任务实施

本任务实施分为六步，请根据任务要求逐步完成（表 9-22）。

表 9-22　任务实施

步　骤	任务内容	任务要求
1	明确任务实施要求	总结全面，充分准备展示素材，展示语言流畅、思路清晰，评价客观、公正，提出合理建议
2	任务总结	全面总结所有任务完成情况、存在的问题、改进计划等，并记入任务笔记，素材准备充分
3	确定汇报方案	包括汇报人、汇报方式、汇报内容等，并记入任务笔记
4	成果汇报	语言流畅、思路清晰，形式多样化，可以为图片、PPT、学习视频片段等
5	三方评价	进行自评、组评和师评，评价客观、公正
6	提出建议	对其他组提出建议，认真听取其他组对本组的建议，并记入任务笔记

任务评价

评价由三部分组成，即学生自评、小组评价（组评）和教师评价（师评）。按照自评占20%，组评占 30%，师评占 50%计算总分，见表 9-23。

表 9-23　任务评价表

评价内容	配　分	得　分			总评等级
		自　评	组　评	师　评	
纪律观念	10 分				A（80 分及以上）□ B（70～79 分）□ C（60～69 分）□ D（59 分及以下）□
学习态度	10 分				
协作精神	10 分				
文明规范	10 分				
笔记质量	10 分				
实践动手能力	20 分				
解决问题能力	20 分				
语言表达能力	10 分				
评分小计	100 分				

任务笔记

任务笔记见表 9-24。

表 9-24　任务笔记

成果汇报展示笔记		
班级：　组别：　组长：　组员：		
任　务	笔 记 内 容	完成人及完成时间
任务总结	1．任务完成情况 2．存在的问题 3．改进计划	
成果展示方案	1．汇报人 2．汇报方式 3．汇报内容	
记录建议	1．同学说 2．老师说	

项目十　红外传感器

情景描述

先看一条 2013 年的资讯："据悉，今年秋天，罹患渐冻症逾半个世纪的著名物理学家史蒂芬·霍金将出版一部回忆录。"据称，这是霍金第一部未借助他人帮助、完全依靠自己写成的书籍。那么，一直以来，霍金是如何与他人进行交谈和发表演讲的呢？原来，霍金轮椅下方和后方安装的计算机包含音频放大器和声音合成器，它们受霍金眼镜上的红外传感器控制，能够对因面部运动而产生的光线变化做出反应。

本项目主要介绍红外传感器的选型、安装、调试、维护等知识和技能。

项目目标

- 了解红外传感器的结构、工作原理、特性及典型应用；
- 能规范使用电子仪器仪表识别、检测红外传感器；
- 能使用常用弱电、网络测试安装工具；
- 能根据应用需求合理选用红外传感器，能安装、调试、维护红外传感器，排除常见故障；
- 具有自主学习、总结反思能力，在学习过程中培养团队协作意识；
- 养成规范操作的职业习惯，具有良好的安全意识、环保意识、节能意识；
- 具有信息化和创新意识，能进行简单的红外传感器应用设计。

建议学时

6 学时

任务 1　红外传感器的选型

任务描述

红外探测器是红外传感器的典型应用，适用于家庭、办公室、仓库、实验室等比较重要的场所。一旦有人靠近，红外探测器就能探测到并触发报警，从而防止非法入侵。某仓库须安装红外探测报警系统，要求采用非接触式温度传感器和 5.5μm 红外滤光片，响应时间短，测温范围大，工作温度为-30～100℃，视角为 112°。请根据上述要求为该红外探测报警系统选择合适的红外传感器。

任务目标

- 了解红外传感器的原理、结构、常见类型及应用；
- 能分析红外传感器测量电路；
- 能识别常用红外传感器型号；
- 能根据所需测量的物理量选用合适的红外传感器；
- 能识读红外传感器使用说明书；
- 养成规范操作的职业习惯，具有良好的安全意识、环保意识、节能意识。

任务准备

一、学习工具

学习工具包括手机、常用红外传感器、相关技术手册等。

二、任务所需相关知识

（一）红外传感器简介

1．红外传感器的特点、种类

红外传感器是利用物体本身具有一定温度（高于绝对零度-273.16℃）而产生红外辐射的特性，实现自动检测的传感器。其在测量时不与被测物体直接接触，因而不存在摩擦，并且具有灵敏度高、响应快等优点，被广泛应用于医学、军事、空间技术和环境工程等领域。常用的红外传感器如图 10-1 所示。

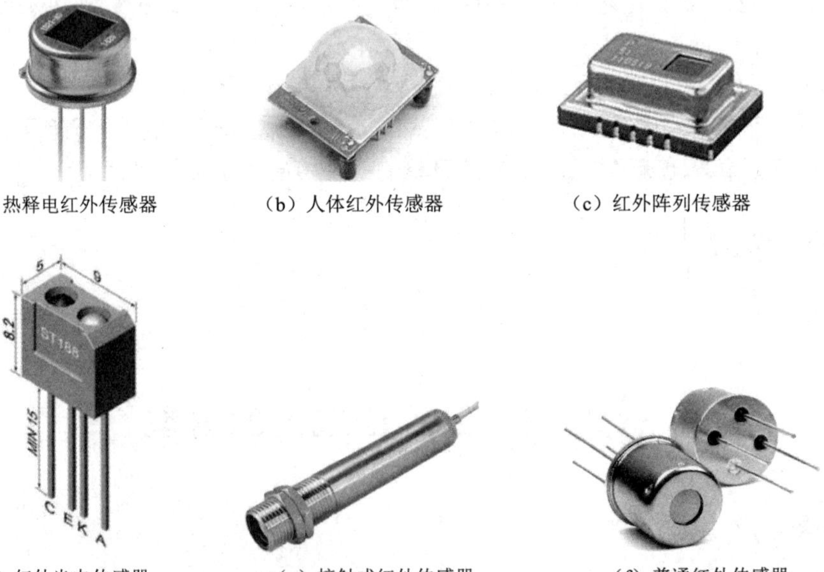

（a）热释电红外传感器　（b）人体红外传感器　（c）红外阵列传感器

（d）红外光电传感器　（e）接触式红外传感器　（f）普通红外传感器

图 10-1　常用的红外传感器

2．红外传感材料的分类、特性

任何物体只要本身具有一定温度（高于绝对零度-273.16℃），就能辐射红外线。红外线具有反射、折射、散射、干涉及吸收等性质，主要特点是热效应大。红外传感材料的分类、特性见表 10-1。

表 10-1　红外传感材料的分类、特性

分　类	特　性
半导体材料	半导体材料在红外光学领域应用广泛，具有良好的红外光学特性，对不同波长的红外线有较高的透过率，易加工成各种形状，制造成本低
单晶材料	具有灵敏度高、稳定性好、可靠性高、频率响应特性好等特点
陶瓷材料	居里点高，自发极化强度高，能大批量生产，成本低
高分子有机聚合物及复合物	具有可薄膜化、大面积化等特点
金属氧化物陶瓷及薄膜材料	具有抗氧化、耐高温、耐潮湿、抗辐射、变化材料配方可以改变性能、工艺简便、成本低廉等特点

3．红外传感器的结构、测量电路

红外传感器包括光学系统、检测元件和转换电路。红外传感器的结构如图 10-2（a）所示，内部电路如图 10-2（b）所示，等效测量电路如图 10-2（c）所示。

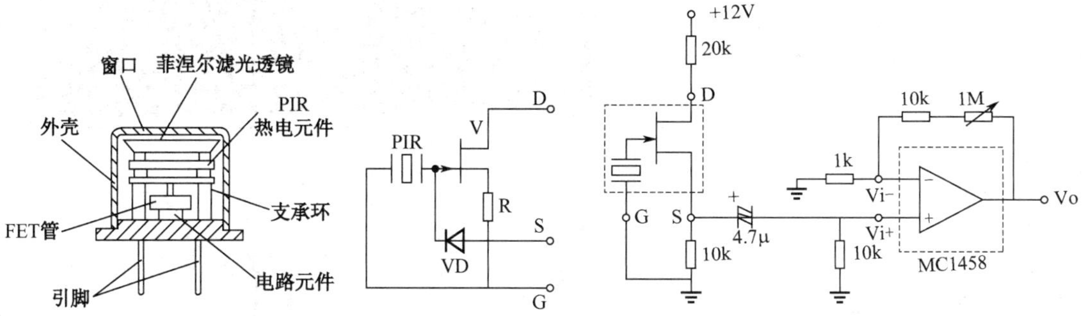

（a）结构　（b）内部电路　（c）等效测量电路

图 10-2　红外传感器的结构、内部电路和等效测量电路

（二）红外传感器的应用

红外传感器的典型应用见表 10-2。

表 10-2　红外传感器的典型应用

应 用 案 例	示　意　图
辐射测量仪、光谱测量仪：基于中红外辐射测量的地面辐射强度计，可用于全球变暖等的气候变化观察；基于远红外辐射测量的红外空间望远镜，可用于宇宙天体天文观察；配有红外光谱扫描辐射仪的气象卫星，可实现对云层等的气象观察分析	

续表

应用案例	示意图
搜索和跟踪系统：基于目标所发出的处于红外光谱范围内的电磁辐射波，搜索和跟踪红外目标，确定其空间位置，并对其运动轨迹进行跟踪	
火焰探测器：利用红外传感器对火焰敏感的特点，使用特制的红外接收管来检测火焰，并将火焰的强度转化为高低变化的电信号	
热成像系统：利用红外探测器和光学成像物镜接收被测物体的红外辐射能量分布图形，反映到红外探测器的光敏元件上，从而获得热图像的一种系统。热图像与物体表面的热分布场相对应，热图像上面的不同颜色代表被测物体的不同温度	
红外通信系统：采用调制后的红外辐射光束传输编码后的数据，再由硅光电二极管将收到的红外辐射信号转换成电信号，实现近距离通信的一种系统，它不干扰邻近设备的正常工作，特别适用于人口高密度区域户内通信	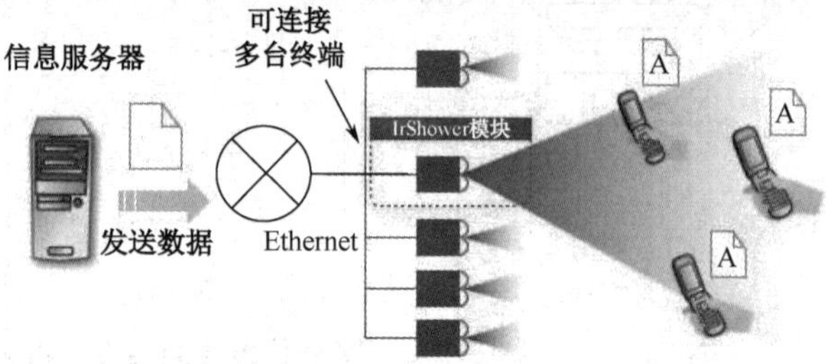

（三）红外传感器的型号命名方法

红外传感器型号的组成符号及含义见表 10-3。

表 10-3　红外传感器型号的组成符号及含义

主称		材料		特征		制冷方式	
符号	意义	符号	意义	符号	意义	符号	意义
H	红外探测器	10	硅材料	D	光导	S	室温
		11	锗材料	F	光伏	R	热电
		20	硫化铅	R	热电	F	辐射
		21	硫化镉	C	CCD	J	节流

（四）红外传感器的选用

1．选用依据

选用红外传感器时，首先要根据应用场景的具体需求确定其性能指标，其次必须符合实际应用的国家标准、行业标准及企业标准的要求。红外传感器性能指标见表 10-4，现行相关技术标准见表 10-5。

表 10-4 红外传感器性能指标

序号	性能指标	指标说明
1	响应时间	如果目标的运动速度很快或测量快速加热的目标，要选用快速响应红外传感器。测量静止的目标或目标热过程存在热惯性时，对响应时间可以放宽要求。新型红外传感器的响应时间可达 1ms
2	测温范围	根据被测温度范围，准确选择红外传感器测温范围，既不要过窄，也不要过宽。另外，要注意红外传感器的尺寸，不能过大，也不能太小，必须选择合适的尺寸，以便安装和测量
3	探测速度	国标规定为 0.3～3m/s。人体在探测距离的 70%位置点，以 0.3m/s 的速度走动，有报警为慢速测试；人体以 0.5～0.7m/s 的速度走动，有报警为中速测试；人体以 3m/s 的速度经过探测范围，有报警为快速测试；人体以低于 0.3m/s 的速度走动，不应有报警，为超慢速测试
4	测试范围	以人体正常走动步幅（0.35～0.8m）测试其最远距离。角度测试可分为水平（扇面）角度测试、垂直（纵面）角度测试
5	现场工作环境	选型时，若在温度过高，存在灰尘、烟雾和蒸汽的条件下使用，可选用厂家提供的保护套、水冷却系统、空气冷却系统、空气吹扫器等附件。在有噪声、电磁场、振动或难以接近的环境下使用，光纤双色温度传感器是最佳选择

表 10-5 红外传感器现行相关技术标准

标准名称	标准号
《红外探测器参数测试方法》	GB/T 13584—2011
《带电设备红外诊断应用规范》	DL/T 664—2016

2．选型

在实际选型过程中，往往选择满足应用场景、性能指标、技术标准要求且性价比高的产品。

任务实施

本任务实施分为四步，请根据任务要求逐步完成（表 10-6）。

表 10-6 任务实施

步骤	任务内容	任务要求
1	明确任务实施要求	小组合作学习，做到人人参与，规范操作，认真完成并及时提交任务笔记
2	查阅资料回答问题	查阅红外传感器型号命名、特性等资料，回答下列问题，并记入任务笔记 （1）说出红外传感器的特点 （2）说出红外传感器的结构、工作原理 （3）说出红外传感器型号的意义 （4）列举红外传感器的应用领域

续表

<table>
<tr><th>步 骤</th><th>任务内容</th><th>任务要求</th></tr>
<tr><td>3</td><td>确定红外传感器参数</td><td>根据本任务中红外探测报警系统的需求，查阅相关资料，写出红外传感器的下列性能指标
<table><tr><th>性能指标</th><th>标称值</th><th>性能指标</th><th>标称值</th></tr><tr><td>响应率</td><td></td><td>时间常数</td><td></td></tr><tr><td>探测率</td><td></td><td>视角</td><td></td></tr><tr><td>等效噪声功率</td><td></td><td>测量范围</td><td></td></tr><tr><td>热电堆温度系数</td><td></td><td>存储温度</td><td></td></tr><tr><td>噪声电压</td><td></td><td>物理封装</td><td></td></tr></table></td></tr>
<tr><td>4</td><td>红外传感器选型</td><td>根据以上确定的性能指标，通过红外传感器产品型号手册或二维码查询，选出合适的产品类型、型号
红外传感器产品类型：______________
红外传感器产品型号：______________</td></tr>
</table>

任务笔记

任务笔记见表 10-7。

表 10-7 任务笔记

<table>
<tr><th colspan="3">红外传感器的选型笔记</th></tr>
<tr><td colspan="3">班级： 组别： 组长： 组员：</td></tr>
<tr><td>任 务</td><td>笔记内容</td><td>完成人及完成时间</td></tr>
<tr><td rowspan="4">回答辅助问题</td><td>红外传感器的特点：______________________________
______________________________</td><td></td></tr>
<tr><td>红外传感器的结构组成：______________________________
____
红外传感器的工作原理：______________________________
______________________________</td><td></td></tr>
<tr><td>红外传感器的型号：______________________________
型号的意义：______________________________
H-10-F-F-2 的意义：______________________________
H-40-S-S 的意义：______________________________
H-42-E-J 的意义：______________________________</td><td></td></tr>
<tr><td>红外传感器的应用领域：______________________________
____
______________________________</td><td></td></tr>
<tr><td>传感器的选型</td><td>请根据红外传感器的选型方法，为本任务中的红外探测报警系统选择合适的红外传感器，完成如下信息记录
类型是______________________________
品牌是______________________________
型号是______________________________
简述选型方法：______________________________
______________________________</td><td></td></tr>
</table>

任务评价

任务评价表见表 10-8。

表 10-8　任务评价表

序　号	评 价 要 点	配　分	得　分	总　评
1	任务学习工具、资料、知识等准备充分	10		A（80 分及以上）□ B（70～79 分）□ C（60～69 分）□ D（59 分及以下）□
2	能根据任务要求完成红外传感器的选型	30		
3	能认真完成任务笔记并及时提交	30		
4	信息化意识强，能熟练查阅所需资料	10		
5	小组学习氛围浓厚，沟通协作好	10		
6	具有规范操作的职业习惯	10		

任务小结

请总结本任务完成过程中的优、缺点，并提出改进计划，填写表 10-9。

表 10-9　任务小结

完 成 事 项	优　点	缺　点	改 进 计 划
任务准备			
任务实施			
任务笔记			
其他			

任务 2　红外传感器应用电路的安装与调试

任务描述

在工业生产设备中可通过红外传感器探测工件的温度，掌握产品的信息。在公共场所入口处安装红外传感器，可快速判断通过的行人是否有发热现象。在高档住宅中安装红外传感器可防盗。红外传感器应根据其工作原理、工程具体要求和实际条件，本着性能稳定、性价比最高的原则，兼顾良好的稳定性和抗干扰能力进行安装、调试。

请根据本任务提供的红外传感器的电路原理图和产品安装说明书组装产品，并调节灵敏度旋钮使其满足灵敏度等参数要求，然后将产品安装在应用场所，实现红外监测报警功能。

任务目标

- 能识读红外传感器说明书、红外传感器接线图，并能识别和连接数据接口；
- 能检测红外传感器的好坏；
- 能识读红外传感器产品说明书和电路图，并能按图进行布局和布线；
- 能调试设备端软件，能对红外传感器进行校准；
- 能使用常用弱电、网络测试安装工具；

● 养成规范操作的职业习惯，具有良好的安全意识、环保意识、节能意识。

任务准备

一、学习工具

学习工具包括手机、红外探测报警应用电路套件、常用弱电和网络测试安装工具等。

二、任务所需相关知识

红外传感器主要用来探测人体和其他入侵的移动物体。当人进入探测区域时，红外传感器接收到的红外辐射将发生变化，将这种变化转换为便于测量或观察的电信号，进而向报警主机发送报警信号，即可实现报警。

（一）红外传感器的检测和接线方式

1．红外传感器的检测

红外传感器的检测方法见表 10-10。

表 10-10　红外传感器的检测方法

类　别	检测方法	图　例
外观检查	观察红外传感器的封装表面，应无裂痕、退色及永久性污渍，也无明显变形和划痕	
质量检测	将万用表置于 $R\times1\text{k}\Omega$ 挡，红表笔接漏极 D，黑表笔接源极 S，记录测量的电阻值。交换表笔，再次进行测量。两次测量的电阻值应该相等，约为几十千欧。若两次测量的电阻值均很小，说明其内部已损坏	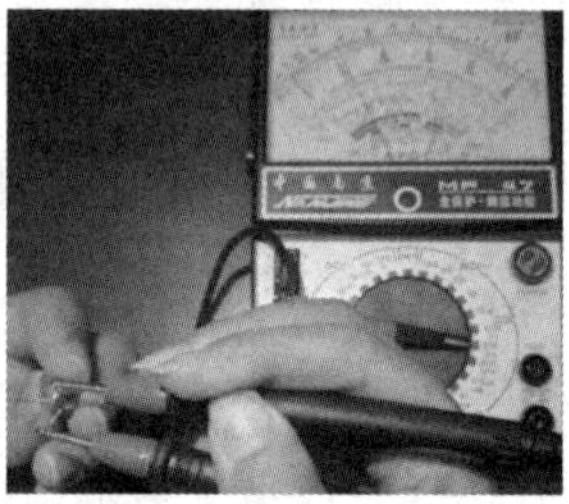

2．红外传感器的接线方式

红外传感器有三个引脚，分别是漏极 D、源极 S、接地端 G。接线时漏极接电源正极，源极接信号输出端，接地端接电源负极。其接线方式如图 10-3 所示。

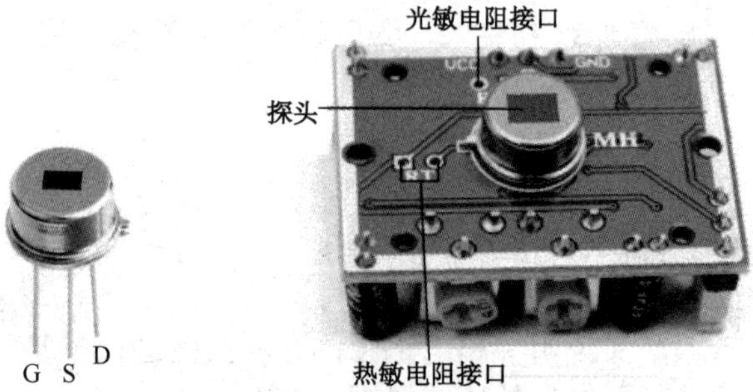

图 10-3　红外传感器的接线方式

（二）红外探测器电路的安装

1．红外探测器电路框图

本任务中的红外探测器主要由光学系统（菲涅尔透镜）、热释电红外传感器、信号处理电路和报警电路组成。红外探测器电路框图如图 10-4 所示。

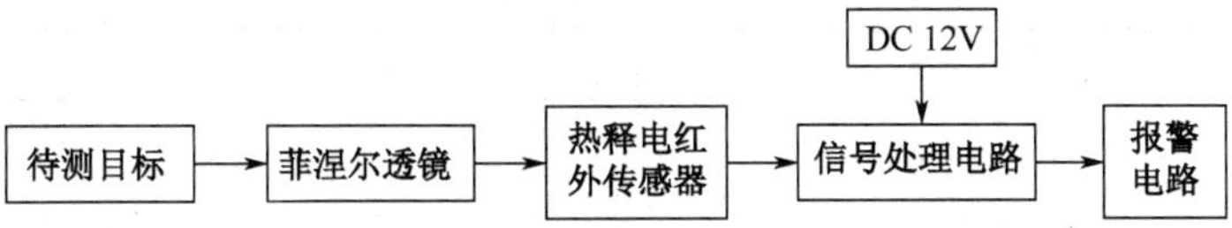

图 10-4　红外探测器电路框图

2．红外探测器电路原理图

红外探测器电路原理图如图 10-5 所示。

3．红外探测器电路安装效果图

根据电子产品装配的知识与技能，完成红外探测器的电路安装，电路安装效果图如图 10-6 所示。

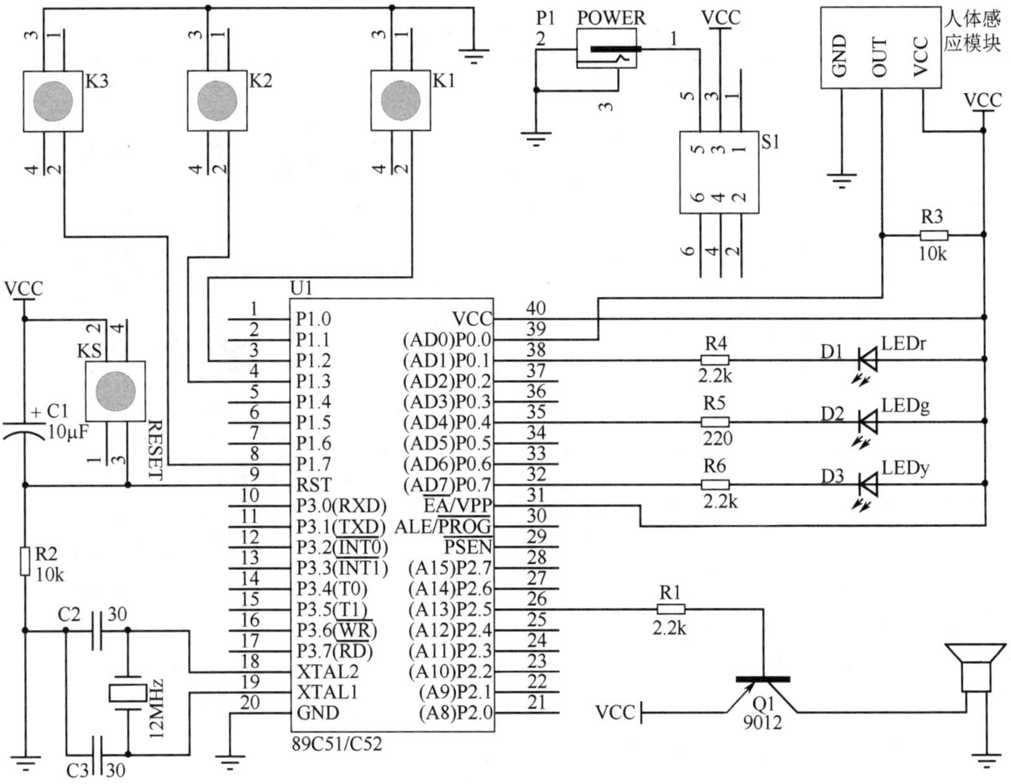

图 10-5　红外探测器电路原理图

图 10-6　电路安装效果图

4．红外探测器的技术参数

表 10-11 是红外探测器参数表，其能满足本任务的保护范围、工作温度、灵敏度、抗干扰等要求。

表 10-11　红外探测器参数表

说 明 内 容	参 数 值	说 明 内 容	参 数 值
工作电压	DC 4.5～20V	触发方式	L 表示不可重复，H 表示可重复，默认为 H
静态功耗	50μA	感应范围	小于 120° 锥角
电平输出	高 3.3V，低 0V	工作温度	-15～70℃
延时时间	可调（8～200s）	PCB 外形尺寸	32mm×24mm
感应封锁时间	2.5s	感应透镜尺寸	23mm

（三）红外探测器电路的调试

红外探测器电路调试步骤见表 10-12。

表 10-12　红外探测器电路调试步骤

调 试 步 骤	操 作 过 程	效 果 图
按键说明	从左往右依次为手动报警键、布防键、取消布防键和复位键	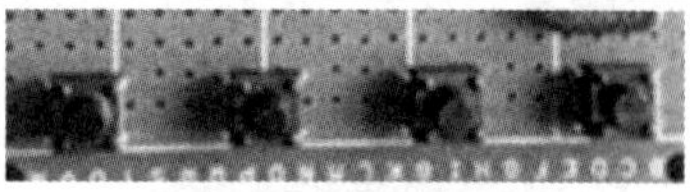
模式说明	一种是紧急报警模式，另一种是布防模式	
LED 指示灯说明	当有报警时，红色 LED 指示灯闪烁报警，否则熄灭 布防时，绿色 LED 指示灯点亮 红外传感器有信号时，黄色 LED 指示灯点亮，否则熄灭	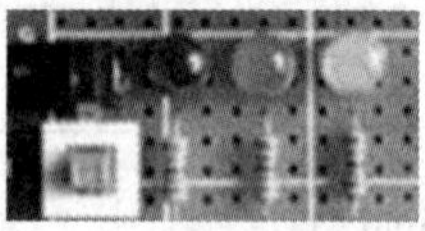
按键调试	按下布防键，系统计时 20s，此时绿色 LED 指示灯闪烁；20s 后系统进入布防状态，绿色 LED 指示灯长亮；此时若有人靠近，红外传感器就将信号输出给单片机，单片机接收到信号后马上报警，红色 LED 指示灯点亮	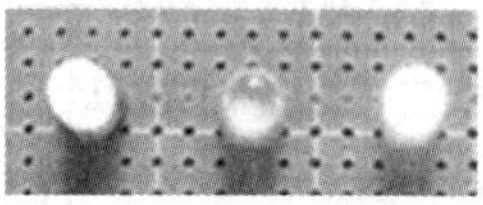

（四）红外探测器产品的安装

1．安装方式

红外探测器的安装方式有螺钉安装、粘接安装、磁座安装、探针安装等。本任务采用螺钉吸顶方式安装，安装效果图如图 10-7 所示。

2．安装注意事项

（1）应严格按照说明书确定安装角度和安装高度。

（2）安装前应仔细阅读产品说明书，以保证接线正确。

（3）安装时应将红外探测器正对着警戒的主要方向，以提高探测的灵敏度。

（4）安装时红外探测器不能正对玻璃门窗，以减少误报警。

（5）线路绝对不能明敷，必须穿管暗设。

（6）红外探测器不能正对通风口或冷、热源。

（7）红外探测器不能正对易摆动的物体。

（8）要注意非法入侵路线。

（9）要进行步测调试。

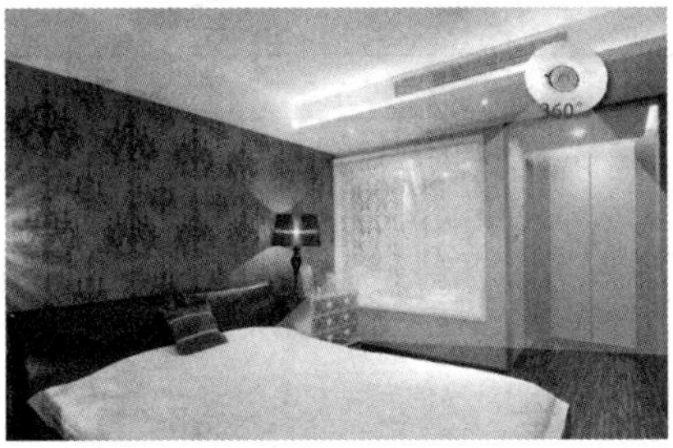

图 10-7　红外探测器产品安装效果图

任务实施

本任务实施分为七步，请根据任务要求逐步完成（表 10-13）。

表 10-13　任务实施

步　骤	任务内容	任务要求
1	明确任务实施要求	小组合作学习，做到人人参与，规范操作，认真完成并及时提交任务笔记
2	收货检验	请对照材料清单和组件进行红外探测器套件的收货检验，在下表中记录结果，如有误应及时报告
3	查阅资料回答问题	查阅红外探测器安装说明书、电路原理图等资料，按要求回答辅助问题
4	检测	根据红外探测器的电路结构、检测方法进行检测，并将检测数据记入任务笔记
5	电路安装	根据安装电气图画出电路布局图，然后进行电路安装，注意接线正确、操作规范。安装完成后检测电路各部件安装与布线的准确性、牢固性和稳定性
6	电路调试	调试通电必须征得教师同意。调试电路实现功能，并将调试数据记入任务笔记。调节灵敏度旋钮，进行灵敏度校正
7	产品应用安装	根据应用场景，完成红外探测器产品安装，实现红外监测功能

序　号	名　称	规　格	标　称	数　量	清点情况

任务笔记

任务笔记见表 10-14。

表 10-14 任务笔记

红外探测器安装调试笔记		
班级： 组别： 组长： 组员：		
任　务	笔 记 内 容	完成人及完成时间
回答辅助问题	1．查阅资料，画出红外探测器电路框图 2．红外探测器产品的安装方式有哪些？本任务采用什么安装方式？	
检测调试	进行红外探测器电路调试时，当红外探测器感应到人体时，输出________________；没有感应到人体时，输出________________	
产品应用安装	查阅资料，写出红外探测器产品应用安装的注意事项	

任务评价

任务评价表见表 10-15。

表 10-15 任务评价表

序　号	评 价 要 点	配　分	得　分	总　评
1	任务学习工具、资料、知识等准备充分	10		A（80 分及以上） □ B（70～79 分） □ C（60～69 分） □ D（59 分及以下） □
2	能正确检测红外传感器	5		
3	能正确安装红外传感器及应用电路	15		
4	能正确调试红外传感器及应用电路	20		
5	能认真完成任务笔记并及时提交	20		
6	信息化意识强，能熟练查阅所需资料	10		
7	小组学习氛围浓厚，沟通协作好	10		
8	具有规范操作的职业习惯	10		

任务小结

请总结本任务完成过程中的优、缺点，并提出改进计划，填写表 10-16。

表 10-16 任务小结

完 成 事 项	优　点	缺　点	改 进 计 划
任务准备			
任务实施			
任务笔记			
其他			

任务3　红外传感器的维护

任务描述

红外传感器在使用过程中，受到外界环境的温湿度、安装面清洁度、机械振动等众多不确定因素的影响，会使监测数据的精确度下降或无法实现监测，因此按行业规定必须对其进行定期维护。

请对本任务提供的红外探测器进行故障检修、维护。

任务目标

- 能识读红外传感器产品说明书；
- 能使用常用弱电、网络测试安装工具；
- 能检测电路导线和数据线通断；
- 能判断应用电路中红外传感器的常见故障，并能排除简单故障；
- 能对红外传感器进行日常维护；
- 养成规范操作的职业习惯，具有良好的安全意识、环保意识、节能意识。

任务准备

一、学习工具

学习工具包括手机、万用表、示波器、红外传感器应用电路等。

二、任务所需相关知识

（一）红外传感器的日常维护方法

1．红外探测器的日常维护方法（表10-17）

表10-17　红外探测器的日常维护方法

序　号	项　目	日常维护方法
1	防水	红外探测器受到雨淋或湿度较大，会产生回路干扰、渗水、导线防护性差、长期可靠性差等问题
2	温度	工作温度在-30～70℃
3	除尘清洗	为保证监测效果，避免有遮挡物阻碍红外线的发射和接收，须及时清除表面的污物，定期检查和清洗
4	发泡实验	报警功能是红外探测器的主要功能，要想确保其准确无误地完成报警工作，必须定期进行发泡实验，通常一个月进行一次
5	线路和探头的检查	线路和探头都会影响红外探测器的功能，所以要定期进行线路的检查和探头的调试

2．其他红外传感器的日常维护方法（表 10-18）

表 10-18　其他红外传感器的日常维护方法

序号	项　目	日常维护方法
1	红外光谱仪	测定时实验室的温度应在 15～30℃，相对湿度应在 65%以下，所用电源应配有稳压装置和接地线，室内一定要有除湿设备。尽量减少人员的进出，注意通风换气
2	红外水分传感器	为保证测量精度，可在软件中校正放大器漂移、放大器放大系数的变化、PbS 的温度漂移和暗电阻、红外灯泡的老化等因素引起的测量误差。红外水分传感器窗口是玻璃制成的，内侧纱网要注意保护
3	红外气体传感器	零点标定：当给仪器主机通电后，液晶显示屏会显示当前探头周围空气中存在的可燃气体含量。如果探头周围的空气中不存在可燃气体，探头显示值应为 0%LEL，同时输出信号应为 4mA。如不符，则进行调整，使探头的显示值为 0%LEL
4	红外测温传感器	在气温非常低的情况下，需要对安装在屋外的红外测温传感器采取防冻措施，因为热胀冷缩容易造成其损坏
5	红外电子体温计	红外电子体温计外部脏污时，不要用水冲洗，应使用干净的棉布或棉签沾取医用酒精轻轻擦拭。内部脏污时，不用手指或其他物品触摸或顶压玻璃片，可用棉棒沾取 95%无水酒精擦拭玻璃片表面。不使用时，应放置在阴凉、干燥的地方，不要让阳光直接照射
6	红外水平仪	使用红外水平仪时，应轻拿轻放，不要碰撞被测表面，并要保持表面干净。红外水平仪使用完后，一定要擦拭干净，注意防锈，放在干燥的地方，防止受潮

（二）红外传感器的常见故障及排除方法

1．红外探测器的常见故障及排除方法（表 10-19）

表 10-19　红外探测器的常见故障及排除方法

序　号	故障现象		故障分析及排除方法
1	设备故障	损坏性故障	损坏性故障包括性能全部失效和突然失效。这类故障通常由元器件损坏或生产工艺不良（如虚焊、假焊等）造成
		漂移性故障	指元器件的参数和电源电压的漂移过大所造成的故障。例如，温度过高会导致电阻阻值的变化，此时设备表现为时好时坏
2	环境变化引起的误报警		故障分析： （1）设备安装不牢固、经常移动引起误报警 （2）对着空调和换风扇，温度变化引起误报警 （3）防范区域门窗未关，有人或动物经过引起误报警 （4）室内外温差较大时，风吹动窗帘引起误报警 （5）多个探测器同时探测信号，可能造成漏报或干扰 （6）报警系统对码错误引起误报警
			解决办法： （1）按照说明书的安装要求安装红外探测器 （2）避开温差较大和空气对流较强的区域 （3）关闭防范区域的门窗 （4）将门窗封闭或束缚窗帘 （5）缩小防范区域交叉探测范围，避免同时发射报警信号 （6）对码时快速、准确，防止误录信息
3	不报警		（1）检查红外探测器的好坏 （2）检查红外探测器安装位置是否正确 （3）检查电路是否出现故障或参数设置是否合理

2．其他红外传感器的常见故障及排除方法（表 10-20）

表 10-20　其他红外传感器的常见故障及排除方法

序　号	故 障 现 象	故障分析及排除方法
1	不稳定的报警输出	（1）射束被切断，直接移开障碍物即可 （2）光学模块外罩需要清洁，直接进行清洗即可
2	误报警	故障分析： （1）传感器没有正确校准 （2）射束被切断 （3）射束切断时间设置过短 （4）电源线间的距离太短 （5）安装位置不稳定 （6）超出探测范围 排除方法： （1）重新校准 （2）移开障碍物 （3）降低灵敏度 （4）重新布线 （5）固定安装位置 （6）在探测范围内重新安装
3	当射束被切断时不报警	故障分析： （1）有射束被反射到接收器内 （2）所设置的射束切断时间过短 排除方法： （1）移开反射性物体或换位置安装 （2）提高灵敏度

任务实施

本任务实施分为五步，请根据任务要求逐步完成（表 10-21）。

表 10-21　任务实施

步　骤	任 务 内 容	任 务 要 求
1	明确任务实施要求	小组合作学习，做到人人参与，规范操作，认真完成并及时提交任务笔记
2	查阅资料回答问题	查阅红外传感器及应用电路说明书、红外传感器维护方法、常见故障等资料，按要求回答辅助问题，并记入任务笔记
3	线路检测	进行电路导线和数据线通断检测，并将检测情况记入任务笔记
4	自设故障观察现象	小组自设故障，观察故障现象，并将观察结果记入任务笔记
5	互设故障排除故障	小组互设故障，自行查阅资料进行故障检修，并填写任务笔记中的检修报告

任务笔记

任务笔记见表 10-22。

表 10-22　任务笔记

红外传感器的维护笔记		
班级：　　组别：　　组长：　　组员：		
任　务	笔 记 内 容	完成人及完成时间
回答辅助问题	1．红外传感器日常维护的主要事项有哪些？ 2．简述红外传感器常见故障及排除方法	
线路检测	1．通电前做短路检测，记录检测现象：________________ ________________ 2．通电后测试输入电压是否正常，记录检测现象：________________ ________________	
自设故障观察现象	1．设置的故障：________________ 2．观察到的故障现象：________________ ________________ 3．电路检测数据：无人进入探测区域，红外传感器的输出电压为__________；有人进入探测区域，红外传感器的输出电压为__________	
互设故障排除故障	1．故障现象：________________ ________________ 2．故障检测过程：________________ ________________ 3．故障点：________________ ________________ 4．故障排除方法：________________ ________________ ________________	

任务评价

任务评价表见表 10-23。

表 10-23　任务评价表

序　号	评 价 要 点	配　分	得　分	总　评
1	任务学习工具、资料、知识等准备充分	10		A（80 分及以上）□ B（70～79 分）□ C（60～69 分）□ D（59 分及以下）□
2	能正确进行导线和数据线通断检测	10		
3	能排除简单故障	20		
4	能认真完成任务笔记并及时提交	30		
5	信息化意识强，能熟练查阅所需资料	10		
6	小组学习氛围浓厚，沟通协作好	10		
7	具有规范操作的职业习惯	10		

任务小结

请总结本任务完成过程中的优、缺点，并提出改进计划，填写表 10-24。

表 10-24 任务小结

完成事项	优点	缺点	改进计划
任务准备			
任务实施			
任务笔记			
其他			

任务 4 总结与交流

任务描述

根据红外传感器的选型、安装、调试、日常维护等任务的完成情况，确定小组成果展示方案，并对其他小组的成果进行公平、客观的评价。结合其他小组人员和教师的评价与建议，对本小组任务完成过程中存在的优、缺点进行总结归纳，制订改进计划。

任务目标

- 能总结任务完成情况、存在的问题，并提出改进计划；
- 能采用合适的形式展示小组成果，培养团队协作和竞争意识；
- 能对其他小组提出建议，并虚心听取他人对本小组的建议；
- 能客观、公正地进行评价；
- 能对任务总结与交流情况进行记录；
- 养成总结、反思的习惯，提升语言表达能力。

任务准备

准备工作页、书面总结、工件、白板、纸张、PPT 等。

任务实施

本任务实施分为六步，请根据任务要求逐步完成（表 10-25）。

表 10-25 任务实施

步骤	任务内容	任务要求
1	明确任务实施要求	总结全面，充分准备展示素材，展示语言流畅、思路清晰，评价客观、公正，提出合理建议
2	任务总结	全面总结所有任务完成情况、存在的问题，提出改进计划，并记入任务笔记，素材准备充分
3	确定汇报方案	包括汇报人、汇报方式、汇报内容等，并记入任务笔记
4	成果汇报	语言流畅、思路清晰，形式多样化，可以采用图片、PPT、学习视频片段等
5	三方评价	进行自评、组评和师评，评价客观、公正
6	提出建议	对其他组提出建议，认真听取其他组对本组的建议，并记入任务笔记

任务评价

评价由三部分组成，即学生自评、小组评价（组评）和教师评价（师评）。按照自评占20%，组评占30%，师评占50%计算总分，见表10-26。

表10-26　任务评价表

评价内容	配分	得分			总评等级
		自评	组评	师评	
纪律观念	10分				A（80分及以上）☐ B（70～79分）☐ C（60～69分）☐ D（59分及以下）☐
学习态度	10分				
协作精神	10分				
文明规范	10分				
笔记质量	10分				
实践动手能力	20分				
解决问题能力	20分				
语言表达能力	10分				
评分小计	100分				

任务笔记

任务笔记见表10-27。

表10-27　任务笔记

成果汇报展示笔记		
班级：　组别：　组长：　组员：		
任务	笔记内容	完成人及完成时间
任务总结	1．任务完成情况 ____________ 2．存在的问题 ____________ 3．改进计划 ____________	
成果展示方案	1．汇报人 ____________ 2．汇报方式 ____________ 3．汇报内容 ____________	

续表

任　务	笔 记 内 容	完成人及完成时间
记录建议	1．同学说 ______ ______ ______ 2．老师说 ______ ______ ______	

项目十一　超声波传感器

情景描述

超声波传感器被广泛应用于工业、交通、医疗、建筑、国防等领域。在工业现场，可以利用超声波传感器对液位、井深、管道长度、障碍物距离等进行自动、非接触测量。在交通领域，超声波传感器的作用非常大。首先，在交通管制系统中，可以利用超声波传感器检测道路车辆的流量及车速。其次，可以在汽车上安装超声波传感器，探测周围的障碍物，用蜂鸣器和指示灯告诉驾驶员障碍物与汽车之间的大致距离和方向，帮助驾驶员克服视野死角和视线模糊的缺陷，提高驾驶安全性。

本项目将介绍超声波传感器的选型、安装、调试、维护等知识和技能。

项目目标

- 了解超声波传感器的结构、分类及典型应用；
- 能规范使用电子仪器仪表识别、检测超声波传感器；
- 能熟练使用常用焊接工具和电子测量仪器；
- 能根据需求合理选用超声波传感器，并能安装、调试、维护相关电路，排除常见故障；
- 具有自主学习、总结反思能力，在学习过程中培养团队协作意识；
- 养成规范操作的职业习惯，具有良好的安全意识、环保意识、节能意识；
- 具有信息化和创新意识，能对简单的超声波传感器进行应用设计。

建议学时

6 学时

任务 1　超声波传感器的选型

任务描述

汽车的超声波测距仪是超声波传感器的典型应用。某汽车厂须为汽车防撞系统设计一款超声波测距仪，要求能检测 4m 以内的障碍物，有 15° 的方向角，防护等级为 IP65，工作温度为-20～60℃，在行驶过程中一旦前后车距小于安全距离，就自动报警，以减少安全事故。请根据上述要求为超声波测距仪选择合适的超声波传感器。

任务目标

- 了解超声波传感器的原理、结构、常见类型及应用；
- 能分析超声波传感器测距电路；
- 能识别常用超声波传感器型号；
- 能根据实际需求选用合适的超声波传感器；
- 养成规范操作的职业习惯，具有良好的安全意识、环保意识、节能意识。

任务准备

一、学习工具

学习工具包括手机、常用超声波传感器、相关技术手册等。

二、任务所需相关知识

（一）超声波传感器简介

1．超声波传感器的特点、种类

超声波传感器是将超声波信号转换成其他能量信号（通常是电信号）的传感器。超声波传感器发射超声波脉冲（频率高于 20kHz 的机械波），当遇到被测物时该超声波脉冲会被反射。超声波传感器接收到反射波，通过计算该脉冲的传播时间就可以得出超声波传感器和被测物之间的距离。它具有灵敏度高、精度高、抗环境干扰、穿透性强、方向性好等特点。

超声波传感器种类繁多，按工作原理不同可分为压电式、磁致伸缩式、电磁式等，按结构不同可分为直探头、斜探头、双探头、表面波探头、聚焦探头、冲水探头、水浸探头、空气传导探头及其他专用探头等。常见超声波传感器探头如图 11-1 所示。

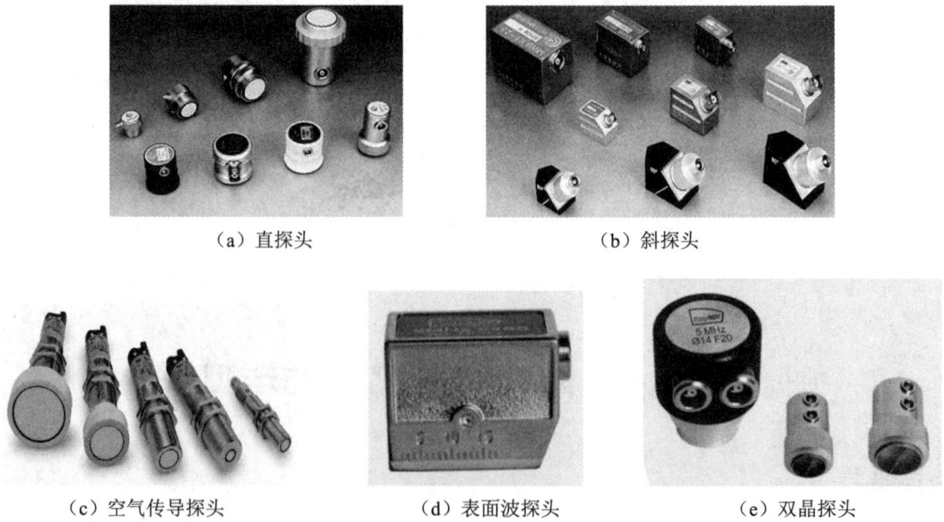

（a）直探头　（b）斜探头

（c）空气传导探头　（d）表面波探头　（e）双晶探头

图 11-1　常见超声波传感器探头

2．超声波传感器材料的分类、特性

超声波传感器的主要材料有压电晶体及镍铁铝合金两类。

压电晶体组成的超声波传感器是一种可逆传感器，它可以将电能转变成机械振荡而产生超声波，同时它接收到超声波时也能将其转变成电能，所以它可以分成发射器和接收器。有的超声波传感器既能发射，也能接收。

3．超声波传感器的结构、测量电路

超声波传感器种类繁多，这里以本项目需要用到的超声波传感器 T40-16T/R 为例进行介绍。它主要由压电晶体、吸收块（阻尼块）、保护膜等组成。该超声波传感器实际上是利用压电晶体的谐振来工作的，它有两个压电晶体和一个共振板。当它的两极外加脉冲信号，其频率等于压电晶体的固有振荡频率时，压电晶体会发生共振，并带动共振板振动，产生超声波。反之，如果两极间未外加电压，当共振板接收到超声波时，将使压电晶体振动，将机械能转换为电能。超声波传感器的结构及测量电路如图 11-2 所示。

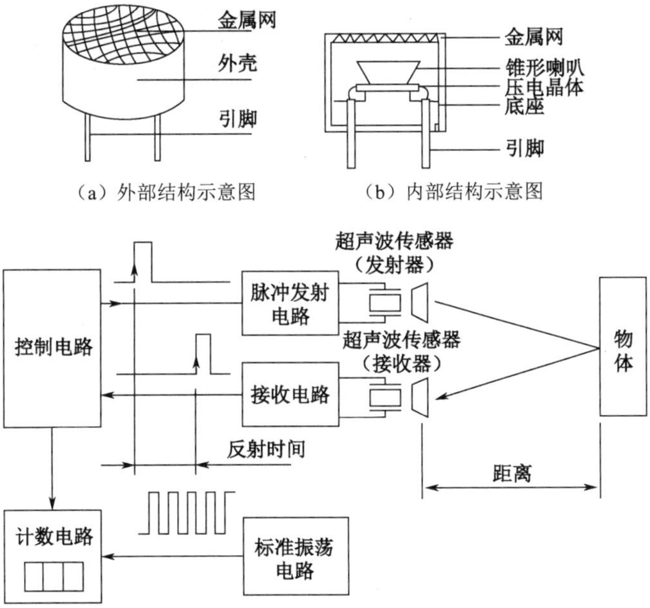

（a）外部结构示意图　（b）内部结构示意图

（c）测量电路

图 11-2　超声波传感器的结构及测量电路

（二）超声波传感器的应用案例

超声波传感器的应用案例见表 11-1。

表 11-1　超声波传感器的应用案例

应 用 案 例	示　意　图
油罐液位检测：在测量中，超声波传感器发出超声波，超声波经液体表面反射后被接收器接收，经过压电晶体转换成电信号，根据超声波的发射和接收之间的时间差来计算液位	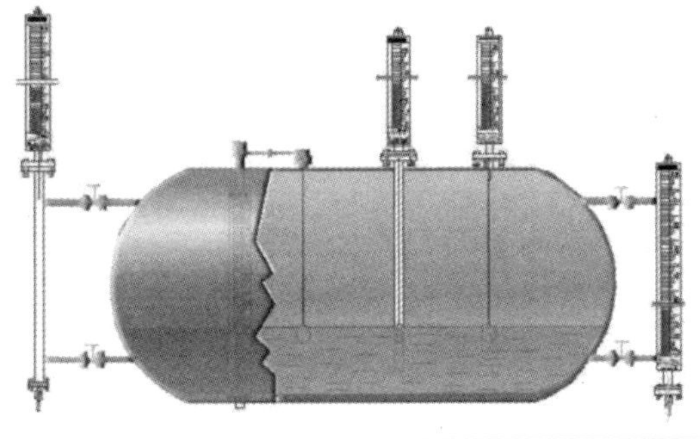

续表

应用案例	示意图
水泥生产料位的检测：在水泥厂中，超声波料位测量已被普遍应用在原料调配库、原煤库、熟料库等	
行人检测：通过图像处理、计算机视觉相关算法及机器学习等技术对道路行人进行识别和追踪	
机器人避障：机器人行走过程中，通过超声波传感器感知到妨碍其通行的静态和动态物体时，按照一定的方法进行有效避障，最后到达目标点	
无人机：超声波传感器有助于无人机的着陆、悬停及地面跟踪。与其他测距技术相比，在遇到玻璃面、透明薄膜等特殊物体时，超声波传感器测距的可靠性更高	
超声波探伤：既可检测材料表面的缺陷，又可检测内部几米深处的缺陷	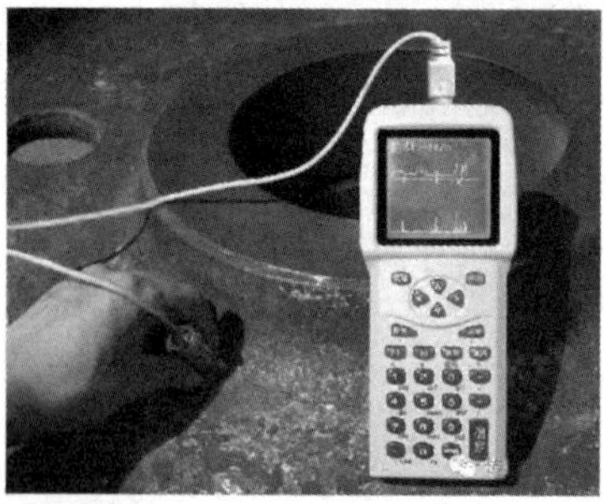
智能泊车：根据发射和接收的时间差计算出发射点到障碍物的实际距离	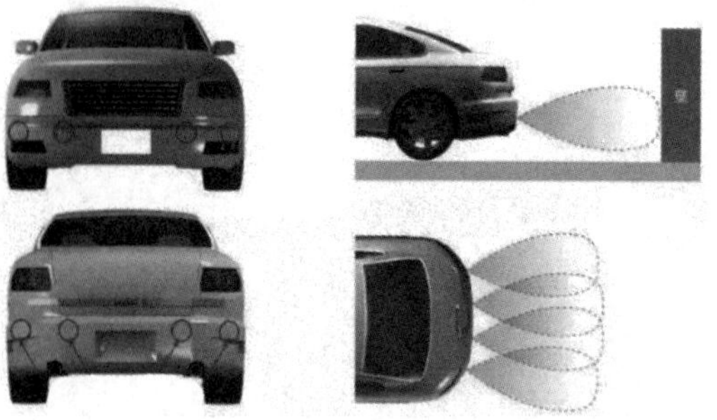

（三）超声波传感器的型号命名方法

超声波传感器型号的组成符号及含义见表 11-2。

表 11-2　超声波传感器型号的组成符号及含义

类别		中心频率		外径尺寸		防水类别		使用方法	
符号	意义	符号	意义	符号	意义	符号	意义	符号	意义
P W N K Z	通用型 防水型 耐温型 宽带型 窄指向型	数字	单位为 kHz	数字	单位为 mm	S D	双角度防水型 单角度防水型	TR T R	收发兼用型 发射型 接收型

（四）超声波传感器的选用

1．选用依据

选用超声波传感器时，要根据应用场景的具体需求确定其性能指标，其次必须符合实际应用的国家标准、行业标准及企业标准的要求。超声波传感器的性能指标见表 11-3。

表 11-3　超声波传感器的性能指标

序号	性能指标	指标说明
1	工作频率	测量液位，一般为 30～40kHz，测量气体流量的频率更高
2	被测物体	平面状物体，如液面、玻璃、塑料片等；圆柱状物体，如罐、瓶、人体等；颗粒状或块状物体，如矿石、煤炭、塑料颗粒等
3	检测方式	对射型、限定距离型（又称距离设定型，属于反射型）、限定区域型（属于反射型）
4	检测距离	最小检测距离和最大检测距离
5	工作电压	直流、交流电压
6	输出形式	NPN 集电极开路、PNP 集电极开路、继电器
7	动作状态	NO（常开）、NC（常闭）
8	使用环境	温度、湿度等
9	IP 等级	IP65～IP67
10	响应频率	一秒能检测几个物体
11	外形	圆柱形（E4C、E4C-UDA 系列）、方形（E4B、E4E 2、E4A 系列）

2．选型

在实际选型过程中，往往选择满足应用场景、性能指标、技术标准要求且性价比高的产品。

任务实施

本任务实施分为四步，请根据任务要求逐步完成（表 11-4）。

表 11-4　任务实施

<table>
<tr><th>步　骤</th><th>任 务 内 容</th><th>任 务 要 求</th></tr>
<tr><td>1</td><td>明确任务实施要求</td><td>小组合作学习，做到人人参与，规范操作，认真完成并及时提交任务笔记</td></tr>
<tr><td>2</td><td>查阅资料回答问题</td><td>查阅超声波传感器的相关信息，回答下列问题，并记入任务笔记
（1）说出超声波传感器使用的材料及材料特性
（2）说出超声波传感器的结构、工作原理
（3）说出超声波传感器型号的意义
（4）查阅资料了解更多超声波传感器的应用案例</td></tr>
<tr><td>3</td><td>确定参数</td><td>请根据本任务中超声波测距仪的需求，查阅相关资料写出下列性能指标
<table>
<tr><th>序　号</th><th>性 能 指 标</th><th>参　数</th></tr>
<tr><td>1</td><td>工作频率</td><td></td></tr>
<tr><td>2</td><td>被测物体</td><td></td></tr>
<tr><td>3</td><td>检测方式</td><td></td></tr>
<tr><td>4</td><td>检测距离</td><td></td></tr>
<tr><td>5</td><td>工作电压</td><td></td></tr>
<tr><td>6</td><td>使用环境</td><td></td></tr>
<tr><td>7</td><td>响应频率</td><td></td></tr>
<tr><td>8</td><td>外形</td><td></td></tr>
</table></td></tr>
<tr><td>4</td><td>选型</td><td>根据以上确定的性能指标，通过超声波传感器型号手册或二维码查询，选出合适的产品类型、型号等记入任务笔记</td></tr>
</table>

任务笔记

任务笔记见表 11-5。

表 11-5　任务笔记

<table>
<tr><th colspan="3">超声波传感器的选型笔记</th></tr>
<tr><td colspan="3">班级：　　　组别：　　　组长：　　　组员：</td></tr>
<tr><th>任　务</th><th>笔 记 内 容</th><th>完成人及完成时间</th></tr>
<tr><td rowspan="4">回答辅助问题</td><td>1．超声波传感器使用的材料：______
该材料的主要特性：______
______</td><td></td></tr>
<tr><td>2．超声波传感器的结构组成：______
______
超声波传感器的工作原理：______
______</td><td></td></tr>
<tr><td>3．超声波传感器的型号：______
超声波传感器型号的意义：______
T40-10F 的意义：______
T40-16T 的意义：______</td><td></td></tr>
<tr><td>4．超声波传感器的应用领域：______
______</td><td></td></tr>
</table>

续表

任　　务	笔 记 内 容	完成人及完成时间
选型	1. 请根据超声波传感器的选型方法，为超声波测距仪选择合适的超声波传感器 类型是____________ 品牌是____________ 型号是____________ 2. 简述选型方法：____________	

任务评价

任务评价表见表 11-6。

表 11-6　任务评价表

序　　号	评 价 要 点	配　　分	得　　分	总　　评
1	任务学习工具、资料、知识等准备充分	10		A（80 分及以上）□ B（70～79 分）□ C（60～69 分）□ D（59 分及以下）□
2	能根据任务需求完成超声波传感器的选型	30		
3	能认真完成任务笔记并及时提交	30		
4	信息化意识强，能熟练查阅所需资料	10		
5	小组学习氛围浓厚，沟通协作好	10		
6	具有规范操作职业习惯	10		

任务小结

请总结本任务完成过程中的优、缺点，并提出改进计划，填写表 11-7。

表 11-7　任务小结

完 成 事 项	优　　点	缺　　点	改 进 计 划
任务准备			
任务实施			
任务笔记			
其他			

任务 2　超声波传感器应用电路的安装与调试

任务描述

装修工人常常使用超声波测距仪对灯具、五金、木材等物体进行短距离的测距；汽车倒车时需要有检测报警装置来检测障碍物；移动机器人要想自动避障行走，就必须装备测距系统，以便及时获取障碍物的距离信息。

请根据本任务提供的超声波测距仪的电路说明书和安装、调试要求进行电路安装、调试，满足测量距离等参数要求，实现超声波测距功能。

任务目标

- 能识读电路安装说明书、接线图，并能识别和连接数据接口；
- 能检测超声波传感器的好坏；
- 能识读超声波传感器应用产品说明书、安装电气图，并能按图进行布局和布线；
- 能调试超声波传感器设备端软件，能对电路进行校准；
- 能使用常用弱电、网络测试安装工具；
- 养成规范操作的职业习惯，具有良好的安全意识、环保意识、节能意识。

任务准备

一、学习工具

学习工具包括手机、超声波测距仪套件、常用弱电和网络测试安装工具等。

二、任务所需相关知识

（一）超声波传感器的检测和接线方法

1．超声波传感器的检测

超声波传感器的检测方法见表 11-8。

表 11-8　超声波传感器的检测方法

类　　别	检 测 方 法	图　　例
外观检查	外观应无明显的瑕疵、划痕，插件应接触可靠 外形尺寸和参数特性应符合超声波传感器相关的国家标准	
内部检测	超声波传感器不能用万用表直接检测。可以利用音频振荡电路来检测。如果超声波传感器能发出声音，基本就可以确定该超声波传感器是好的	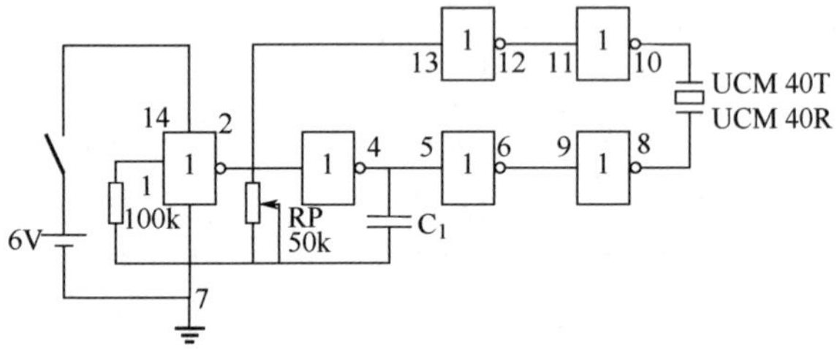

2．超声波传感器的接线方法

不同超声波传感器的接线方法各异，本任务中的超声波传感器接线方法如图 11-3 所示。其中，1 脚接 VCC（电源），2 脚接单片机的 P22 脚，3 脚接单片机的 P23 脚，4 脚接地。

图 11-3　本任务中的超声波传感器接线方法

（二）超声波测距仪电路的安装

超声波测距仪具有超声波发射和接收的功能。超声波发射出去后，遇到被测物时被反射到接收器，单片机根据时间差计算出距离，将信号发送到屏幕以显示距离数值，还可通过蜂鸣器和发光二极管发出报警信号，实现测距功能。

1．超声波测距仪电路框图（图 11-4）

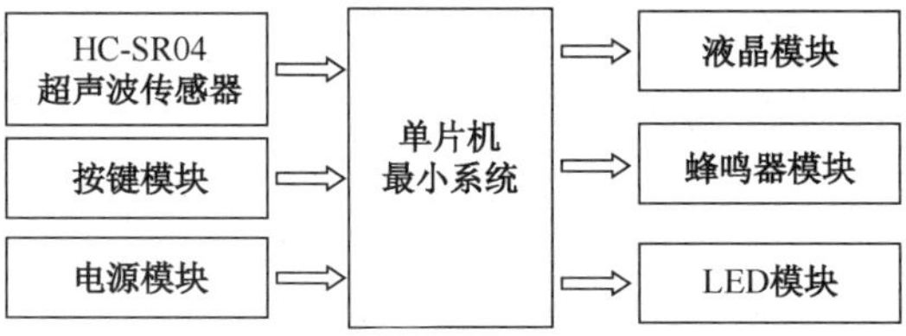

图 11-4　超声波测距仪电路框图

2．超声波测距仪电路装配图

根据电子产品装配的知识与技能，完成超声波测距仪电路装配，电路装配效果图如图 11-5 所示。

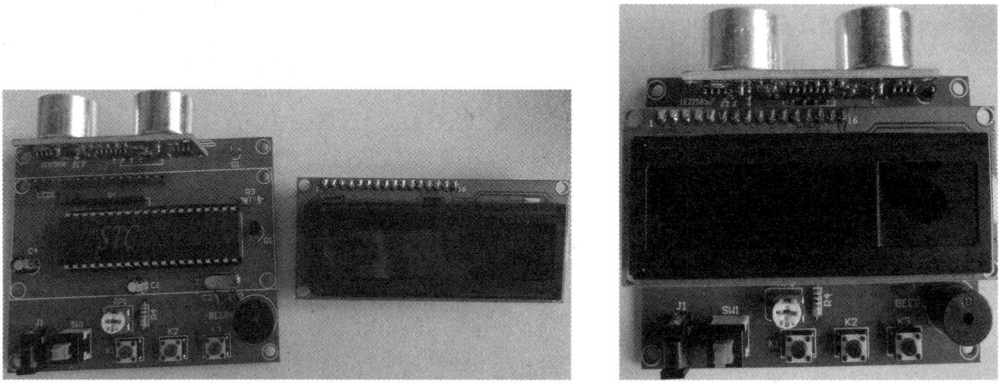

图 11-5　超声波测距仪电路装配效果图

3．超声波测距仪的技术参数

表 11-9 是超声波测距仪的技术参数表。

表 11-9　超声波测距仪的技术参数表

技术参数	说　明
工作电压	DC 5V
工作电流	15mA
工作频率	40kHz
最大射程	4m
最小射程	2cm
测量角度	15°
输入触发信号	10μs 的 TTL 脉冲
输出回响信号	输出 TTL 电平信号，与射程成比例

（三）超声波测距仪电路的调试

确认各元件安装正确并符合工艺要求，经教师检查无误后方可通电调试，调试步骤见表 11-10。

表 11-10　超声波测距仪电路的调试步骤

调 试 步 骤	操 作 过 程	示　意　图
选择电源	关闭电源按钮，给电源插座接通 5V 的直流电源，检查无误后再打开电源按钮	
正确放置	将探头正面对准被测物，距离信息就能显示在屏幕上	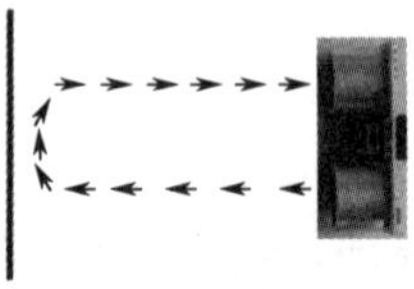
调节液晶屏对比度	液晶屏的显示要清晰，可转动对比度电位器来调节，这个电位器位于液晶屏下方，可以用一字螺丝刀等工具进行调节	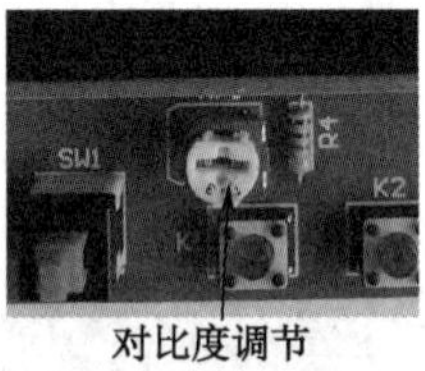
设置报警值	按下设置键后松开，会进入设置菜单。通过加键和减键来调节报警值大小，再按一次设置键，退出设置菜单	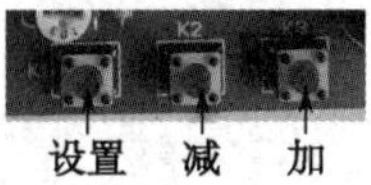

（四）超声波测距仪的安装

1．安装方法

超声波测距仪要根据应用场景进行安装。为了测量方便，可采用手持方式，也可以采用固定安装方式，固定在底座、支撑架、紧固板、滑动套、滑动块等装置上，安装方式主要有螺钉安装、粘接安装、磁座安装、卡槽安装等。超声波测距仪安装效果图如图 11-6 所示。

图 11-6　超声波测距仪安装效果图

2．注意事项

采用底座安装时要有定位凸起装置，采用支撑架安装时下部要连接防滑块。

任务实施

本任务实施分为六步，请根据任务要求逐步完成（表 11-11）。

表 11-11　任务实施

<table>
<tr><th>步　骤</th><th>任务内容</th><th>任务要求</th></tr>
<tr><td>1</td><td>明确任务实施要求</td><td>小组合作学习，做到人人参与，规范操作，认真完成并及时提交任务笔记</td></tr>
<tr><td>2</td><td>收货检验</td><td>请对照材料清单和组件进行收货检验，在下表中记录结果，如有误应及时报告
<table>
<tr><th>序　号</th><th>名　称</th><th>标　称</th><th>数　量</th><th>清点情况</th></tr>
<tr><td></td><td></td><td></td><td></td><td></td></tr>
<tr><td></td><td></td><td></td><td></td><td></td></tr>
<tr><td></td><td></td><td></td><td></td><td></td></tr>
<tr><td></td><td></td><td></td><td></td><td></td></tr>
<tr><td></td><td></td><td></td><td></td><td></td></tr>
<tr><td></td><td></td><td></td><td></td><td></td></tr>
<tr><td></td><td></td><td></td><td></td><td></td></tr>
<tr><td></td><td></td><td></td><td></td><td></td></tr>
<tr><td></td><td></td><td></td><td></td><td></td></tr>
<tr><td></td><td></td><td></td><td></td><td></td></tr>
<tr><td></td><td></td><td></td><td></td><td></td></tr>
<tr><td></td><td></td><td></td><td></td><td></td></tr>
<tr><td></td><td></td><td></td><td></td><td></td></tr>
<tr><td></td><td></td><td></td><td></td><td></td></tr>
<tr><td></td><td></td><td></td><td></td><td></td></tr>
<tr><td></td><td></td><td></td><td></td><td></td></tr>
<tr><td></td><td></td><td></td><td></td><td></td></tr>
<tr><td></td><td></td><td></td><td></td><td></td></tr>
<tr><td></td><td></td><td></td><td></td><td></td></tr>
<tr><td></td><td></td><td></td><td></td><td></td></tr>
</table></td></tr>
<tr><td>3</td><td>查阅资料回答问题</td><td>查阅超声波传感器说明书、超声波测距仪说明书等资料，按要求完成辅助问题的回答</td></tr>
<tr><td>4</td><td>检测</td><td>根据超声波传感器的结构、检测方法及任务要求进行检测，并将检测数据记入任务笔记</td></tr>
<tr><td>5</td><td>电路安装</td><td>根据超声波测距仪电路安装电气图画出电路布局图，记入任务笔记。进行电路安装，注意接线正确、操作规范。安装完成后检测电路各部件安装与布线的准确性、牢固性和稳定性</td></tr>
<tr><td>6</td><td>电路调试</td><td>调试通电必须征得教师同意。调试电路实现功能，并将调试数据记入任务笔记</td></tr>
</table>

任务笔记

任务笔记见表 11-12。

表 11-12　任务笔记

<table>
<tr><td colspan="3">超声波测距仪安装笔记</td></tr>
<tr><td colspan="3">班级：　　　　组别：　　　　组长：　　　　组员：</td></tr>
<tr><td>任　务</td><td>笔 记 内 容</td><td>完成人及完成时间</td></tr>
<tr><td rowspan="2">回答辅助问题</td><td>1．安装过程中单片机最先安装还是最后安装？为什么？

2．安装集成电路应该注意哪些问题？</td><td></td></tr>
<tr><td>画出超声波测距仪电路安装和接线布局图</td><td></td></tr>
<tr><td>检测调试</td><td>1．对比度调试结果：

2．报警值调试结果：</td><td></td></tr>
</table>

任务评价

任务评价表见表 11-13。

表 11-13　任务评价表

<table>
<tr><td>序　号</td><td>评 价 要 点</td><td>配　分</td><td>得　分</td><td>总　评</td></tr>
<tr><td>1</td><td>任务学习工具、资料、知识等准备充分</td><td>10</td><td></td><td rowspan="8">A（80 分及以上）　□
B（70～79 分）　□
C（60～69 分）　□
D（59 分及以下）　□</td></tr>
<tr><td>2</td><td>能正确检测超声波传感器</td><td>5</td><td></td></tr>
<tr><td>3</td><td>能正确安装超声波测距仪</td><td>15</td><td></td></tr>
<tr><td>4</td><td>能正确调试电路，实现相应的功能</td><td>20</td><td></td></tr>
<tr><td>5</td><td>能认真完成任务笔记并及时提交</td><td>20</td><td></td></tr>
<tr><td>6</td><td>信息化意识强，能熟练查阅所需资料</td><td>10</td><td></td></tr>
<tr><td>7</td><td>小组学习氛围浓厚，沟通协作好</td><td>10</td><td></td></tr>
<tr><td>8</td><td>具有规范操作的职业习惯</td><td>10</td><td></td></tr>
</table>

任务小结

请总结本任务完成过程中的优、缺点，并提出改进计划，填写表 11-14。

表 11-14 任务小结

完成事项	优点	缺点	改进计划
任务准备			
任务实施			
任务笔记			
其他			

任务3 超声波传感器的维护

任务描述

超声波测距仪在应用中常出现液晶屏背光显示不正常、屏幕显示的距离不准确、检测不到被测物、超声波模块工作不正常等情况。

请对本任务提供的超声波测距仪进行检修和维护。

任务目标

- 能识读超声波测距仪说明书；
- 能使用常用弱电、网络测试安装工具；
- 能调节电路基本参数；
- 能判断超声波测距仪电路的常见故障，并能排除简单故障；
- 养成规范操作的职业习惯，具有良好的安全意识、节能意识。

任务准备

一、学习工具

学习工具包括手机、万用表、螺丝刀、直流电源、超声波测距仪等。

二、任务所需相关知识

（一）超声波传感器的日常维护方法

1．超声波测距仪的日常维护方法

经常检查外观，及时清除表面的脏污、油脂、霉斑等。清洁发射和接收探头时应使用柔软的干布，严禁用硬物擦拭。使用中应轻拿轻放，严禁挤压或从高处跌落，以免损坏。

2．其他超声波传感器的日常维护方法

超声波传感器在日常维护中，要从外观上检查是否有损坏；检查是否符合技术要求，如过程温度、压力、环境温度、测量范围等；检查测量值是否与实际值一致，安装地点是否有遮阳避雨的保护措施；检查接线端子位置是否正确，显示模块是否正常显示；使用中，电源必须与铭牌上的数据一致，在接线前应切断电源。

（二）超声波传感器的常见故障及排除方法

1．超声波测距仪的常见故障及排除方法（表 11-15）

表 11-15　超声波测距仪的常见故障及排除方法

序　　号	故 障 现 象	故障分析及排除方法
1	测距结果不准确	原因 1：被测物面积太小。解决方法：被测物面积不小于 $0.5m^2$ 且尽量平整 原因 2：有障碍物。解决方法：如果测量比较远的物体，应尽量保证测量方向无障碍物
2	测距结果无法显示	原因 1：摆放方式不正确。解决方法：正确的摆放方式如下图所示 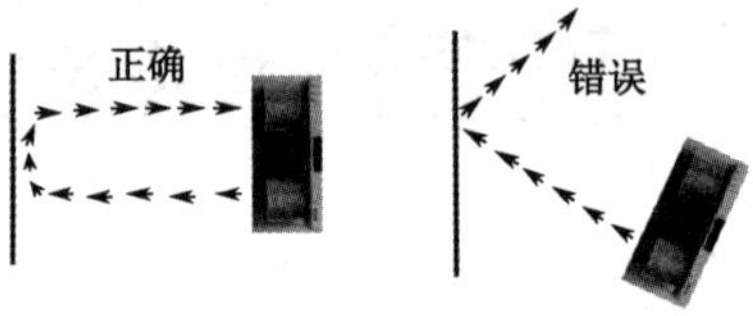 原因 2：报警值超出范围。解决方法：按下设置键后松开，通过加键和减键将报警值调节到 2～400cm

2．其他超声波传感器的常见故障及排除方法（表 11-16）

表 11-16　其他超声波传感器的常见故障及排除方法

序　　号	故 障 现 象	故障分析及排除方法
1	噪声问题	虽然多数超声波传感器的工作频率为 40～45kHz，远远高于人类能够听到的声音的频率，但是周围环境也会产生类似频率的噪声。可以通过对发射的超声波进行编码来解决，如发射一组长短不同的超声波，只有当探头检测到相同组合的超声波时，才进行距离计算。这样可以有效地避免环境噪声所引起的误读
2	交叉问题	当多个超声波传感器按照一定角度被安装在机器人上时，会出现交叉问题。X 发出的超声波，经过镜面反射，被 Z 和 Y 获得，这时 Z 和 Y 会根据这个信号来计算距离，从而无法获得正确的测量值。排除的方法是对每个超声波传感器发出的超声波进行编码，让每个超声波传感器只能接收到自己发射出去的超声波
3	三角误差、镜面反射、多次反射	超声波经过多次反射才被接收，或者在特定的角度下发出的超声波被光滑的物体镜面反射出去，无法产生回波。被探测物体要摆放在合适的位置上

任务实施

本任务实施分为五步，请根据任务要求逐步完成（表 11-17）。

表 11-17　任务实施

步　　骤	任 务 内 容	任 务 要 求
1	明确任务 实施要求	小组合作学习，做到人人参与，规范操作，认真完成并及时提交任务笔记
2	查阅资料 回答问题	在网上查阅超声波测距仪电路说明书、维护方法、常见故障等资料，按要求完成辅助问题的回答，并记入任务笔记
3	电压检测	进行电路各模块供电检测，并将检测情况记入任务笔记
4	自设故障 观察现象	小组自设故障，观察故障现象，并将观察结果记入任务笔记
5	互设故障 排除故障	小组互设故障，自行查阅资料进行故障检修，并填写检修报告

任务笔记

任务笔记见表 11-18。

表 11-18　任务笔记

<table>
<tr><td colspan="3">检修超声波测距仪电路笔记</td></tr>
<tr><td colspan="3">班级：　　　　组别：　　　　组长：　　　　组员：</td></tr>
<tr><td>任　务</td><td>笔 记 内 容</td><td>完成人及完成时间</td></tr>
<tr><td>回答辅助问题</td><td>1．各模块的作用是什么？
2．本电路可应用在哪些场合？</td><td></td></tr>
<tr><td>电压检测</td><td>1．电源电压情况：
2．单片机供电情况：
3．超声波模块供电情况：</td><td></td></tr>
<tr><td>自设故障观察现象</td><td>1．设置的故障：
2．观察到的故障现象：
3．电路检测数据：</td><td></td></tr>
<tr><td>互设故障排除故障</td><td>1．故障现象：
2．故障检测过程：
3．故障点：
4．故障排除方法：</td><td></td></tr>
</table>

任务评价

任务评价表见表 11-19。

表 11-19　任务评价表

序　号	评 价 要 点	配　分	得　分	总　评
1	任务学习工具、资料、知识等准备充分	10		A（80 分及以上）☐ B（70～79 分）☐ C（60～69 分）☐ D（59 分及以下）☐
2	能正确进行各点电压检测	10		
3	能排除电路简单故障	20		
4	能认真完成任务笔记并及时提交	30		
5	信息化意识强，能熟练查阅所需资料	10		
6	小组学习氛围浓厚，沟通协作好	10		
7	具有规范操作的职业习惯	10		

任务小结

请总结本任务完成过程中的优、缺点，并提出改进计划，填写表 11-20。

表 11-20　任务小结

完 成 事 项	优　点	缺　点	改 进 计 划
任务准备			
任务实施			
任务笔记			
其他			

任务 4　总结与交流

任务描述

根据超声波传感器的选型、安装、调试、日常维护等任务的完成情况，确定小组成果展示方案，并对其他小组的成果进行公平、客观的评价。结合其他小组人员和教师的评价与建议，对本小组任务完成过程中存在的优、缺点进行总结归纳，制订改进计划。

任务目标

- 善于总结、反思、改进；
- 能采用多种形式进行成果展示；
- 能客观、公正地评价、提出建议；
- 展现、沟通能力得以提升；
- 能虚心接受他人的建议；
- 具有团队和竞争意识。

任务准备

准备工作页、书面总结、工件、白板、纸张、PPT 等。

任务实施

本任务实施分为六步，请根据任务要求逐步完成（表 11-21）。

表 11-21　任务实施

步　骤	任务内容	任务要求
1	明确任务实施要求	总结全面，充分准备展示素材，展示语言流畅、思路清晰，评价客观、公正，提出合理建议
2	任务总结	全面总结所有任务完成情况、存在的问题、改进计划等，并记入任务笔记，素材准备充分
3	确定汇报方案	包括汇报人、汇报方式、汇报内容等，并记入任务笔记
4	成果汇报	语言流畅、思路清晰，形式多样化，可以为图片、PPT、学习视频片段等
5	三方评价	进行自评、组评和师评，评价客观、公正
6	提出建议	对其他组提出建议，认真听取其他组对本组的建议，并记入任务笔记

任务评价

评价由三部分组成，即学生自评、小组评价（组评）和教师评价（师评）。按照自评占 20%，组评占 30%，师评占 50%计算总分，见表 11-22。

表 11-22　任务评价表

评价内容	配　分	得　分			总评等级
		自　评	组　评	师　评	
纪律观念	10 分				A（80 分及以上）□ B（70～79 分）□ C（60～69 分）□ D（59 分及以下）□
学习态度	10 分				
协作精神	10 分				
文明规范	10 分				
笔记质量	10 分				
实践动手能力	20 分				
解决问题能力	20 分				
语言表达能力	10 分				
评分小计	100 分				

任务笔记

任务笔记见表 11-23。

表 11-23　任务笔记

成果汇报展示笔记		
班级：　　组别：　　组长：　　组员：		
任　务	笔记内容	完成人及完成时间
任务总结	1．任务完成情况： ____________________ ____________________ ____________________	

续表

任　务	笔 记 内 容	完成人及完成时间
任务总结	2．存在的问题： ______ ______ ______ 3．改进计划： ______ ______ ______	
成果展示方案	1．汇报人 ______ 2．汇报方式 ______ ______ ______ 3．汇报内容 ______ ______ ______	
记录建议	1．同学说 ______ ______ ______ 2．老师说 ______ ______ ______	

拓展与提高

一、其他超声波传感器

（1）超声波液位计如图 11-7 所示。

图 11-7　超声波液位计

超声波液位计的应用场景见表 11-24。

（2）超声波流量计如图 11-8 所示。

表 11-24　超声波液位计的应用场景

应 用 场 景	示 意 图
水库水位测量	
罐体液位测量	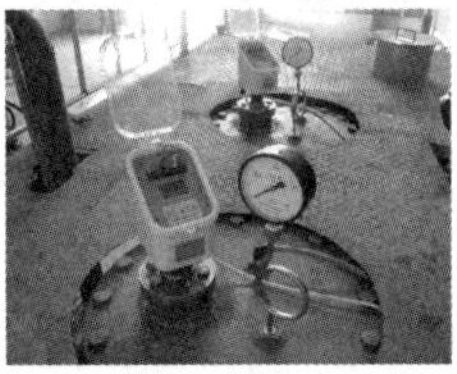
物位测量	

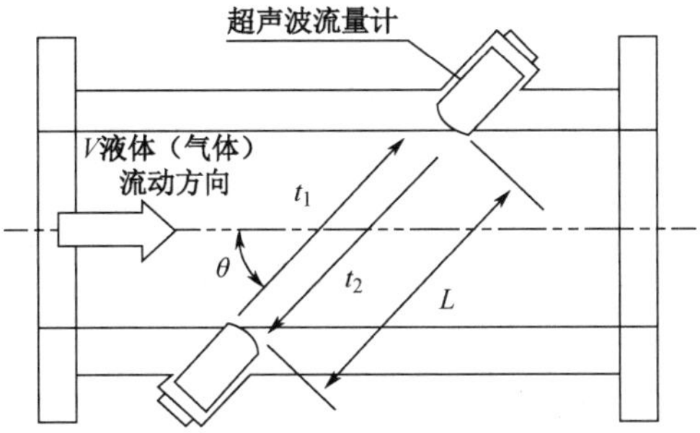

（a）原理图

（b）外观图

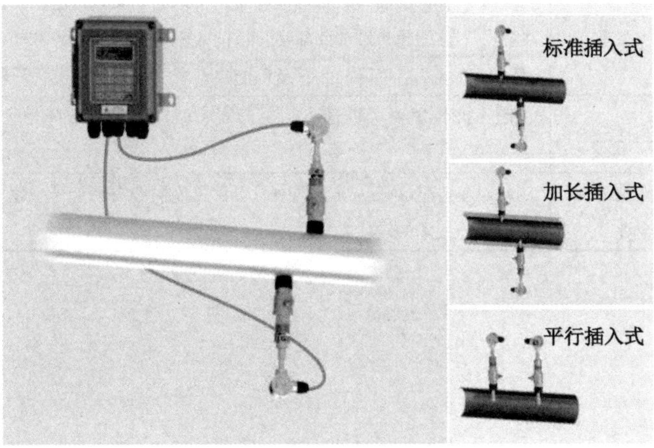

（c）安装示意图

图 11-8　超声波流量计

超声波流量计的应用场景见表 11-25。

表 11-25　超声波流量计的应用场景

应用场景	示意图
气体流量测量	
液体流量测量	

二、超声波传感器的未来发展方向

超声波传感器的未来发展方向见表 11-26。

表 11-26　超声波传感器的未来发展方向

序　号	发展方向	应用探索
1	更智能的流量测量	随着相关技术的发展，超声波传感器生产成本更低，尺寸更小，测量精度、可靠性、智能化程度更高，应用更广泛 例如，制造商可以用超声波传感器替换原来的机械式流量计。超声波传感器的优势在于精度高，且没有任何机械的活动部件
2	改善废物管理	将超声波传感器投放到垃圾桶中，市政公司可以改进废物的收集过程，减少低效率的操作。这些超声波传感器还可以防止泄漏或其他意外和伤害事故发生。随着超声波传感器价格不断下降，其普及程度将不断提高，使得废物管理更简单和更有效率
3	可靠的预测性维护	超声波传感器可以最小化生产停机时间，提高故障排除能力，增强质量控制和安全性
4	增强自动驾驶车辆的安全性	超声波传感器在传统车辆中用于盲点监测和自动泊车。超声波传感器将有助于汽车自动驾驶技术的发展

项目十二　传感网技术

情景描述

以互联网为代表的计算机网络技术是20世纪计算机科学的一项伟大成果，它给人们的生活带来了深刻的变化。然而，网络终究是虚拟的，它与人们所生活的现实世界还是有区别的，在网络世界中，很难感知现实世界，时代呼唤着新的网络技术。传感网正是在这样的背景下应运而生的，它综合了传感器、通信及微机电等技术。可以预见，在不久的将来，传感网将给人们的生活方式带来革命性的变化。

项目目标

- 了解传感网及其特点；
- 能根据应用需求选择合适的数据采集器，进行传感网的组建；
- 能熟练掌握相关设备的安装与调试方法；
- 具有自主学习、总结反思能力，在学习过程中培养团队协作意识；
- 养成规范操作的职业习惯，具有良好的安全意识、环保意识、节能意识。

建议学时

6学时

任务1　有线网络的搭建

任务描述

目前物联网的体系架构一般分为三层，即感知层、网络层、应用层。本任务重点讲解物联网感知层相关技术。

任务目标

- 了解感知层传感器接线方式及技术原理；
- 掌握有线传感器的应用规则及安装要求；
- 掌握数据采集器的应用规则及安装要求；

- 能完成感知层设备的安装；
- 养成规范操作的职业习惯，具有良好的安全意识、环保意识、节能意识。

任务准备

一、学习工具

学习工具包括温湿度传感器、风速传感器、烟雾传感器、火焰传感器、RS—485/232总线和网络通信相关技术标准等。

二、任务所需相关知识

（一）数据采集器简介

数据采集器是用于采集0～5V电压信号、4～20mA电流信号的智能采集模块。其基本原理是采集电压和电流信号，然后通过通信接口与计算机连接，通信协议采用工业通信标准的MODBUS协议。常见数据采集器如图12-1所示。

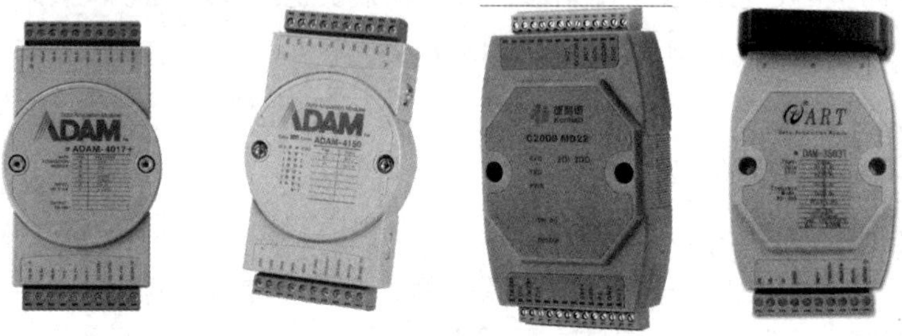

图12-1　常见数据采集器

数字量是与模拟量相对应的一种物理量，通常用0和1组成的二进制代码串表示某个信号的大小。数字量的特征是其变化在时间上和数值上都是不连续的，其数值变化是某个最小数量单位的整数倍。

（二）传感器及网络设备的选择

传感器及网络设备见表12-1。

表12-1　传感器及网络设备

名　称	示 意 图	功　能
温湿度传感器	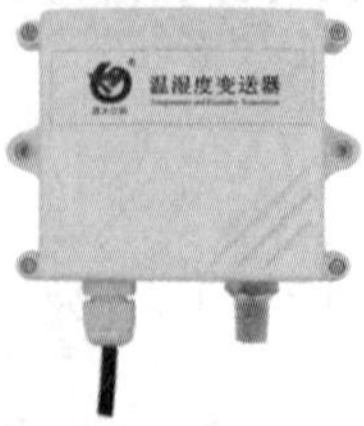	采集温度和湿度信号，转换成电流信号或电压信号输出
风速传感器	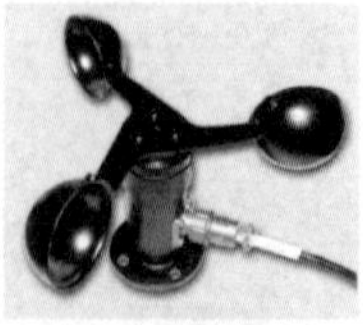	风速传感器是具有高灵敏度、高可靠性的风速观测仪器，采用三风杯式结构

续表

名　称	示 意 图	功　　能
烟雾传感器	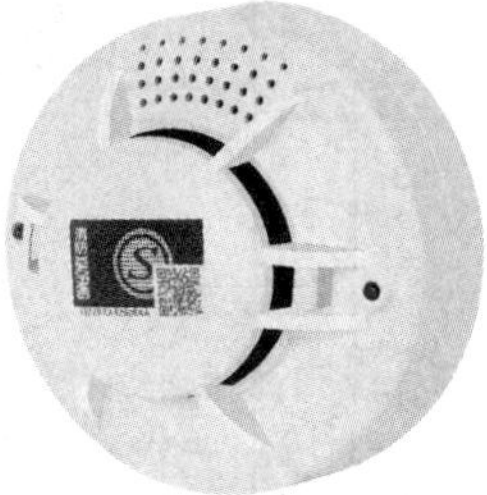	监测是否有烟雾并进行报警
火焰传感器		用于检测设备中的火焰并报警
路由器		将数据传送至网络
串口服务器	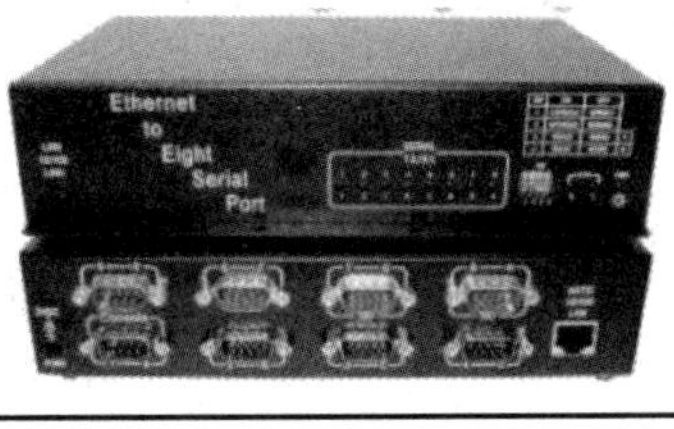	提供串口转网络接口功能，能够将 RS—232/485/422 串口转换成 TCP/IP 网络接口

（三）常用有线通信协议及标准

串行通信技术作为一种灵活、方便、可靠的通信手段得到了广泛的应用。RS—232、RS—485 串行通信中普遍使用 MODBUS 协议。

（四）有线传感网的搭建

1．有线传感网拓扑图（图 12-2）

图 12-2　有线传感网拓扑图

2．模拟量数据采集器与相关设备（图 12-3）

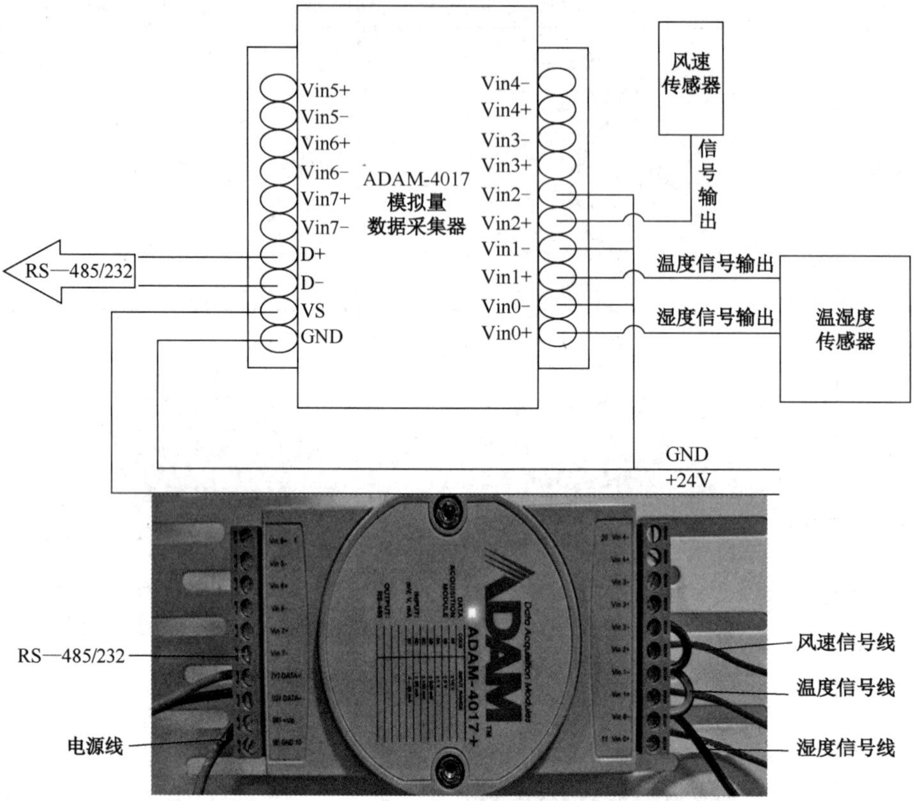

图 12-3　模拟量数据采集器与相关设备

3．数字量数据采集器与相关设备（图 12-4）

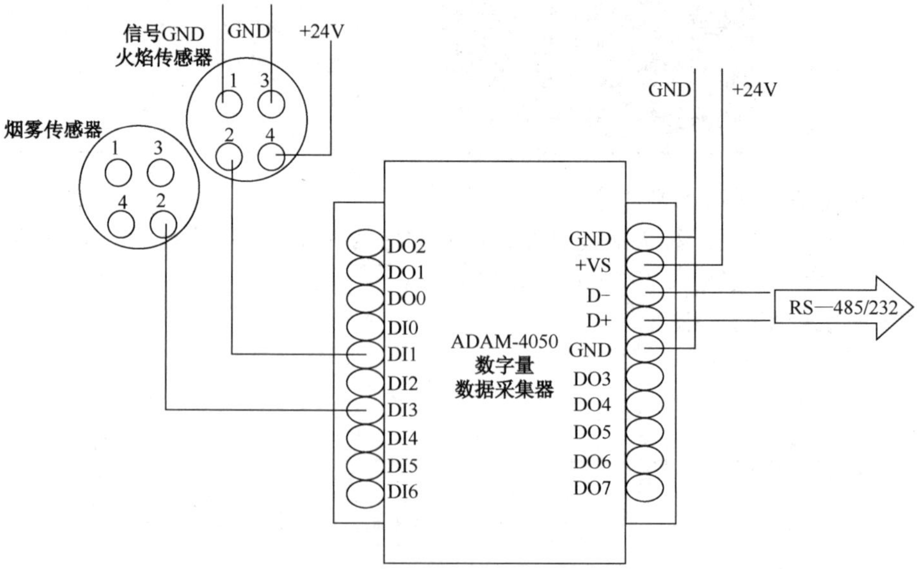

图 12-4　数字量数据采集器与相关设备

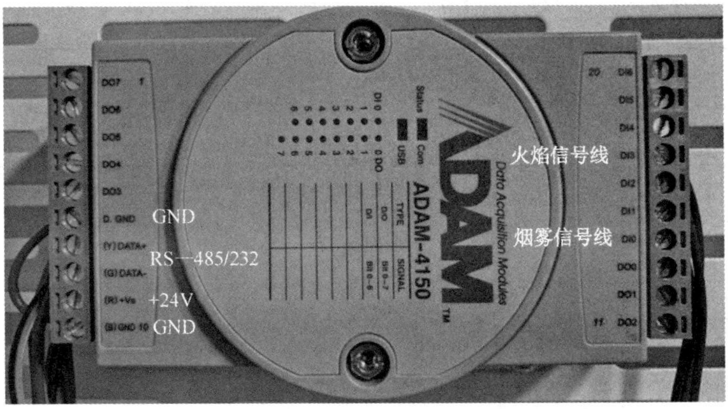

图 12-4　数字量数据采集器与相关设备（续）

4．接线说明（表 12-2）

表 12-2　接线说明

名　称	接 线 说 明
温湿度传感器	安装：用螺钉将底座固定 接线：红色线接+24V，黑色线接 GND，绿色线是湿度信号线，接模拟量 Vin0+，蓝色线是温度信号线，接模拟量 Vin1+
风速传感器	安装：底部用螺钉进行固定 接线：红色线接+24V，黑色线接 GND，蓝色线为信号线，接模拟量 Vin2+
模拟量数据采集器	安装：先将长方形塑料板固定，把表面的两颗螺钉旋松，再把背后螺钉孔对准塑料板，将其安装在塑料板上 接线：红色线接+24V，黑色线接 GND，DATA+和 DATA-接 RS—485/232
火焰传感器	安装：将底座旋下与探测器分离，接好线后再将底座旋上 接线：信号输出 2 号线接数字量 DI1
烟雾传感器	安装：将底座旋下与探测器分离，接好线后再将底座旋上 接线：信号输出 2 号线接数字量 DI3
数字量数据采集器	安装：先将长方形塑料板固定，把表面的两颗螺钉旋松，再把背后螺钉孔对准塑料板，将其安装在塑料板上 接线：红色线接+24V，黑色线接 GND，DATA+和 DATA-接 RS—485/232

任务实施

本任务实施分为五步，请根据任务要求逐步完成（表 12-3）。

表 12-3　任务实施

步　骤	任 务 内 容	任 务 要 求
1	将温湿度传感器、风速传感器、模拟量数据采集器安装、固定	（1）安装牢固，无松动现象 （2）设备安装螺帽加垫片 （3）固定位置符合实际逻辑
2	将火焰传感器、烟雾传感器、数字量数据采集器安装、固定	（1）安装牢固，无松动现象 （2）设备安装螺帽加垫片 （3）固定位置符合实际逻辑

续表

步骤	任务内容	任务要求
3	模拟量数据采集器与传感器接线	（1）接线处无铜线裸露 （2）接线方式美观，符合电工技术要求
4	数字量数据采集器与传感器接线	（1）接线处无铜线裸露 （2）接线方式美观，符合电工技术要求
5	给系统供电	24V 供电

任务笔记

任务笔记见表 12-4。

表 12-4　任务笔记

感知层设备安装与调试					
班级：　　组别：　　组长：　　组员：					
任务	记录情况				记录人及完成时间
耗材选择					
传感器安装					
数据采集器安装					
模拟量数据采集器外接设备连线	Vin0+	正确（）　错误（）	Vin0−	正确（）　错误（）	
	Vin1+	正确（）　错误（）	Vin1−	正确（）　错误（）	
	Vin2+	正确（）　错误（）	Vin2−	正确（）　错误（）	
	VS	正确（）　错误（）	GND	正确（）　错误（）	
	DATA+	正确（）　错误（）	DATA−	正确（）　错误（）	
数字量数据采集器外接设备连线	DI1	正确（）　错误（）	DI3	正确（）　错误（）	
	+VS	正确（）　错误（）	GND	正确（）　错误（）	
	DATA+	正确（）　错误（）	DATA−	正确（）　错误（）	
耗材回收和整理					

任务评价

任务评价表见表 12-5。

表 12-5　任务评价表

序　号	评价要点	配　分	得　分	总　评
1	任务学习工具、资料、知识等准备充分	10		A（80 分及以上）□ B（70～79 分）□ C（60～69 分）□ D（59 分及以下）□
2	能根据任务要求完成传感器的安装	30		
3	能根据任务要求完成模拟量数据采集器的安装	30		
4	能根据系统电路图正确连线	10		
5	小组学习氛围浓厚，沟通协作好	10		
6	具有规范操作的职业习惯	10		

任务小结

请总结本任务完成过程中的优、缺点，并提出改进计划，填写表 12-6。

表 12-6　任务小结

完成事项	优　点	缺　点	改进计划
任务准备			
任务实施			
任务笔记			
其他			

任务 2　无线网络的搭建

任务描述

美国第四大集成钢铁制造商在其位于俄亥俄州的全集成 80 英寸钢带热轧机厂采用了智能无线技术，以提高对过程、消防安全和环境的监测能力。

该公司最初采用智能无线方案监测生产过程，以防止价值 30 万美元的轧辊发生故障，并提高轧钢效率。

任务目标

- 了解物联网通信与网络技术的概念；
- 能进行 Zigbee 模拟量采集模块的安装；
- 能进行 Zigbee 相关程序烧写、配置；
- 能对网关进行调试与配置；
- 能在网关上实时监测传输的数据；
- 养成规范操作的职业习惯，具有良好的安全意识、环保意识、节能意识。

任务准备

一、学习工具

学习工具包括 Zigbee 协调器、Zigbee 烧写器、Zigbee 节点盒、数据采集网关等。

二、任务所需相关知识

（一）Zigbee 技术概述

Zigbee 是基于 IEEE 802.15.4 标准的低功耗局域网协议。根据国际标准规定，Zigbee 技术是一种短距离、低功耗的无线通信技术，主要用于距离短、功耗低且传输速率不高的各种电子设备之间的数据传输，以及典型有周期性数据、间歇性数据和低反应时间数据的传输。

（二）Zigbee 技术特点

1．功耗低

Zigbee 网络节点设备工作周期较短，收发数据功耗低，不接收数据时处于休眠状态，因此 Zigbee 技术省电，在低耗电待机模式下，两节普通 5 号干电池可使用 6 个月。

2．成本低

Zigbee 数据传输速率低，协议栈设计简单，大大降低了研发和生产成本，Zigbee 通信模块价格在 10 元人民币左右，并且 Zigbee 协议是免专利费的。

3．可靠性高

Zigbee 采取了碰撞避免策略，同时为需要固定带宽的通信业务预留了专用时隙，避开了发送数据的竞争和冲突。MAC 层采用了完全确认的数据传输模式，每个发送的数据包都必须等待接收方的确认信息，如果传输过程中出现了问题，可以进行重发。

4．容量大

一个星形结构的 Zigbee 网络最多可以容纳 254 个从设备和 1 个主设备，一个区域内可以同时存在最多 100 个 Zigbee 网络，而且网络组成灵活。

5．时延短

Zigbee 通信时延和从休眠状态激活的时延都非常短，搜索设备时延为 30ms，激活的时延是 15ms，活动设备信道接入的时延为 15ms。因此，Zigbee 技术适用于对时延要求苛刻的无线控制（如工业控制场合等）应用。

6．安全性高

Zigbee 提供了基于循环冗余校验（CRC）的数据包完整性检查功能，支持鉴权和认证，采用了 AES—128 加密算法，各个应用可以灵活确定其安全属性。

7．有效范围小

有效覆盖范围为 10～75m，具体依据实际发射功率的大小和各种不同的应用模式而定，基本上能够覆盖普通的家庭或办公室环境。

8．工作频段灵活

使用的频段分别为 2.4GHz、868MHz（欧洲）、915MHz（美国），均为免执照频段。

（三）Zigbee 网络结构

Zigbee 网络结构有星形、树形、网状 3 种，如图 12-5 所示。

（四）Zigbee 协议框架

Zigbee 是在 IEEE 802.15.4 标准基础上建立的，定义了协议的 MAC 和 PHY 层。Zigbee 协议框架由物理层、MAC 层、网络层、应用层等组成，如图 12-6 所示。

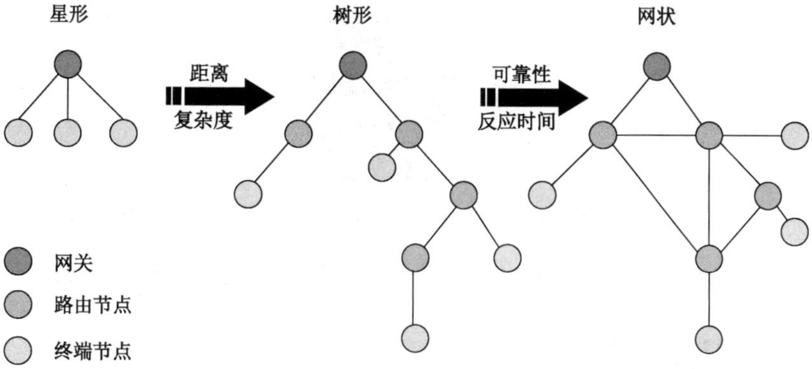

图 12-5　Zigbee 网络结构

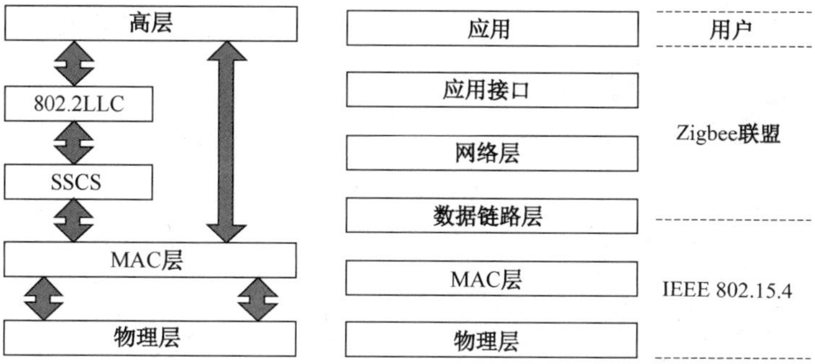

图 12-6　Zigbee 协议框架

（五）其他近距离无线通信及网络技术

近距离无线通信是指通信双方通过无线电波传输数据，并且传输距离较近，近年来，应用较为广泛且具有较好发展前景的短距离无线通信技术有 Zigbee、蓝牙（Bluetooth）、无线宽带（Wi-Fi）、射频识别（RFID）和近场通信（NFC）。

（六）Zigbee 模块的安装与调试

1．Zigbee 模块的安装（图 12-7）

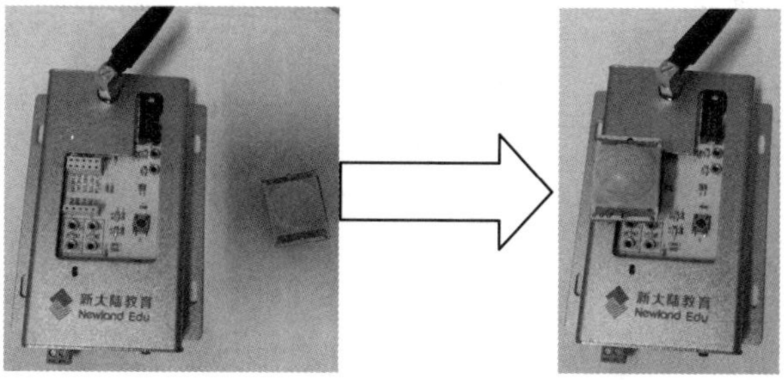

图 12-7　Zigbee 模块的安装

2．Zigbee 相关程序的烧写、配置

（1）先在 PC 上安装烧录软件：Setup_SmartRFProgr_1.6.2.exe。

（2）将 Zigbee 烧写器与 PC 连接，PC 自动安装驱动程序。

（3）将 Zigbee 烧写器与 Zigbee 模拟量采集模块连接（图 12-8）。

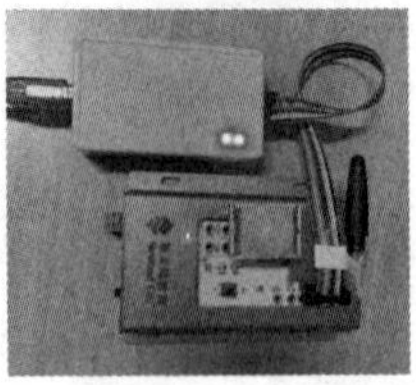

图 12-8　将 Zigbee 烧写器与 Zigbee 模拟量采集模块连接

（4）打开烧录软件并按下 Zigbee 烧写器上的复位键，烧录软件界面如图 12-9 所示。

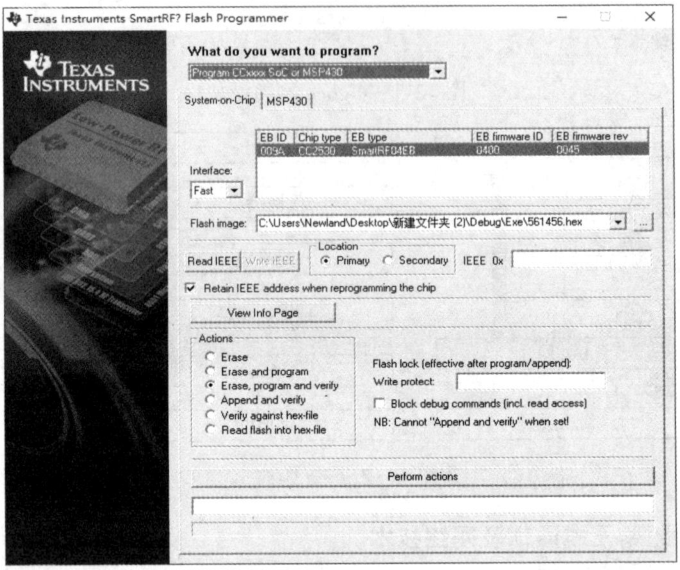

图 12-9　烧录软件界面

（5）选择需要烧录的 HEX 文件进行烧录，如图 12-10 所示。

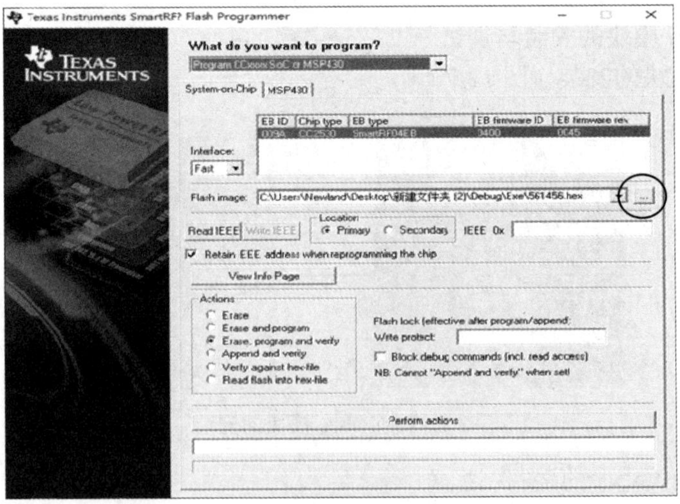

图 12-10　选择需要烧录的 HEX 文件进行烧录

（6）找到下载的 HEX 文件，如图 12-11 所示。

图 12-11　找到下载的 HEX 文件

（7）开始烧录，如图 12-12 所示。

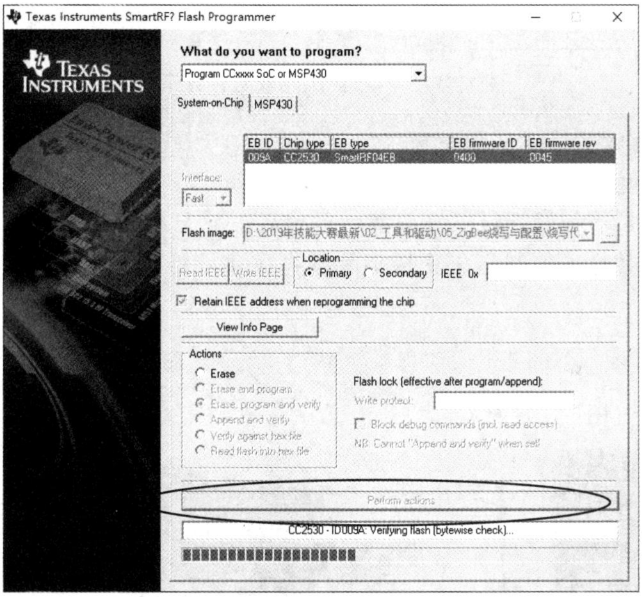

图 12-12　开始烧录

（8）打开 PC 上的 Zigbee 组网参数设置 V2.0 进行 Zigbee 配置，查看 COM 口连接情况，设定波特率为 38400，如图 12-13 所示。

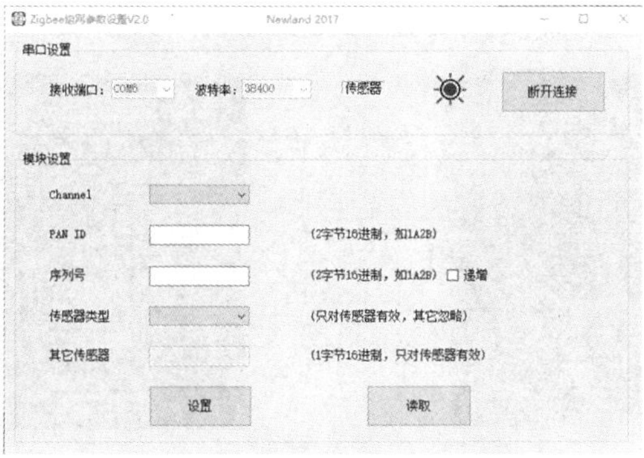

图 12-13　Zigbee 组网参数设置界面

（9）配置 Zigbee 参数时，必须将 PAN ID 及 Channel 设置成同样的参数，并设置其传感器类型，才可以组网，如图 12-14 所示。

图 12-14　Zigbee 组网参数设置示例

（七）数据采集网关的安装与配置

1．数据采集网关

数据采集网关是一种低功耗、高可靠性的设备。它具有内置的工业标准 MODBUS 协议通信模块、主流数据库的数据采集接口和数据采集软件。常见数据采集网关如图 12-15 所示。

图 12-15　常见数据采集网关

2．数据采集网关的安装

将数据采集网关接上电源，连接 RS—485/232 线，如图 12-16 所示。

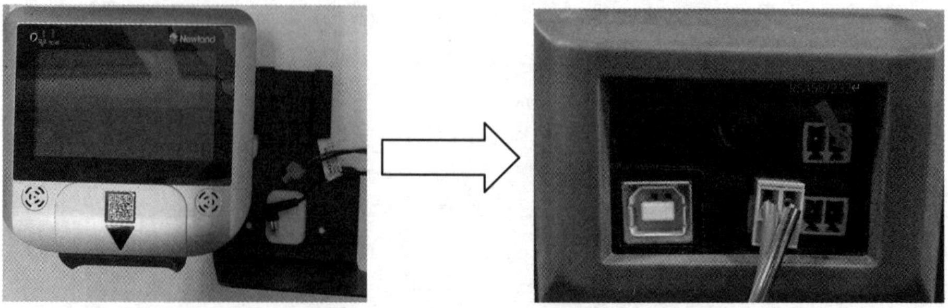

图 12-16　数据采集网关的安装

3．数据采集网关的配置

数据采集网关无线网络配置如图 12-17 所示。

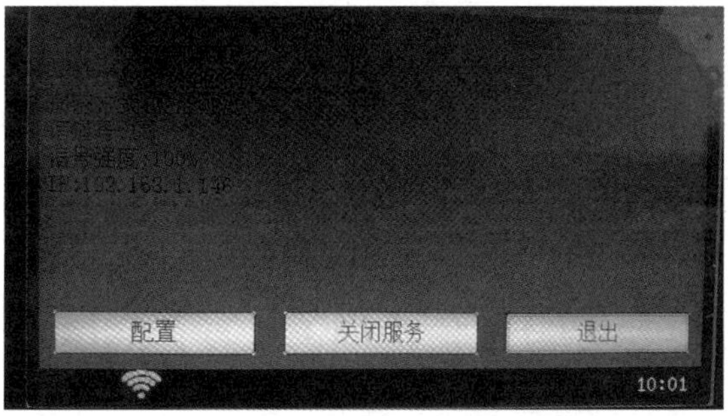

图 12-17　数据采集网关无线网络配置

数据采集网关参数配置如图 12-18 所示。

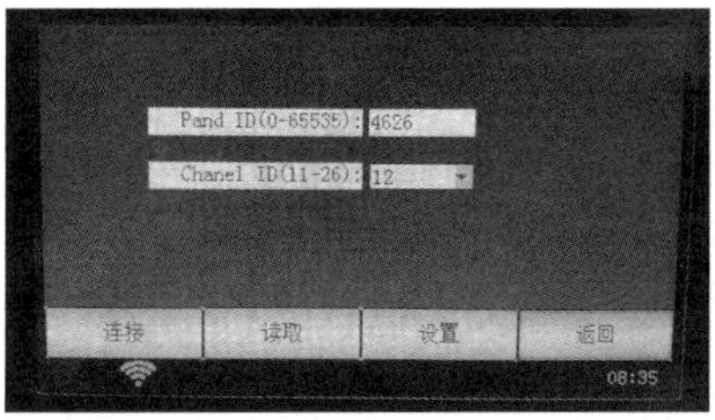

图 12-18　数据采集网关参数配置

无线传感网拓扑图如图 12-19 所示。

图 12-19　无线传感网拓扑图

任务实施

本任务实施分为三步，请根据任务要求逐步完成（表 12-7）。

表 12-7　任务实施

步　　骤	任 务 内 容	任 务 要 求
1	明确任务实施要求	小组合作学习，做到人人参与，规范操作，认真完成并及时提交任务笔记
2	Zigbee 模块安装与调试	1．安装美观 2．Zigbee 模块烧写步骤正确，能成功读取数据 3．Zigbee 组网参数配置正确
3	数据采集网关安装与调试	1．能正确连接到无线网 2．能正确配置参数 3．可以读取传感器数据，并且没有异常数据

任务笔记

任务笔记见表 12-8。

表 12-8　任务笔记

网络层设备安装调试笔记		
班级：　组别：　组长：　组员：		
任　务	笔 记 内 容	完成人及完成时间
相关知识点		
检测调试	1．Zigbee 模块 PAN ID________，Channel_________ 2．网关参数配置 PAN ID_________，Channel_________	
传感器数据		

任务评价

任务评价表见表 12-9。

表 12-9　任务评价表

序　号	评 价 要 点	配　分	得　分	总　评
1	任务学习工具、资料、知识等准备充分	10		A（80 分及以上）□ B（70～79 分）□ C（60～69 分）□ D（59 分及以下）□
2	能正确烧写 Zigbee 模块	20		
3	能正确配置数据采集网关	20		
4	能正确安装 Zigbee 模块	10		
5	能正确安装数据采集网关	10		
6	信息化意识强，能熟练查阅所需资料	10		
7	小组学习氛围浓厚，沟通协作好	10		
8	具有规范操作的职业习惯	10		

任务小结

请总结本任务完成过程中的优、缺点，并提出改进计划，填写表 12-10。

表 12-10　任务小结

完 成 事 项	优　　点	缺　　点	改 进 计 划
任务准备			
任务实施			
任务笔记			
其他			

任务 3　拓展与提高

任务描述

某酒店需要进行内部改造，要求在大厅安装温湿度传感器、风速传感器、光照传感器，在客房安装火焰传感器和烟雾传感器实现对火灾隐患的预警，在大厅入口设置人体传感器实现实时远程监测。

任务目标

- 能在云平台上创建项目；
- 能在云平台上添加设备；
- 能将数据采集网关接入云平台并实时查看数据；
- 养成规范操作的职业习惯，具有良好的安全意识、环保意识、节能意识。

任务准备

一、学习工具

学习工具包括温湿度传感器、风速传感器、光照传感器、人体传感器、Zigbee 模块、数据采集网关等。

二、任务所需相关知识

（一）远程监测传感网拓扑图（图 12-20）

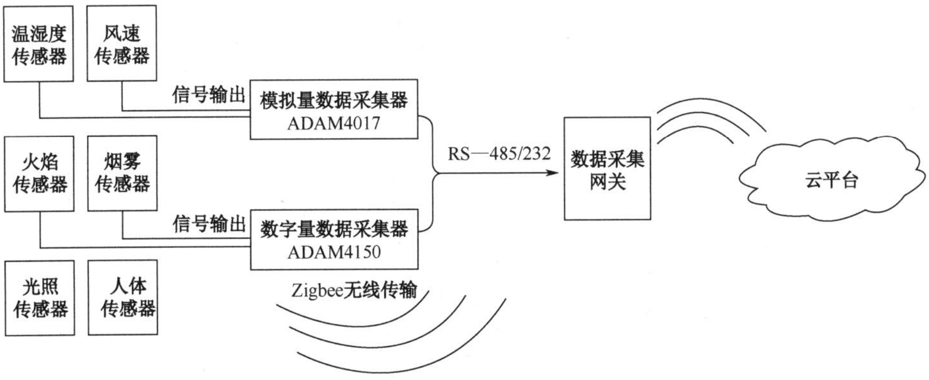

图 12-20　远程监测传感网拓扑图

（二）远程监测传感网的搭建

登录云平台 http://www.nlecloud.com，单击“开发者中心”，然后单击“新增项目”，如图 12-21 所示。

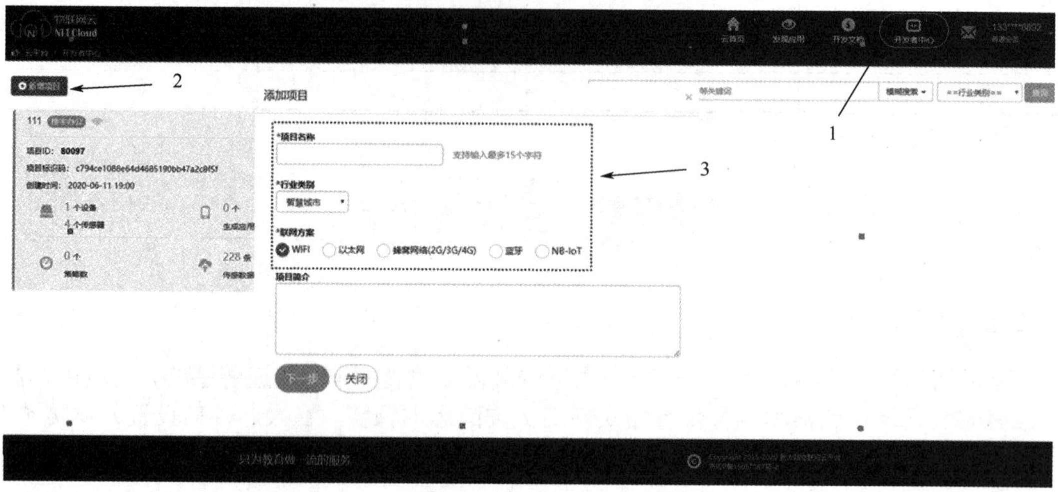

图 12-21　新增项目

在“添加项目”对话框中，对“项目名称”“行业类别”及“联网方案”进行设置。

（三）添加设备

设备标识就是数据采集网关设备参数中的序列号，如图 12-22 所示。

图 12-22　设备标识

单击“确认添加设备”按钮，添加设备完成，如图 12-23 所示。

图 12-23　添加设备完成

（四）添加传感器

添加 Zigbee 模块，如图 12-24 所示；添加传感器，如图 12-25 所示。

图 12-24　添加 Zigbee 模块

图 12-25　添加传感器

（五）实时监测数据

用户可实时监测数据，如图 12-26 所示。

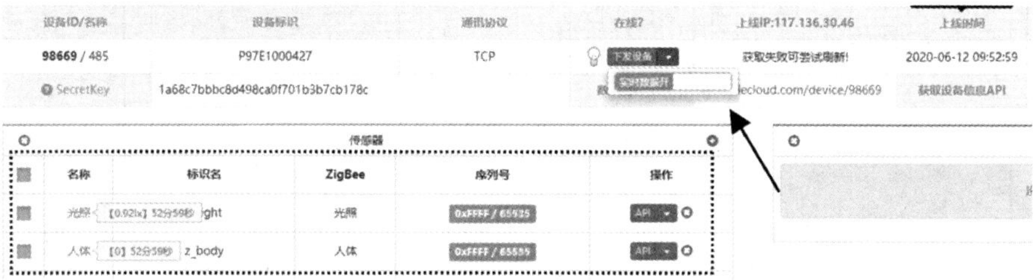

图 12-26　实时监测数据

任务实施

本任务实施分为五步，请根据任务要求逐步完成（表 12-11）。

表 12-11 任务实施

步 骤	任 务 内 容	任 务 要 求
1	明确任务实施要求	小组合作学习，做到人人参与，规范操作，认真完成并及时提交任务笔记
2	新建项目	设置项目名称、行业类别及联网方案
3	添加设备	将数据采集网关添加至云平台
4	添加传感器	将不同传感器添加至云平台，并正确配置
5	实时监测数据	数据显示正常，每隔 5s 刷新一次

任务笔记

任务笔记见表 12-12。

表 12-12 任务笔记

云平台实时监测数据笔记		
班级：　　组别：　　组长：　　组员：		
任 务	笔 记 内 容	完成人及完成时间
登录云平台新增项目		
添加设备	设备名称________ 通信协议________ 设备标识________	
传感器信息设置	1．传感器类型： 2．模拟量传感器序列号： 3．Zigbee 模块标识：	

续表

任　务	笔 记 内 容	完成人及完成时间
实时监测数据	1．模拟量传感器 名称：________数据：________ 名称：________数据：________ 2．数字量传感器 名称：________数据：________ 名称：________数据：________ 3．Zigbee 模块 名称：________数据：________ 名称：________数据：________	

任务评价

任务评价表见表 12-13。

表 12-13　任务评价表

序　号	评 价 要 点	配　分	得　分	总　评
1	任务学习工具、资料、知识等准备充分	10		A（80 分及以上）☐ B（70～79 分）☐ C（60～69 分）☐ D（59 分及以下）☐
2	能正确打开网站地址	5		
3	能新增项目	15		
4	能添加数据采集网关	20		
5	能正确添加传感器	30		
6	小组学习氛围浓厚，沟通协作好	10		
7	具有规范操作的职业习惯	10		

任务小结

请总结本任务完成过程中的优、缺点，并提出改进计划，填写表 12-14。

表 12-14　任务小结

完 成 事 项	优　点	缺　点	改 进 计 划
任务准备			
任务实施			
任务笔记			
其他			

项目十三　其他常用传感器

情景描述

智能时代，传感技术渗透到各个领域，传感器被应用于各种智能设备，改变着人们的生活。你了解智能手机中的重要传感器及其工作方式吗？你了解无人驾驶是怎样做到让车辆在陌生的环境中安全行驶的吗？你了解天文学家们是怎样拍出遥远天体的高分辨率图像的吗？本项目将介绍更多传感器，感受它们给生活、生产带来的便利。

项目目标

- 了解气体传感器的分类、特性及应用；
- 了解液位传感器的分类、特性及应用；
- 了解流量传感器的分类、特性及应用；
- 了解雷达传感器的分类、特性及应用；
- 了解陀螺仪传感器的分类、特性及应用；
- 了解 CCD 图像传感器的分类、特性及应用；
- 具有自主学习、总结反思能力，在学习过程中培养团队协作意识；
- 养成规范操作的职业习惯，具有良好的安全意识、环保意识、节能意识；
- 具有信息化和创新意识，能进行简单的传感器应用设计。

建议学时

2 学时

任务描述

呼吸机利用气体传感器等监测病人的呼吸频率、血氧含量等各种生理指标，把信息实时传输到主机。主机驱动呼吸机按特定节拍运行，使病人的呼吸频率、血氧含量等与标准指标相匹配，从而挽救病人的生命。手机通过陀螺仪传感器可以感应到用户在做什么。指纹考勤机采用 CCD 图像传感器，将手指放在光学镜片上，在内置光源的照射下，在手指有隆线的地方发生散射，而在谷线处发生全反射，不同的光线投射到 CCD 上就形成可被处理的指纹图像。

本任务将介绍气体传感器、液位传感器、流量传感器、雷达传感器、陀螺仪传感器、CCD 图像传感器的分类、特性及应用。

任务准备

一、学习工具

学习工具包括手机、任务书、教学资源、相关网站等。

二、任务所需相关知识

（一）气体传感器的分类、特性及应用

气体传感器是一种将某种气体体积分数转化成对应电信号，将气体的成分、浓度等信息转换成可以被人员、仪器仪表、计算机等利用的信息的转换器。气体传感器种类繁多，常见类型、特性及应用见表13-1。

表13-1 气体传感器常见类型、特性及应用

传感器类型	特　性	应　用
半导体气体传感器	利用气体在半导体表面的氧化还原反应导致敏感元件阻值发生变化而制成，灵敏度高、性能稳定、结构简单	通常用于家用燃气检测、智能家电等
电化学气体传感器	被测气体在电极处发生氧化或还原反应，适合低浓度毒性气体检测，以及氧气和酒精等无毒气体的检测	通常用于各种工业领域，以及道路交通安全检测等
催化燃烧式气体传感器	利用催化燃烧的热效应原理，由检测元件和补偿元件配对构成测量电桥。在一定温度条件下，可燃气体在检测元件载体表面及催化剂的作用下发生无焰燃烧，载体温度升高，内部的铂丝电阻阻值也相应升高，从而使平衡电桥失去平衡，输出一个与可燃气体浓度成正比的电信号	通常用于煤矿领域检测瓦斯等可燃性气体
红外气体传感器	基于不同气体分子的近红外光谱选择吸收特性，利用气体浓度与吸收强度的关系鉴别气体成分，并确定其浓度。具有使用寿命长、灵敏度高、稳定性好、性价比高、维护成本低、可在线分析等特点	通常用于石油化工、冶金工业、工矿开采、大气污染检测、农业、医疗卫生等领域

（二）液位传感器的分类、特性及应用

液位传感器是一种常见的测量液位的传感器。检测液位时，液位传感器会将感知的数据转换为电信号。它主要用于制造业和汽车工业，但也被用在许多家用电器中，如冰箱、洗衣机、热水器、马桶等。液位传感器种类繁多，常见类型、特性及应用见表13-2。

表13-2 液位传感器常见类型、特性及应用

传感器类型	特　性	应　用
光电液位传感器	用于检测液体，包括稳定的物质、两种不混溶液体之间的界面和沉积物的出现。光电液位传感器使用高强度激光，可以用于灰尘环境和液体物质	通常用于泄漏检测和储罐液位测量等
超声波液位传感器	用于检测黏性液体物质的含量。它通过产生频率为20～200kHz的音频波来工作	通常用于测量采矿、食品和饮料行业及化学处理中的液位
电容式液位传感器	用于检测泥浆和水溶液的液位变化情况，使用由聚四氟乙烯绝缘导线制成的探针检查液位变化，液位变化引起电容变化，根据所检测到的电容值大小来判断探针所在的位置处于有水状态或无水状态	通常用于化学、水处理、食品、电池行业的液位监测等，涉及高压和高温

（三）流量传感器的分类、特性及应用

流量传感器是一种用于检测液体、气体等介质流量参数，并将其转换为其他形式信号进行输出的传感器。测量流体流量的仪表统称流量计或流量表。流量传感器种类繁多，常见类型、特性及应用见表 13-3。

表 13-3 流量传感器常见类型、特性及应用

传感器类型	特 性	应 用
叶片式流量传感器	主要由空气流量计和电位计组成。在空气流量计的主进气道内安装一个可绕轴旋转的叶片，在发动机工作时，空气经空气滤清器过滤后进入空气流量计推动叶片（测量片）旋转，使其开启	通常用于传统的波许L型汽油喷射系统
涡街式流量传感器	涡街式流量传感器主要应用于涡街流量计，利用流体振荡原理，当流体在管道中经过涡街流量变送器时，在三角柱的旋涡发生体后上下交替，产生正比于流速的两列旋涡，从而进行介质流体的流量测量	通常用于工业管道介质流体的流量测量，如气体、液体、蒸汽等多种介质
热线式流量传感器	主要用于电子控制燃油喷射装置，测定发动机所吸进的空气量，利用热线电流随空气流量变化的原理来测量空气流量	通常用于波许 LH 型汽油喷射系统及一些高档小轿车，如别克、沃尔沃等

（四）雷达传感器的分类、特性及应用

雷达传感器是一种可以将微波回波信号转换为电信号的装置，是雷达测速仪、水位计、汽车 ACC 辅助巡航系统、自动门感应器等的核心芯片。雷达传感器种类繁多，常见类型、特性及应用见表 13-4。

表 13-4 雷达传感器常见类型、特性及应用

传感器类型	特 性	应 用
CW 多普勒雷达传感器	CW 多普勒雷达传感器发射固定频率的高频电磁信号，同时接收回波信号，混频后提取混频信号的频率，此频率即多普勒频率，由此可计算出速度	通常用于测速、运动检测、铁路障碍检测、站台监控、速度测试、物体探测、工业流速测量、家庭智能防入侵系统等
FMCW 雷达传感器	FMCW 雷达的发射信号是调频连续波，通过天线向外发射一列连续调频毫米波，并接收目标的反射信号。发射波的频率随时间按调制电压的规律变化得到平均值，根据延迟效应的计算公式可以得到物体的距离	通常用于目标测距、液位测量、ACC 辅助巡航系统防撞控制、变道辅助系统、BSD（盲点检测系统）等
激光雷达传感器	激光雷达传感器是一种用于获取精确位置信息的传感器。其工作原理是向目标发送探测信号（激光束），然后将目标反射回来的信号（目标回波）与发射信号进行比较，进行适当处理后，便可获取目标的相关信息，如目标距离、方位、高度、速度、姿态、形状等，从而对目标进行探测、跟踪和识别	通常用于测量森林冠层结构、自动驾驶、机器人等

（五）陀螺仪传感器的分类、特性及应用

陀螺仪传感器是一种简单易用的基于自由空间移动和手势的定位和控制系统，它原本用在直升机模型上，现已广泛用于手机等移动便携设备。陀螺仪传感器种类繁多，常见类型、特性及应用见表 13-5。

表 13-5 陀螺仪传感器常见类型、特性及应用

传感器类型	特　　性	应　　用
积分陀螺仪传感器	高速旋转物体的旋转轴，在垂直方向上改变其方向的反作用力矩是阻尼力矩	通常用于飞行器制导系统、军事和商业等各类控制系统
速率陀螺仪传感器	高速旋转物体的旋转轴，在垂直方向上改变其方向的反作用力矩是弹性力矩	通常用于惯性测量元件、高可靠性的汽车电子设备、导弹制导和控制、飞行器稳定控制等
无约束陀螺仪传感器	高速旋转物体的旋转轴，在垂直方向上改变其方向的反作用力矩是惯性反作用力矩	通常用于天线稳定、摄像、数码摄影、机器人等
激光陀螺仪传感器	利用光程差来测量旋转角速度。结构简单，工作寿命长，维修方便，可靠性高，平均无故障工作时间可达九万小时	通常用于航空、航海、航天和国防工业

（六）CCD 图像传感器的分类、特性及应用

CCD 图像传感器是一种高感光度半导体器件，能够把光学影像转化为数字信号。CCD 图像传感器种类繁多，常见类型、特性及应用见表 13-6。

表 13-6 CCD 图像传感器常见类型、特性及应用

传感器类型	特　　性	应　　用
线阵 CCD 图像传感器	可以同时存储一行电视信号，实时传输光电变换信号，自扫描速度快，频率响应高，能够实现动态测量，并能在低照度下工作	通常用于产品尺寸测量和分类、非接触尺寸测量、条形码等领域
面阵 CCD 图像传感器	可以同时接收一幅完整的图像，结构较简单，容易增加像素数	通常用于文件复印、传真、零件尺寸的自动测量、文字识别、交通监控等领域

任务实施

本任务实施分为两步，请根据任务要求逐步完成（表 13-7）。

表 13-7 任务实施

步　骤	任务内容	任务要求
1	明确任务实施要求	小组合作学习，做到人人参与，认真完成并及时提交任务笔记
2	查阅资料回答问题	查阅传感器相关资料，回答下列问题，并记入任务笔记 （1）简述气体传感器的分类及应用领域 （2）简述液位传感器的分类及应用领域 （3）简述流量传感器的分类及应用领域

续表

步　骤	任务内容	任务要求
2	查阅资料 回答问题	（4）简述雷达传感器的分类及应用领域 （5）简述陀螺仪传感器的分类及应用领域 （6）简述 CCD 图像传感器的分类及应用领域

任务笔记

任务笔记见表 13-8。

表 13-8　任务笔记

其他传感器工作原理及应用笔记		
班级：　组别：　组长：　组员：		
任　务	笔记内容	完成人及完成时间
回答问题	1．气体传感器的常见类型及应用领域有哪些？	
	2．液位传感器的常见类型及应用领域有哪些？	
	3．流量传感器的常见类型及应用领域有哪些？	
	4．雷达传感器的常见类型及应用领域有哪些？	
	5．陀螺仪传感器的常见类型及应用领域有哪些？	
	6．CCD 图像传感器的常见类型及应用领域有哪些？	

任务评价

任务评价表见表 13-9。

表 13-9　任务评价表

序　　号	评 价 要 点	配　　分	得　　分	总　　评
1	任务学习工具、资料、知识等准备充分	10		A（80 分及以上）□ B（70～79 分）□ C（60～69 分）□ D（59 分及以下）□
2	了解气体传感器的工作原理及应用	10		
3	了解液位传感器的工作原理及应用	10		
4	了解流量传感器的工作原理及应用	10		
5	了解雷达传感器的工作原理及应用	10		
6	了解陀螺仪传感器的工作原理及应用	10		
7	了解 CCD 图像传感器的工作原理及应用	10		
8	能认真完成任务笔记并及时提交	10		
9	信息化意识强，能熟练查阅所需资料	10		
10	小组学习氛围浓厚，沟通协作好	10		

任务小结

请总结本任务完成过程中的优、缺点，并提出改进计划，填写表 13-10。

表 13-10　任务小结

完 成 事 项	优　　点	缺　　点	改 进 计 划
任务准备			
任务实施			
任务笔记			
其他			

项目十四　传感器综合应用实例

情景描述

传感器作为智能装备感知外部环境信息的自主输入装置，对智能装备的应用起着技术牵引和场景升级的作用。近年来，随着互联网与物联网的高速发展，各类传感器在汽车、智能医疗、智能家居、可穿戴设备和智能移动终端等领域得到广泛应用。

项目目标

- 熟练掌握常用传感器的名称、原理、使用特点和安装要求；
- 能根据应用需求选择合适的传感器，进行系统设计；
- 能根据系统设计方案进行传感器集成应用；
- 具有自主学习、总结反思能力，在学习过程中培养团队协作意识；
- 养成规范操作的职业习惯，具有良好的安全意识、环保意识、节能意识。

建议学时

8 学时

任务 1　智能家居安保模拟系统中传感器的应用

任务描述

进入物联网时代，在智能家居领域，传感器、模块、网关已成为智能家居的三大基石。其中，传感器与智能家居系统逐渐形成深度集成，智能家居传感器应用系统如图 14-1 所示。封装后的各类传感器芯片可用于监测温度、湿度、气压、空气质量等，这些传感器设备可与家电联动，形成家居智能化场景。未来，以智能空调、智能抽油烟机、智能冰箱、智能净化器为代表的智能家电前景广阔。

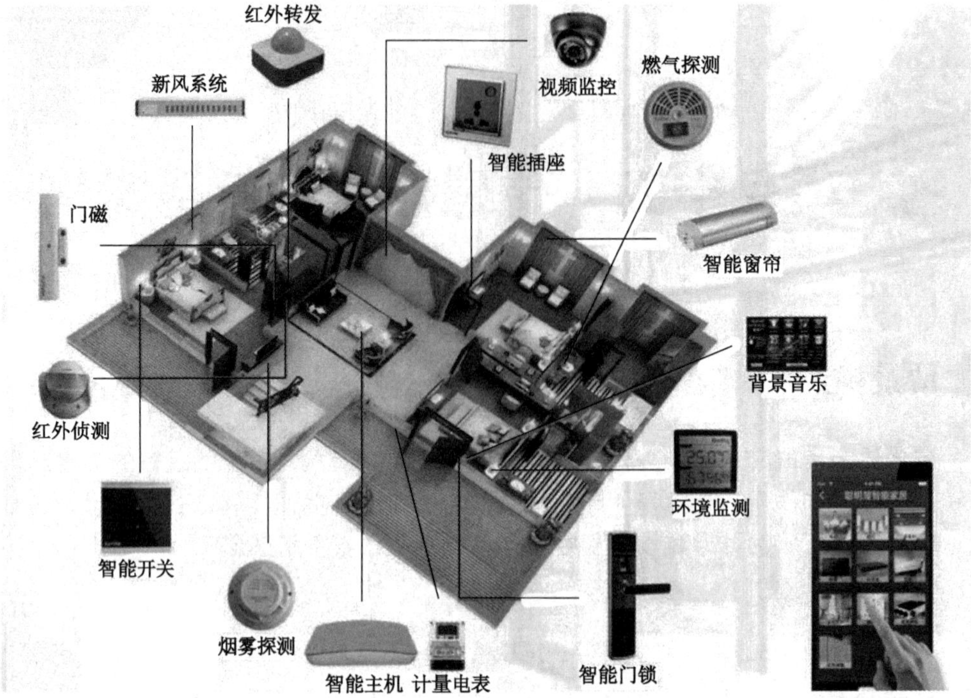

图 14-1　智能家居传感器应用系统

请设计并搭建一套智能家居安保模拟系统，该系统满足以下功能要求。

（1）能监测门是否被撬开，当门被撬开时，发出报警声。

（2）能检测厨房天燃气是否泄漏，出现泄漏即发出报警声。

（3）实时检测家中温湿度并显示。

任务目标

- 熟练掌握智能家居中常用传感器的名称、原理、使用特点和安装要求；
- 能根据需求选择合适的传感器并进行系统设计；
- 能根据系统设计方案进行传感器集成应用；
- 养成规范操作的职业习惯，具有良好的安全意识、环保意识、节能意识。

任务准备

一、学习工具

学习工具包括数字式万用表、Arduino 开发板、温湿度传感器模块、MQ-2 烟雾传感器模块、门磁霍尔传感器、1602 液晶显示模块、蜂鸣器报警模块及连接导线。

二、任务所需相关知识

（一）智能家居安保模拟系统

智能家居安保模拟系统包括门磁霍尔传感器、温湿度传感器、烟雾传感器、显示屏、蜂鸣器等。根据本系统功能要求，设计总体思路是将多个传感器模块连接到 Arduino 开发板上，完成所需要的功能。将该系统放置于需要测试的地方，上传控制程序，然后打开电源，即可看到显示屏上显示当前温湿度与天燃气浓度值，当门磁霍尔传感器检测到门窗被打开或天然气浓度值超标时，蜂鸣器发出报警声。

1．智能家居安保模拟系统框图（图 14-2）

图 14-2　智能家居安保模拟系统框图

2．模块及功能（表 14-1）

表 14-1　模块及功能

模块名称	实　物　图	功　　能
温湿度传感器模块		DHT11 是单总线数字温湿度传感器，用于监测环境中的温度和湿度
烟雾传感器模块		这里使用的是 MQ-2 烟雾传感器，用于检测可燃性气体，当所处环境中存在可燃性气体时，其电导率随空气中可燃性气体浓度的增大而增大
门磁霍尔传感器模块		门磁霍尔传感器感应到磁场时，输出低电平，信号灯点亮；如果没有感应到磁场，则输出高电平，信号灯熄灭。它具有电机测速、位置检测及计数功能
蜂鸣器模块		蜂鸣器是一种一体化结构的电子讯响器，被广泛用于打印机、报警器、电子玩具、汽车电子设备、定时器等电子产品中作为发声器件
LCD1602 显示模块		实现对室内温度值、湿度值及天燃气浓度值的实时显示

3．电路接线方法

在智能家居安保模拟系统中，各模块都连接 5V 电源和 GND，接线方法见表 14-2。

表 14-2　各模块接线方法

模块名称	接线方法	图示
温湿度传感器模块	VCC 接 5V 电源正极 GND 接 5V 电源负极 DATA 为数据输出接口	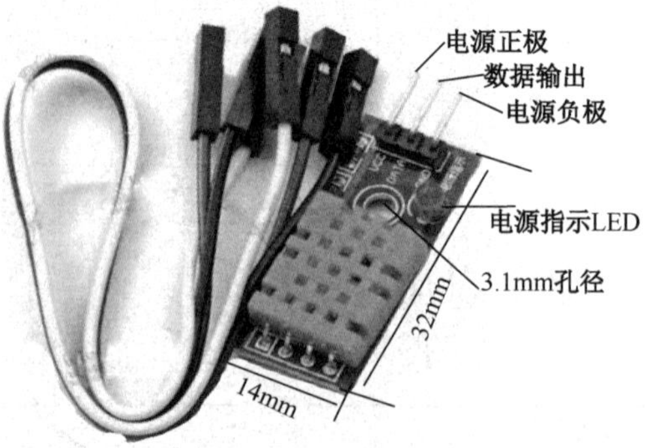
烟雾传感器模块	VCC 接 5V 电源正极 GND 接 5V 电源负极 DO 为数字量输出接口，输出 0 或 1 AO 为模拟量输出接口	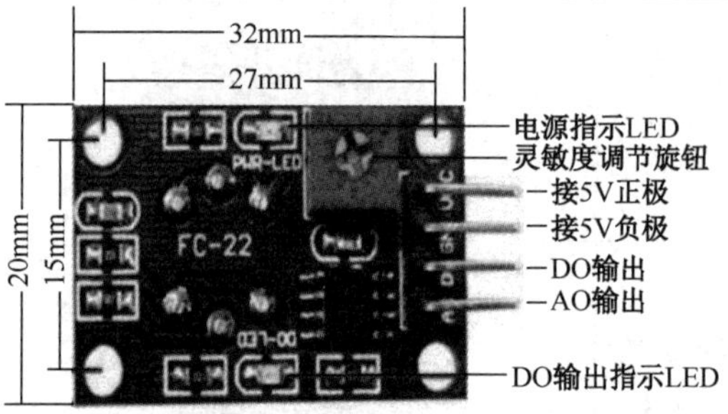
门磁霍尔传感器模块	VCC 接 5V 电源正极 GND 接 5V 电源负极 DO 为数字量输出接口，输出 0 或 1 AO 为模拟量输出接口	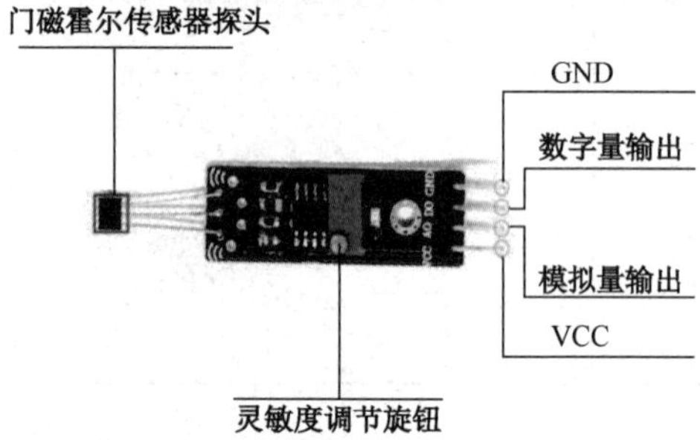
蜂鸣器模块	VCC 接 5V 电源正极 GND 接 5V 电源负极	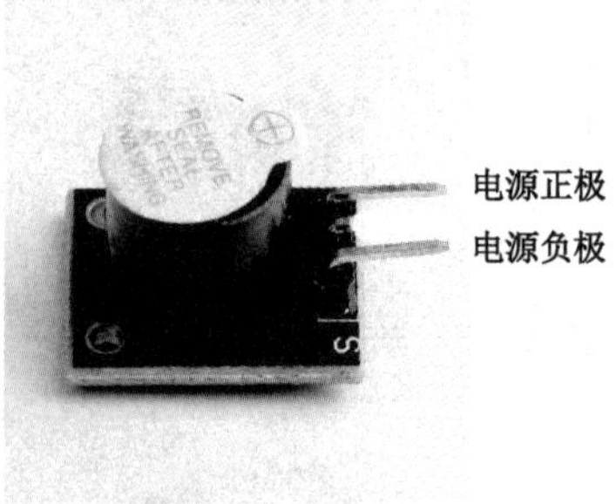

续表

模块名称	接线方法	图示
LCD1602 显示模块	1 脚：接 5V 电源 2 脚：对比度调整端，接电源时对比度小，接地时对比度大，使用时可通过一个 10kΩ 的电位器调整对比度 4 脚：寄存器选择端，高电平时选择数据寄存器，低电平时选择指令寄存器 5 脚：读写信号线 6 脚：使能端 7～14 脚：D0～D7 位 8 位双向数据线 15 脚：背光源正极（5V） 16 脚：背光源负极（0V）	 

（二）系统程序下载

1．程序下载工具

工具包括计算机、串口线、Arduino 开发软件。

2．程序下载方法（表 14-3）

表 14-3　程序下载方法

操作步骤	操作方法	操作指导或二维码
第一步	使用串口线连接 Arduino 开发板通信串口与计算机 USB 口	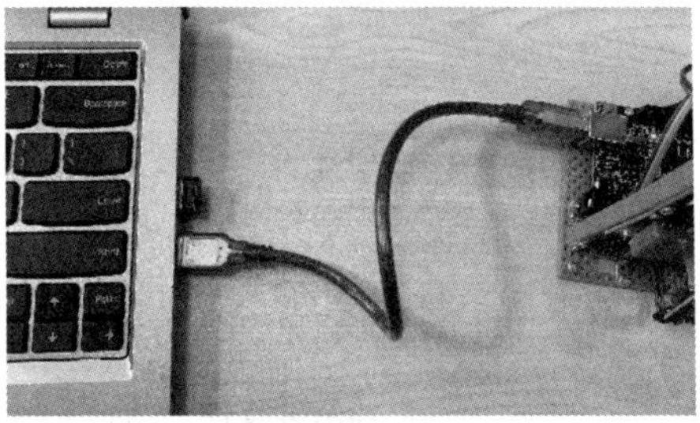
第二步	打开 Arduino 开发软件，扫描二维码获取程序，复制到开发软件编辑框中	
第三步	检查程序是否正确，确认正确后上传	

（三）智能家居安保模拟系统电路图（图 14-3）

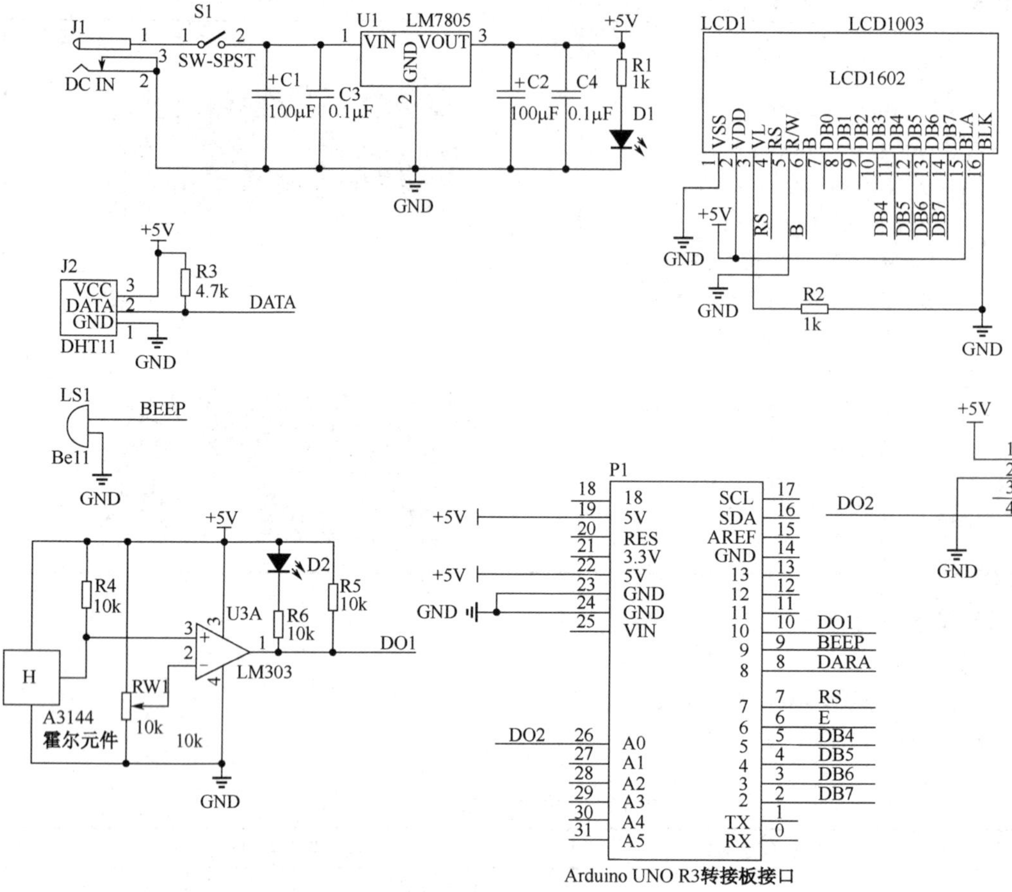

图 14-3　智能家居安保模拟系统电路图

（四）智能家居安保模拟系统功能演示

程序上传成功后，可以看到液晶显示屏上显示当前温度、湿度及门的状态，扫描二维码可观看功能演示视频（图 14-4）。

图 14-4　智能家居安保模拟系统功能演示

任务实施

本任务实施分为四步，请根据任务要求逐步完成（表 14-4）。

表 14-4　任务实施

步　骤	任务内容	任务要求
1	根据系统电路接线方法，完成系统接线	（1）在接线过程中，需要反复检查接线是否正确 （2）电源线需要使用红色和黑色线，其余信号线要避免与电源线同色 （3）连接完毕后再次确认接口是否稳固
2	上传系统程序	（1）在 PC 端查看对应 COM 口，打开源程序，开发板选择 Arduino，端口选择对应的 COM 口 （2）上传程序
3	给系统供电	通过 USB 口或者 5V 电源适配器供电
4	系统调试及功能验证	温湿度传感器：LCD1602 显示屏上显示当前室内温湿度实时数据
		烟雾传感器：当烟雾检测电路检测到信号时，蜂鸣器报警
		门磁霍尔传感器：当门被打开时，蜂鸣器报警
		功能演示

任务笔记

任务笔记见表 14-5。

表 14-5　任务笔记

智能家居安保模拟系统笔记		
班级：　　组别：　　组长：　　组员：		
任　务	记录情况	完成人及完成时间
模块选择		
系统接线		
程序上传		
供电电源检测及连接		
功能调试及验证	温湿度传感器模块功能：　正常（　）　不正常（　）	
	烟雾传感器模块功能：　正常（　）　不正常（　）	
	门磁霍尔传感器模块功能：　正常（　）　不正常（　）	
	LCD1602 显示模块功能：　正常（　）　不正常（　）	
	蜂鸣器模块功能：　正常（　）　不正常（　）	
故障排除		

任务评价

任务评价表见表 14-6。

表 14-6　任务评价表

序　号	评价要点	配　分	得　分	总　评
1	任务学习工具、资料、知识等准备充分	10		A（80 分及以上）□ B（70～79 分）□ C（60～69 分）□ D（59 分及以下）□
2	能根据任务要求完成传感器模块的选择	20		
3	能根据系统电路图正确连线	10		
4	会使用仿真器上传程序	10		
5	温湿度传感器模块正常检测室内温湿度	10		
	烟雾传感器模块正常检测室内空气质量	10		
	门磁霍尔传感器正常工作	10		
6	小组学习氛围浓厚，沟通协作好	10		
7	具有规范操作的职业习惯	10		

任务小结

请总结本任务完成过程中的优、缺点，并提出改进计划，填写表 14-7。

表 14-7　任务小结

完成事项	优　点	缺　点	改进计划
任务准备			
任务实施			
任务笔记			
其他			

任务 2　汽车防撞安全驾驶模拟系统中传感器的应用

任务描述

近年来，自动驾驶汽车是一个比较热门的话题，相关的报道也屡见不鲜，一时间引来了社会各方的广泛关注，汽车制造商们也对此表现出了浓厚的兴趣，纷纷加入自动驾驶汽车的研发阵营。奔驰、宝马和特斯拉等公司已经推出了原始车型，自动驾驶似乎不再是一个虚构的概念。

汽车要实现自动驾驶，首先要解决的是提升安全性的问题。这也是研发过程中投入较大的一部分。为了能让汽车自动、安全地行驶在马路上，必须给它配备一双视力良好的“眼睛”和一个聪明的“大脑”，而组成这双“眼睛”的就是各类传感器和感应测量设备（图 14-5）。

请设计并搭建一套汽车防撞安全驾驶模拟系统，要求具有以下功能：左右变道障碍物检测、车内酒精浓度检测、跟车车距检测、车速检测。

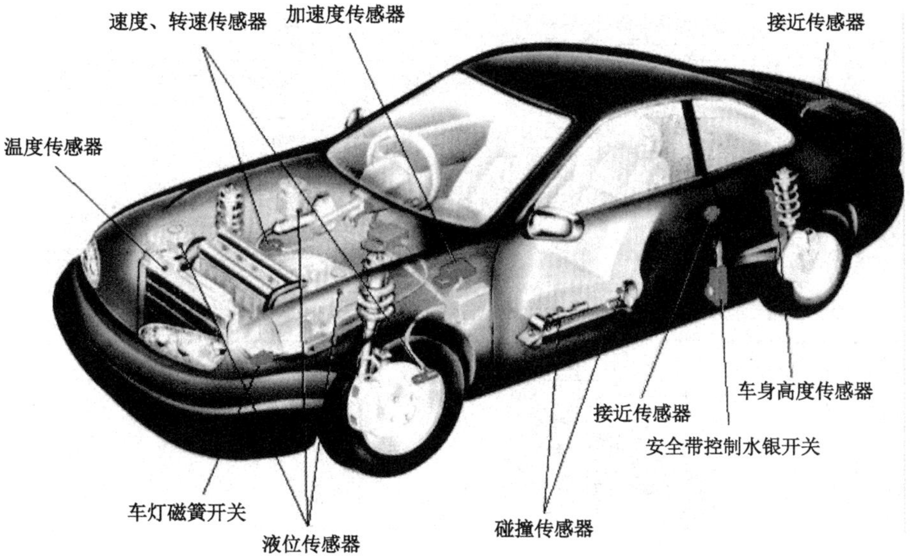

图 14-5 汽车上的传感器和感应测量设备

任务目标

- 熟练掌握汽车系统中常用传感器的名称、原理、使用特点和安装要求；
- 能根据需求选择合适的传感器并进行系统设计；
- 能根据系统设计方案进行传感器集成应用；
- 养成规范操作的职业习惯，具有良好的安全意识、环保意识、节能意识。

任务准备

一、学习工具

学习工具包括数字式万用表、Arduino 开发板、超声波传感器模块、酒精传感器模块、红外传感器模块、直流减速电机模块、LED 指示灯模块、LCD1602 显示模块及连接导线等。

二、任务所需相关知识

（一）汽车防撞安全驾驶模拟系统

该系统设计总体思路是将多个传感器模块连接到 Arduino 开发板上，完成所需要的功能。将该系统放置于需要测试的地方，上传控制程序，然后打开电源，即可实现以下功能：显示屏上显示车内酒精浓度值，若酒精浓度值超过安全驾驶值，则蜂鸣器报警，指示灯闪烁；当汽车左右侧红外传感器模块检测到障碍物时，指示灯亮，车轮向障碍物相反一侧转向；超声波传感器模块实时监测与前车的车距并在显示屏上显示，当车距太近时，蜂鸣器发出报警声，汽车停止行驶。

（1）汽车防撞安全驾驶模拟系统框图如图 14-6 所示。

图 14-6　汽车防撞安全驾驶模拟系统框图

（2）模块及功能见表 14-8。

表 14-8　模块及功能

模块名称	实物图	功能
超声波传感器模块		用于检测是否有障碍物并测量与障碍物之间的距离
酒精传感器模块		检测环境中的酒精浓度，当该传感器所处环境中存在酒精蒸气时，其电导率随空气中酒精浓度的增大而增大
红外传感器模块		该传感器主要用于红外线反射探测，当遇到障碍物（反射面）时，红外线被反射回来并被接收管接收，指示灯亮起，同时信号输出接口输出数字信号（低电平）
直流减速电机模块		驱动车轮转动或停止
电机驱动模块		具有驱动能力，控制直流电机转动速度和方向
LED 指示灯模块		具有指示作用

续表

模块名称	实物图	功能
蜂鸣器模块		蜂鸣器是一种一体化结构的电子讯响器，被广泛用于打印机、报警器、电子玩具、汽车电子设备、定时器等电子产品中作为发声器件
LCD1602 显示模块	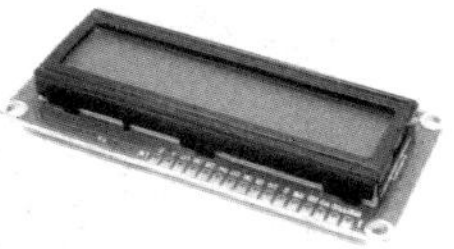	实现车速、障碍物距离及酒精浓度的实时显示

（3）电路接线方法。

汽车防撞安全驾驶模拟系统中的各模块都连接 5V 电源和 GND，接线方法见表 14-9。

表 14-9　各模块接线方法

模块名称	接线方法	接线图示
超声波传感器模块	VCC 接电源正极 GND 接电源负极 TRIG 是控制端 ECHO 是接收端	
酒精传感器模块	VCC 接电源正极 GND 接电源负极 DO 为数字量输出接口，输出 0 或 1 AO 为模拟量输出接口 注：酒精传感器通电后，需要预热 20s 左右，测量的数据才稳定	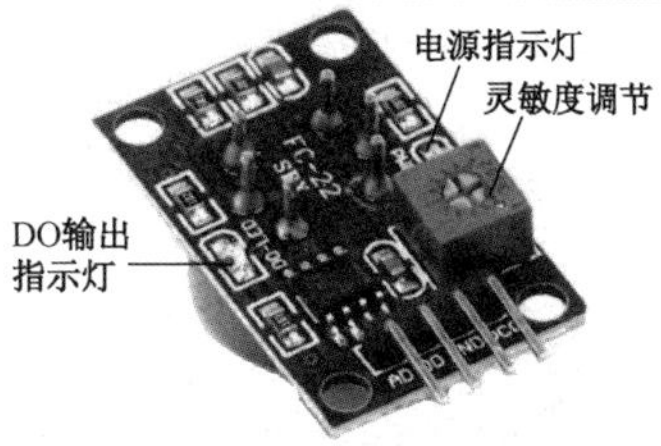
红外传感器模块	VCC 接电源正极 GND 接电源负极 DO 为数字量输出接口，输出 0 或 1	
直流减速电机模块	红色线接电源正极 黑色线接电源负极	
电机驱动模块	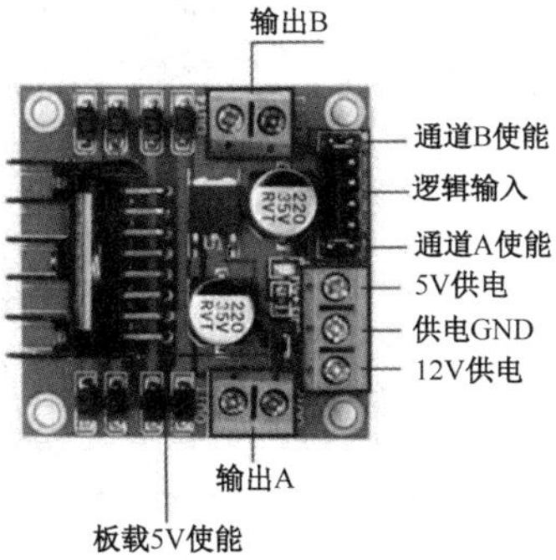	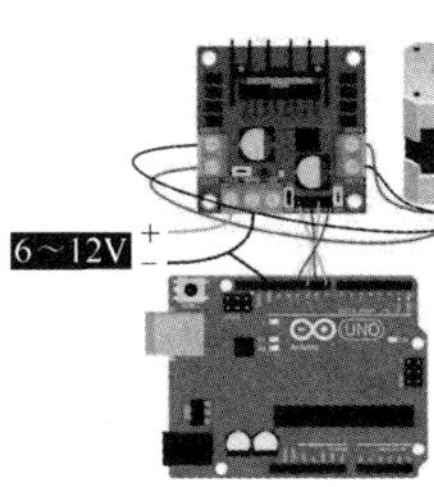

续表

模块名称	接线方法	接线图示
LED 指示灯模块	VCC 接电源正极 IN 接电源负极或外部电平信号	
蜂鸣器模块	VCC 接直流 5V 电源正极 GND 接电源负极	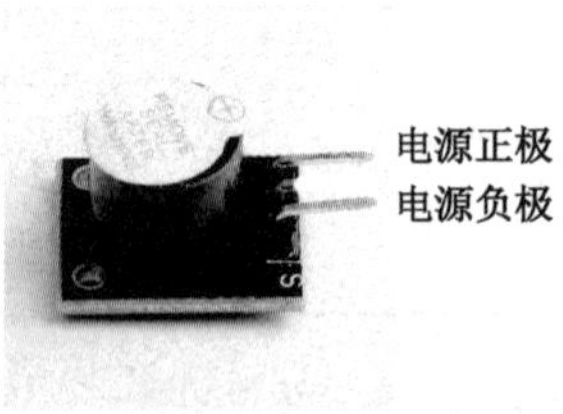
LCD1602 显示模块	1 脚：接 5V 电源 2 脚：对比度调整端，接电源时对比度小，接地时对比度大，使用时可通过一个 10kΩ 的电位器调整对比度 4 脚：寄存器选择端，高电平时选择数据寄存器，低电平时选择指令寄存器 5 脚：读写信号线 6 脚：使能端 7～14 脚：D0～D7 位 8 位双向数据线 15 脚：背光源正极（5V） 16 脚：背光源负极（0V）	 

（二）系统程序下载

1．程序下载工具

工具包括计算机、串口线、Arduino 开发软件。

2．程序下载方法（表 14-10）

表 14-10　程序下载方法

操作步骤	操作方法	操作指导或二维码
第一步	使用串口线连接 Arduino 开发板通信串口与计算机 USB 口	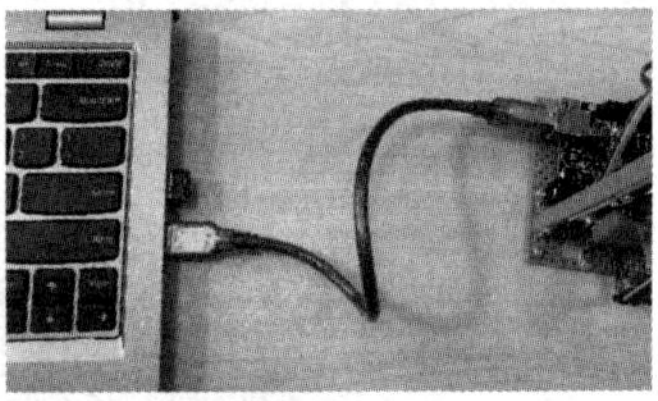
第二步	打开 Arduino 开发软件，扫描二维码获取程序，复制到开发软件编辑框中	

续表

操 作 步 骤	操 作 方 法	操作指导或二维码
第三步	检查程序是否正确，确认正确后上传	

（三）汽车防撞安全驾驶模拟系统电路图（图 14-7）

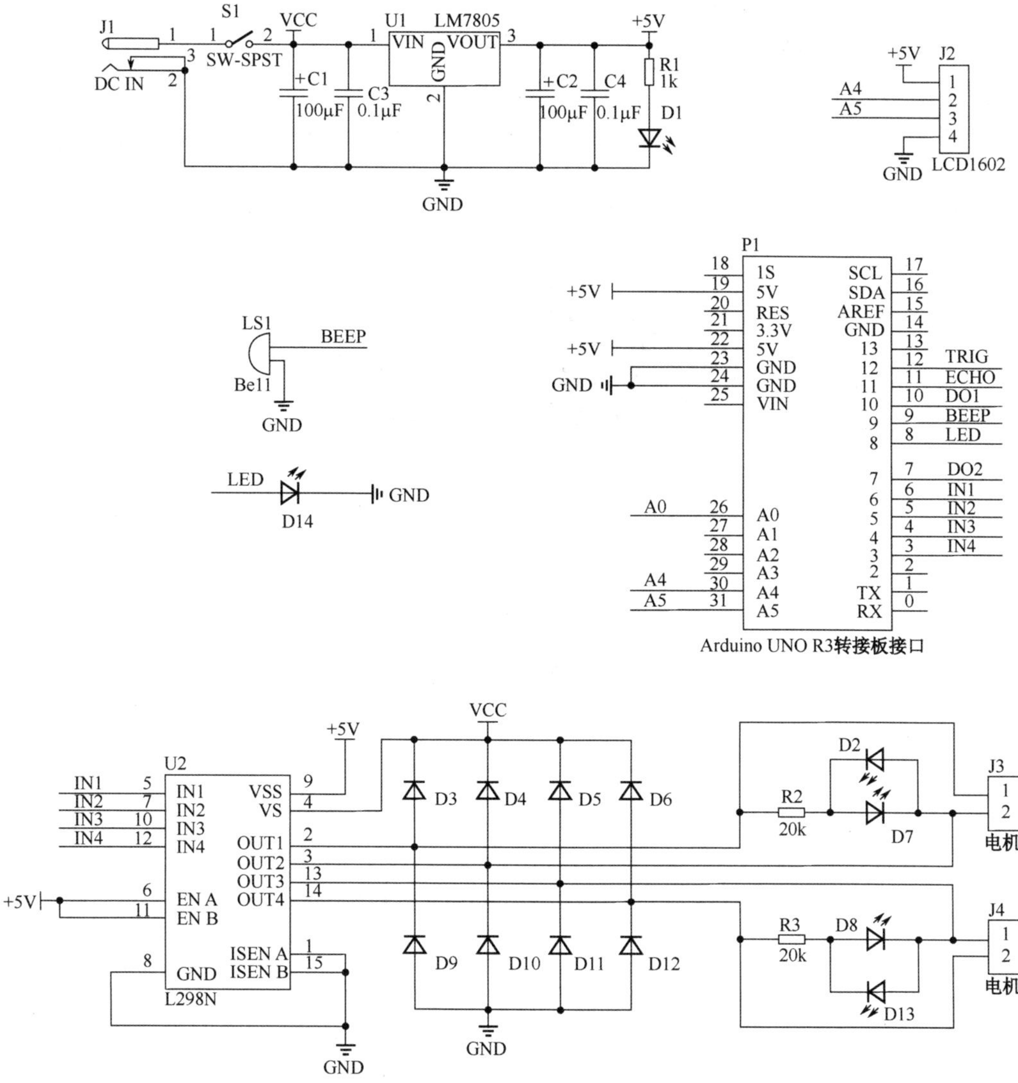

图 14-7　汽车防撞安全驾驶模拟系统电路图

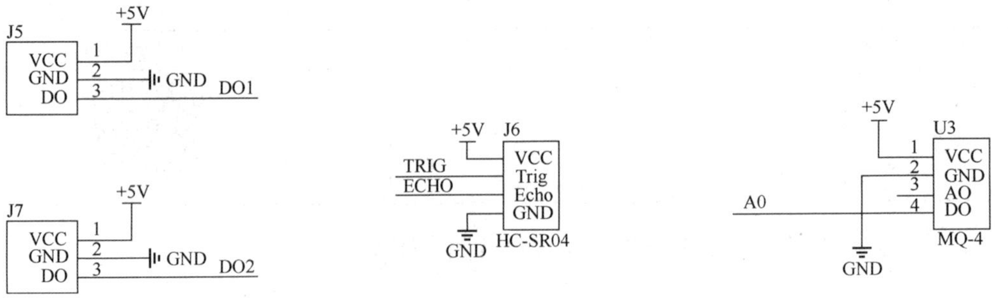

图 14-7　汽车防撞安全驾驶模拟系统电路图（续）

（四）汽车防撞安全驾驶模拟系统功能演示

程序上传成功后，可以看到液晶显示屏上显示当前检测到的障碍物距离、车速及酒精浓度值，可扫描二维码观看功能演示视频（图 14-8）。

图 14-8　汽车防撞安全驾驶模拟系统功能演示

任务实施

本任务实施分为四步，请根据任务要求逐步完成（表 14-11）。

表 14-11　任务实施

步　骤	任 务 内 容	任 务 要 求
1	根据系统电路图接线方法完成系统接线	（1）在接线过程中，需要反复检查接线是否正确 （2）电源线需要使用红色和黑色线，其余信号线要避免与电源线同色 （3）连接完毕后再次确认接口是否稳固
2	上传程序	（1）在 PC 端查看对应 COM 口，打开源程序，开发板选择 Arduino，端口选择对应的 COM 口 （2）上传程序
3	给系统供电	通过 USB 口或 5V 电源适配器供电
4	系统调试及功能验证	超声波传感器：当检测到与前方模拟车辆距离较近时，车轮停止转动，蜂鸣器报警
		酒精传感器：液晶显示屏上显示当前酒精浓度值，使用酒精喷雾喷向酒精传感器，模拟酒精浓度超标环境，车轮停止转动，蜂鸣器报警
		红外传感器：当检测到左侧或右侧有障碍物靠近时，对应一侧的 LED 指示灯亮
		功能演示

任务笔记

任务笔记见表 14-12。

表 14-12　任务笔记

汽车防撞安全驾驶模拟系统笔记		
班级：　组别：　组长：　组员：		
任　务	记 录 情 况	完成人及完成时间
模块选择		
系统接线		
程序上传		
供电电源检测及连接		
功能调试及验证	超声波传感器模块功能：　正常（　）　不正常（　）	
	酒精传感器模块功能：　正常（　）　不正常（　）	
	红外传感器模块功能：　正常（　）　不正常（　）	
	LCD1602 显示模块功能：　正常（　）　不正常（　）	
	蜂鸣器模块功能：　正常（　）　不正常（　）	
	LED 指示灯模块功能：　正常（　）　不正常（　）	
	直流减速电机模块功能：　正常（　）　不正常（　）	
故障排除		

任务评价

任务评价表见表 14-13。

表 14-13　任务评价表

序　号	评 价 要 点	配　分	得　分	总　评
1	任务学习工具、资料、知识等准备充分	10		A（80 分及以上）□ B（70～79 分）□ C（60～69 分）□ D（59 分及以下）□
2	能根据任务要求完成传感器模块的选择	20		
3	能根据系统电路图正确连线	10		
4	会使用仿真器上传程序	10		
5	超声波传感器模块正常检测车距	10		
	红外传感器模块正常检测障碍物	10		
	酒精传感器正常工作	10		
6	小组学习氛围浓厚，沟通协作好	10		
7	具有规范操作的职业习惯	10		

任务小结

请总结本任务完成过程中的优、缺点，并提出改进计划，填写表 14-14。

表 14-14　任务小结

完成事项	优　点	缺　点	改进计划
任务准备			
任务实施			
任务笔记			
其他			

任务 3　四翼无人机模拟系统中传感器的应用

任务描述

如今，无人机已被广泛应用于气象监测、国土资源执法、环境保护、遥感航拍、抗震救灾、快递等领域。在无人机飞行控制方面，各种传感器起到了十分重要的作用，如图 14-9 所示为无人机传感器应用系统。

请设计并搭建一套四翼无人机模拟系统，要求具有以下功能：能通过蓝牙无线连接手机，遥控四翼无人机平稳飞行。

图 14-9　无人机传感器应用系统

任务目标

- 熟练掌握无人机控制系统中常用传感器的名称、原理、使用特点和安装要求；
- 能根据需求选择合适的传感器并进行系统设计；
- 能根据系统设计方案进行传感器集成应用；

● 养成规范操作的职业习惯，具有良好的安全意识、环保意识、节能意识。

任务准备

一、学习工具

学习工具包括数字式万用表、Arduino 开发板、六轴姿态传感器（包含陀螺仪传感器和加速度传感器）、空心杯电机、蓝牙 4.0 模块及连接导线。

二、任务所需相关知识

（一）四翼无人机模拟系统

该系统设计总体思路是将多个传感器模块连接到 Arduino 开发板上，完成所需要的功能。将该系统放置于需要测试的地方，上传控制程序，然后打开电源，通过蓝牙连接手机，遥控四翼无人机平稳飞行。

（1）四翼无人机模拟系统框图如图 14-10 所示。

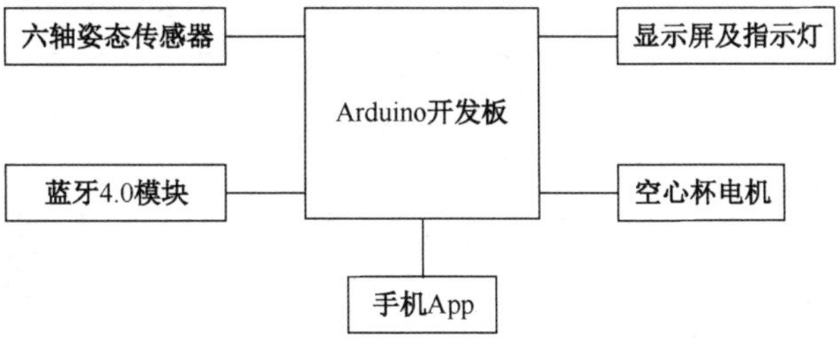

图 14-10　四翼无人机模拟系统框图

（2）模块及功能见表 14-15。

表 14-15　模块及功能

模块名称	实物图	功能
六轴姿态传感器		六轴姿态传感器包含陀螺仪传感器和加速度传感器，用于控制无人机飞行中的稳定性，常用于运动感测游戏、电子稳像和现实增强等领域
空心杯电机		给四翼提供动力
蓝牙 4.0 模块		一种低功耗无线传输模块，用来实现无线遥控功能

（3）电路接线方法。

四翼无人机模拟系统中的各模块都连接 5V 电源和 GND，接线方法见表 14-16。

表 14-16　各模块接线方法

<table>
<tr><th>模块名称</th><th>接线方法</th><th>接线图示</th></tr>
<tr><td>六轴姿态传感器</td><td><table><tr><td>VCC</td><td>接 3.3～5V 电源</td></tr><tr><td>TX</td><td>串行数据输入，TTL</td></tr><tr><td>RX</td><td>串行数据输出，TTL</td></tr><tr><td>GND</td><td>地线</td></tr><tr><td>SCL</td><td>11C 时钟线</td></tr><tr><td>SDA</td><td>11C 信号线</td></tr></table></td><td></td></tr>
<tr><td>空心杯电机</td><td>红色线或白色线接电源正极
蓝色线或黑色线接电源负极</td><td>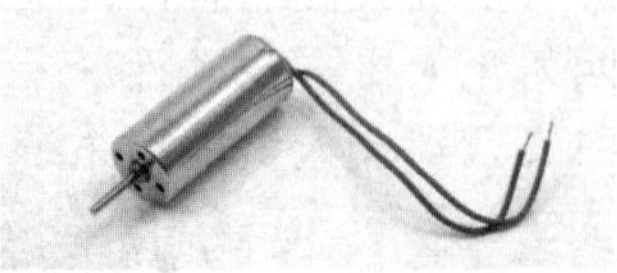</td></tr>
<tr><td>蓝牙 4.0 模块</td><td>VCC 接电源正极
GND 接电源负极
TXD：发送端，接另一设备的 RXD 端
RXD：接收端，接另一设备的 TXD 端</td><td></td></tr>
</table>

（二）系统程序下载

1．程序下载工具

工具包括计算机、串口线、Arduino 开发软件。

2．程序下载方法（表 14-17）

表 14-17　程序下载方法

操作步骤	操作方法	操作指导或二维码
第一步	使用串口线连接 Arduino 开发板通信串口与计算机 USB 口	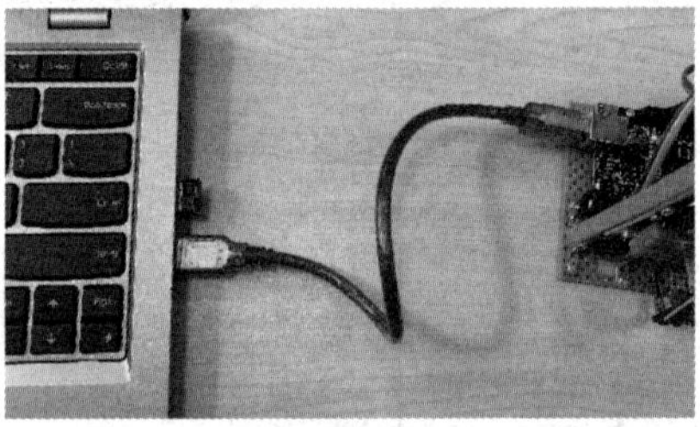
第二步	打开 Arduino 开发软件，扫描二维码获取程序，复制到开发软件编辑框中	

续表

操作步骤	操作方法	操作指导或二维码
第三步	检查程序是否正确，确认正确后上传	

（三）四翼无人机模拟系统功能演示

程序上传成功后，具体操作方法如下。

（1）使用 Android 系统手机，下载并安装“科睿小四轴.APK”。

（2）将无人机放平，待蓝灯不闪烁后（姿态稳定），打开 App。

（3）进行蓝牙连接，搜索设备，默认名称为 BT05-A，左下角显示数字表示连接正常。

（4）点击飞行控制，进入操作界面。

（5）手机放平，油门最小，长按锁定键，并将手机竖至 90°，无人机蓝灯闪烁并熄灭后松开锁定键，放平手机。

（6）推动油门，通过倾斜手机的方式控制飞行方向，通过左转与右转两个按键改变方向。

（7）飞行结束后，长按锁定键，蓝灯熄灭，退出 App，如不锁定直接退出，无人机将失控。

扫描二维码可观看功能演示视频（图 14-11）。

图 14-11　四翼无人机模拟系统功能演示

任务实施

本任务实施分为四步，请根据任务要求逐步完成（表 14-18）。

表 14-18　任务实施

步骤	任务内容	任务要求
1	根据系统电路图接线方法，完成系统接线	（1）在接线过程中，需要反复检查接线是否正确 （2）电源线需要使用红色和黑色线，其余信号线要避免与电源线同色 （3）连接完毕后再次确认接口是否稳固
2	上传程序	（1）为防止数据冲突，下载程序及调试时应关闭蓝牙 （2）在 PC 端查看对应 COM 口，打开源程序，开发板选择 Arduino，处理器选择 ATmega328(5V,16MHz)，端口选择对应的 COM 口 （3）上传程序
3	给系统供电	将锂电池充足电，接入四翼无人机，打开电源
4	系统调试及功能验证	六轴姿态传感器：保持无人机平稳飞行
		蓝牙 4.0 模块：与手机端配对，实现遥控飞行功能
		空心杯电机：为无人机的飞行提供动力
		功能演示

任务笔记

任务笔记见表 14-19。

表 14-19　任务笔记

四翼无人机模拟系统笔记				
班级：　组别：　组长：　组员：				
任　　务	记 录 情 况			完成人及完成时间
模块选择				
系统接线				
程序上传				
供电电源检测及连接				
功能调试及验证	六轴姿态传感器：	正常（　）	不正常（　）	
	蓝牙 4.0 模块：	正常（　）	不正常（　）	
	空心杯电机：	正常（　）	不正常（　）	
故障排除				

任务评价

任务评价表见表 14-20。

表 14-20　任务评价表

序　　号	评 价 要 点	配　　分	得　　分	总　　评
1	任务学习工具、资料、知识等准备充分	10		A（80 分以上）　□ B（70～79 分）　□ C（60～69 分）　□ D（59 分以下）　□
2	能根据任务要求完成传感器模块的选择	20		
3	能根据系统电路图正确连线	10		
4	会使用仿真器上传程序	10		
5	六轴姿态传感器使无人机保持平稳	10		
	蓝牙 4.0 模块与手机正常连接	10		
	空心杯电机正常转动	10		
6	小组学习氛围浓厚，沟通协作好	10		
7	具有规范操作的职业习惯	10		

任务小结

请总结本任务完成过程中的优、缺点，并提出改进计划，填写表 14-21。

表 14-21　任务小结

完 成 事 项	优　　点	缺　　点	改 进 计 划
任务准备			
任务实施			
任务笔记			
其他			

任务 4　智能无人水质监测船模拟系统中传感器的应用

任务描述

全球首艘 30 万吨超大型智能原油船由中国船舶重工集团下属大连船舶重工集团有限公司建造，于 2019 年 5 月 29 日完成海试。该船是全球第一艘获得中国船级社 i-SHIP 及 OMBO 一人驾驶船级符号的超大型原油船，它通过构建服务智能系统的网络信息平台，实现了船舶航行辅助自动驾驶、智能货物管理、综合能效管理、设备运行维护、船岸一体通信五大功能，填补了国际智能 VLCC 的空白，在智能船舶发展进程中有着里程碑意义，也代表该集团在超大型原油船的建造上开启了智能船舶的新篇章。智能船舶传感器应用系统如图 14-12 所示。

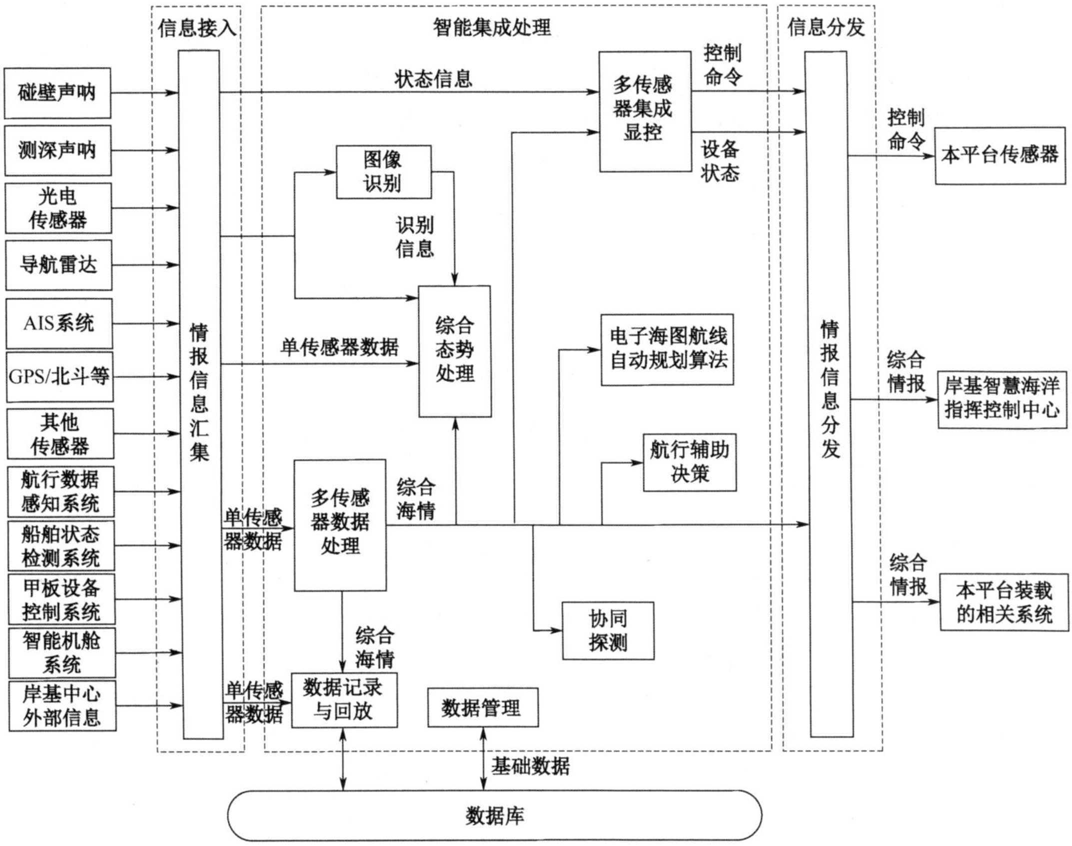

图 14-12　智能船舶传感器应用系统

请设计并搭建一套智能无人水质监测船模拟系统，要求具有以下功能：实时监测河道水质 pH 值、水温及浊度，并将监测数据传输到手机中。

任务目标

- 熟练掌握智能船舶系统中常用传感器的名称、原理、使用特点和安装要求；

- 能根据需求选择合适的传感器并进行系统设计；
- 能根据系统设计方案进行传感器集成应用；
- 养成规范操作的职业习惯，具有良好的安全意识、环保意识、节能意识。

任务准备

一、学习工具

学习工具包括数字式万用表、STM32 开发板、温度传感器、pH 值传感器、TDS 浊度传感器、GPRS 模块、液晶显示屏模块、蜂鸣器模块及连接导线。

二、任务所需相关知识

（一）智能无人水质监测船模拟系统

该系统设计总体思路是将多个传感器模块连接到 STM32 开发板上，完成所需要的功能。将该系统放置于需要测试的地方，上传控制程序，然后打开电源，可以看到以下现象：液晶显示屏上显示河道水质当前的温度、pH 值及浊度；当以上监测数据超过报警阈值时，蜂鸣器报警，并由 GPRS 模块将警情以短信的形式发送到手机上。

（1）智能无人水质监测船模拟系统框图如图 14-13 所示。

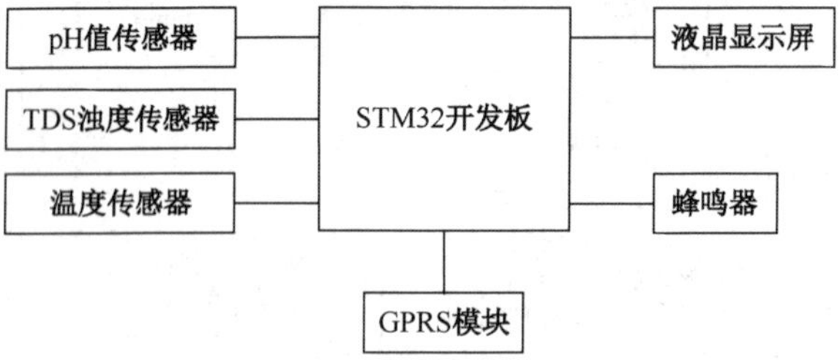

图 14-13　智能无人水质监测船模拟系统框图

（2）模块及功能见表 14-22。

表 14-22　模块及功能

模块名称	实物图	功能
温度传感器		温度传感器用于检测温度，通常应用于冷藏库温度监测、仓库温度监测、孵化温度监测、养殖业温度监测及楼宇温度自动控制等领域
pH 值传感器		该传感器用于检测水溶液中的氢离子活度（pH 值），常用于化工行业、医药工业及染料工业等领域

续表

模块名称	实物图	功能
TDS 浊度传感器		TDS 浊度传感器主要用于评估水质状况，水溶液中电解质浓度不同，则溶液的导电程度就不同。其常用于水培水产养殖、环境水监测等领域
GPRS 模块		该模块是一款工业级的 GPRS 模块，用于语音、SMS、数据和传真信息的传输
液晶显示屏模块		实时显示检测出的温度、pH 值、浊度及信息收发情况
蜂鸣器模块		蜂鸣器是一种一体化结构的电子讯响器，被广泛用于打印机、报警器、电子玩具、汽车电子设备、定时器等电子产品中作为发声器件

（3）电路接线方法。

智能无人水质监测船模拟系统中的各模块都连接 5V 电源和 GND，接线方法见表 14-23。

表 14-23　各模块接线方法

模块名称	接线方法	接线图示
温度传感器	红色线接 VCC 黄色线为信号线 黑色线接 GND	
pH 值传感器	VCC 接电源正极 GND 接电源负极 2GND 为模拟信号输出负极 PO 为模拟信号输出正极 2V5 为基准电压 2.5V 输出口 T1 为温度传感器信号输出口 BNC 接 pH 值测试电极	
TDS 浊度传感器	VCC 接电源正极（5V） GND 接电源负极 T1 为温度传感器信号输出口 AO 为模拟量输出口 BNC 接浊度测试电极	

（二）系统程序下载

1．程序下载工具

工具包括计算机、串口线、STM32 开发板及驱动软件。

2．程序下载方法（表 14-24）。

表 14-24　程序下载方法

操 作 步 骤	操 作 方 法	操作指导或二维码
第一步	使用串口线连接 STM32 开发板通信串口与计算机 USB 口	
第二步	打开 Arduino 开发软件，扫描二维码获取程序，复制到开发软件编辑框中	
第三步	检查程序是否正确，确认正确后上传	

（三）智能无人水质监测船模拟系统电路图

该系统须按照电路图正确选择电路模块并接线，系统电路图如图 14-14 所示。

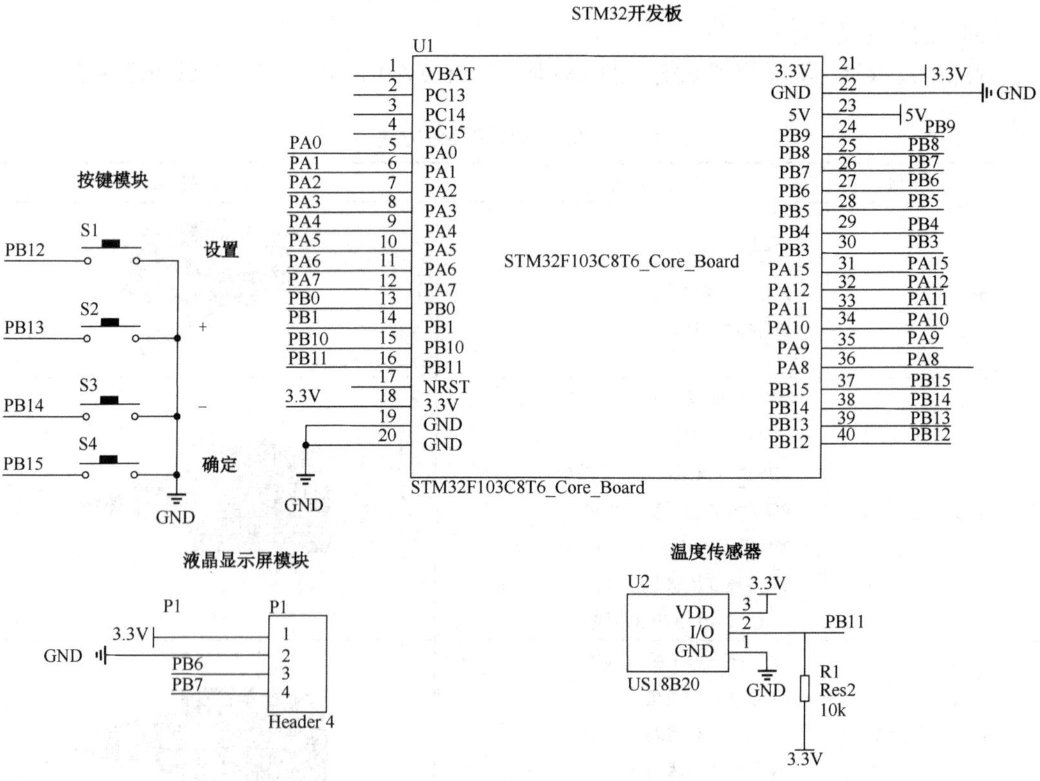

图 14-14　智能无人水质监测船模拟系统电路图

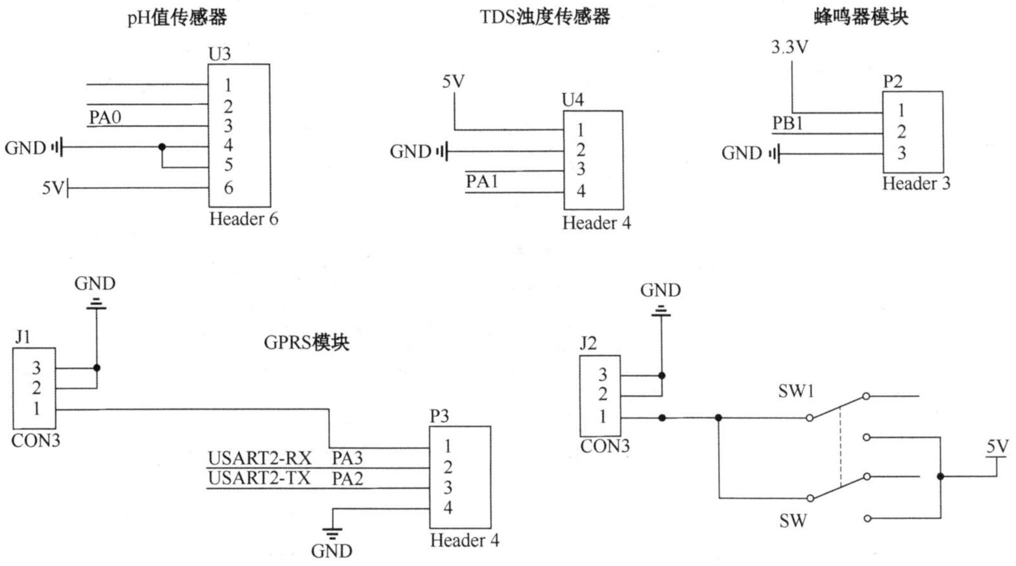

图 14-14　智能无人水质监测船模拟系统电路图（续）

（四）智能无人水质监测船模拟系统功能演示

程序上传成功后，可以看到液晶显示屏上显示当前检测出的温度、pH 值、浊度，并将检测到的数据以短信的方式发送到手机上，扫描二维码可观看功能演示视频（图 14-15）。

图 14-15　智能无人水质监测船模拟系统功能演示

任务实施

本任务实施分为四步，请根据任务要求逐步完成（表 14-25）。

表 14-25 任务实施

步骤	任务内容	任务要求
1	根据系统电路图接线方法，完成系统接线	（1）在接线过程中，需要反复检查接线是否正确 （2）电源线需要使用红色和黑色线，其余信号线要避免与电源线同色 （3）连接完毕后再次确认接口是否稳固
2	上传程序	ISP 上传步骤： （1）Boot0 接 3.3，Boot1 接 GND （2）按复位键，实现上传
3	给系统供电	通过 USB 口或 5V 电源适配器供电
4	系统调试及功能验证	温度传感器：实时监测河道水温并显示在液晶显示屏上
		pH 值传感器：实时监测河道水 pH 值并显示在液晶显示屏上，若超过阈值，则蜂鸣器报警
		TDS 浊度传感器：实时监测河道水浊度并显示在液晶显示屏上，若超过阈值，则蜂鸣器报警
		功能演示

任务笔记

任务笔记见表 14-26。

表 14-26 任务笔记

智能无人水质监测船模拟系统笔记			
班级： 组别： 组长： 组员：			
任务	记录情况		记录人及完成时间
模块选择			
系统接线			
程序上传			
供电电源检测及连接			
功能调试及验证	温度传感器：	正常（ ） 不正常（ ）	
	pH 值传感器：	正常（ ） 不正常（ ）	
	TDS 浊度传感器：	正常（ ） 不正常（ ）	
	GPRS 模块：	正常（ ） 不正常（ ）	
	蜂鸣器模块：	正常（ ） 不正常（ ）	
	液晶显示模块：	正常（ ） 不正常（ ）	
故障排除			

任务评价

任务评价表见表 14-27。

表 14-27　任务评价表

序　号	评价要点	配　分	得　分	总　评
1	任务学习工具、资料、知识等准备充分	10		A（80 分及以上）□ B（70～79 分）□ C（60～69 分）□ D（59 分及以下）□
2	能根据任务要求完成传感器模块的选择	20		
3	能根据系统电路图正确连线	10		
4	会使用仿真器上传程序	10		
5	温度传感器正常检测	10		
	pH 值传感器正常检测	10		
	TDS 浊度传感器正常检测	10		
6	小组学习氛围浓厚，沟通协作好	10		
7	具有规范操作的职业习惯	10		

任务小结

请总结本任务完成过程中的优、缺点，并提出改进计划，填写表 14-28。

表 14-28　任务小结

完成事项	优　点	缺　点	改进计划
任务准备			
任务实施			
任务笔记			
其他			

反侵权盗版声明

电子工业出版社依法对本作品享有专有出版权。任何未经权利人书面许可，复制、销售或通过信息网络传播本作品的行为；歪曲、篡改、剽窃本作品的行为，均违反《中华人民共和国著作权法》，其行为人应承担相应的民事责任和行政责任，构成犯罪的，将被依法追究刑事责任。

为了维护市场秩序，保护权利人的合法权益，我社将依法查处和打击侵权盗版的单位和个人。欢迎社会各界人士积极举报侵权盗版行为，本社将奖励举报有功人员，并保证举报人的信息不被泄露。

举报电话：（010）88254396；（010）88258888

传　　真：（010）88254397

E-mail：　dbqq@phei.com.cn

通信地址：北京市万寿路 173 信箱

　　　　　电子工业出版社总编办公室

邮　　编：100036